건축 시뮬레이션 시대와
도면의 죽음

건축 시뮬레이션 시대와
도면의 죽음

데이비드 로스 쉬어(David Ross Scheer) 저   이준석 역

씨
아이
알

앞의 그림 칼 프레드리히 슁켈(Karl Freidrich Schinkel), "도면 표현술의 유래(The Origin of Draftsmanship)", 1830. 이 그림은 장로 플리니의 이야기로서, 디보테즈라는 이름의 여성이 사랑하는 사람을 떠나보내며 그의 그림자를 기념물로 기록하는 장면이다. 이 장면은 지금까지 역사적으로 많은 화가들에 의해 '회화'를 탄생시킨 우화로 무수히 다뤄진 바 있다. 건축가 슁켈은 이 우화를 건축 도면법의 원조로 해석한다. 로빈 에반즈(Robin Evans)는 그의 저서 형태의 투상(Projective Cast)에서 세 가지 이유를 들어 이를 설명한다. 첫 번째, 그림자는 태양광에 의해 비춰지는데, 평행선을 이루는 광원에 의한 것이어서 정투영법의 모습이고, 두 번째, 그림에 건물의 흔적이 없으므로 건축이 나타나기 이전을 의미하고 있다. 마지막 세 번째는 디보테즈가 직접 그림을 그리고 있지 않고 누군가가 하도록 지시하고 있고 이것은 바로 건축가가 비전을 갖는 행위와 도면으로 옮겨진 결과는 엄연히 분리된 프로세스라는 것이다.

출처 : von der Heydt Museum, Wuppertal.

감사의 말

이 책의 출간에 도움을 준 많은 이들에게 깊은 감사의 뜻을 전한다. 저명하신 Chuck Eastman, Ole Fischer, Daniel Friedman, Dan Hoffman, 그리고 Michael Sorkin 등 초고의 일부 챕터들이나 전체를 살펴봐주신 분들에게 우선 감사한다. 이 분들의 통찰력과 의견들은 본인들이 상상하는 그 이상으로 이 책에 도움이 되었다. 그리고 마치 나의 연구논문을 지도해주듯이 아주 상세한 의견과 날카로운 조언들을 아낌없이 베푼 Shundana Ysaf 씨에게 큰 감사의 뜻을 전한다.

그리고 이 책을 위해 아름답고 뛰어난 그림들로 나에게 의미 있는 많은 영감을 주고 지금 우리가 하는 모든 일에 도면과 그림으로써의 존재감과 위력을 생생하게 체험하게 해준 Terry Dwan, Elizabeth Gamard, Hyun Joo Lee, Aarti Kuthuira, Frank Lupo, Bryan Shiles, Wesley Tayor, Sarah Willmer에게 감사의 뜻을 전한다. 또한 자신들의 건축작품들을 이 책에 쓸 수 있게 해준 아래 열거한 분들에게 같은 감사를 드린다.

"Bilder Pavilion": Achim Menges/ICD/ITKE University of Stuttgart.

"Learning from Candela": Shajay Bhooshan, Alicia Nahmad, Joshua Zabel, Knut Brunier, and Mustafa El Sayed.

"Lotus 7.0": Studio Roosegaarde.

"Minimal Complexity": Vlad Tenu.

"Galapagos": John Locke.

"Reactive Grip": William Provancher/Haptic Lab.

"Solar Carve": Studio Gang Architects

"Terriform": Ahmed Abouelkheir/35Degree Team.

많은 이미지들의 저작권 허가를 얻는 데 큰 도움을 준 보조연구원 Ruth Mandal의 도움도 잊지 못한다. 연관되어서 이탈리아로부터 많은 저작권 허가를 받을 수 있도록 도움을 준 Terry Dwan 씨와 건축가 알바로 시자(Alvaro Siza)로부터 필요한 것을 얻을 수 있도록 연결해주신 Vicente del Rio 씨에게도 감사한다.

건축과 기술 분야에 관한 많은 대화 속에서 조언을 아끼지 않았던 미국건축가협회(AIA) 건축실무 기술지식 커뮤니티(Technology in Architectural Practice Knowledge Community)의 동료들인 Luciana Burdi, Chuck Eastman, Pete Evans, Kristine Fallon, Steve Hagan, Clavin Kam, Mike Kenig, Karan Kensek, Kimon Onuma, Jeff Ouellette, Tony Rinella, Brian Skripac 그리고 Andy Smith 씨 등에게 감사한다.

마지막으로 내 아내인 Brenda Scheer는 내 실무의 파트너이자 끝없는 질문의 여정에 동반자였다. 아내와 나누었던 많은 대화들, 도발적인 아이디어들 그리고 지치지 않는 도움을 준 것에 대해 깊은 감사의 뜻을 전한다.

CONTENTS

소 개

I

다른 수많은 건축가들과 마찬가지로 그림과 도면을 작도하는 즐거움은 내가 선택한 이 직업에 항상 큰 부분을 차지해왔다. 손가락 사이로 느껴지는 곱게 간 원두커피의 질감처럼 질 좋은 스케치북에 부드러운 연필의 감촉이 나는 좋다. 스케치북에 나타나기 시작하는 내 머릿속에 없던 형태를 발견하면서 보며 즐기고 느끼는 것이 좋다. 뿐만 아니라 프레젠테이션이나 실무를 위해 해야 하는 수고스러운 도면작업 중에도 때로는 작업이 느리고 작고 상세한 것들을 조금씩 얻어가는 과정이지만 나중에 결국 큰 효과를 얻는 과정이 난 마음에 든다. 대학 건축학과에서 건축가들에 의한 과거와 현재의 도면들을 보고 배우면서 그들이 작업한 과정을 이해할 것 같았다. 건축물이 지녀야 할 가치들을 바로 건축 도면들이 품고 있어야 한다는 것을 깨달았고, 초창기 몇 년 동안은 드레프트맨(도면 제도전문)을 직업으로 지내면서도 상당한 자부심을 느꼈다. 그리고 수년이 지난 다음 내가 나의 건축사사무소를 개설한 후 사무소에 도면 작도를 잘하는 사람들을 뒀고 캐드(CAD, computer-aided design)를 쓰는 것을 가능한 멀리 하려고 했다. 시간이 지나 더 이상 이 고집을 피우기 힘들게 되자 캐드 시스템 중에서도 당시에는 상당히 독특하면서도 앞서 있다고 생각하는 시스템을 도입했는데, 바로 '3차원 모델링'을 먼저하고 그것을 잘라서 도면으로 만들어내는 시스템이었다. 당시에는 생소한 단어였지만 나 스스로 '빌딩 정보 모델링(BIM, building information modeling)'에 대한 개념을 발견하기 시작했다. BIM은 나의 작은 사무소가 보통 캐드를 쓰거나 손으로 작도하는 것보다 훨씬 많은 것을 할 수 있게 했고 더 큰 프로젝트들을 다룰 수 있게 해준 게 사실이다. 도면들이 자동으로 맞춰지면서 평소보다 작은 수의 실수를 범하였다. 그리고 3차원으로 생성된 우리의 설계를 보는 것만으로도 즐거운 일이었다.

　　　　그리고 16년이라는 세월이 지나버린 지금, BIM은 수많은 건축 관련 업계에 활발히 받아들여 사용되고 있다. BIM과 디지털 기술의 활용과 적용으로 건축 전문직종의 여건과 환경이 완전히 뒤집어지듯 바뀐 세상에 살고 있는 것이다. 건축 학생들과 젊은 건축가들은 일찌감치 가상공간에서의 건축에 익숙해져 있고, 나 때와 같은 도면과 그림에 대한 교육은 찾아보기 힘들 정도이다. 나이든 건축사들은 이런 새로운 기술들에 빨리 익숙해지면서, 사무소의 경쟁력을 확보한다는 것이 쉬운 일은 아니다. 우리 직업은 사실상 지금도 변화하고 있다는 것을 업무 현장에서 매일 느낄 수 있다. 그러나 변화의 속도가 워낙 빠르다 보니 건축실무에 정확히 어떤 변화와 영향을 주고 있는지 파악하고 있는 건축가는 얼마 되지 않는다고 본다. 내가 지금껏 이러한 건축설계에서의 디지털 기술을 활용해가며 학교에서

가르친 경험과 건축 업무에 관련된 여러 분야 사람들뿐만 아닌 전 세계에서 활약 중인 캐드 기술자들과 나눴던 대화들을 바탕으로 봤을 때 우리는 지금 적어도 지난 500년 동안은 경험해보지 못한 건축에 대한 이해를 완전히 새롭게 바꿔놓을 수 있는 변혁기에 놓여 있다는 사실이다. 또한 흥미로운 것은 이 큰 변화를 제대로 파악하고 준비된 눈으로 보고 있는 건축가는 우리 주변에 결코 많지 않다는 사실이다. 새로 등장한 이 기술적인 진보는 단순한 '새로운 연필'이 아니며, 건축의 근본 개념을 완전히 뒤집어놓을 수 있다는 구체적인 근거로 나타나고 있다. 시뮬레이션이라는 가상공간의 디지털 기술을 통해 이전보다 훨씬 예측 가능한 건축설계와 건축 산업 전반에 대한 새로운 모습이 우리의 삶과 문화에 제공되고 있기 때문이다. 건축가들부터 지금 이 변화가 왜 일어나고 있는지에 대해서 이해해둘 필요가 있고 이것은 나아가서 우리가 우리 주변의 축조환경[1]을 지속해서 설계하는 임무를 수행하기 위해서는 반드시 필요한 일이기도 하다. 간단히 말해서 이 책은 그 이해를 돕기 위함이다.

II

현대사회의 '건축가(architect)'라는 직업은 르네상스 시대에 알베르티 (Leon Battista Alberti)의 영향력 있는 저서인 **건축에 대하여(On Building, De Re Aedificatoria)**를 통해 정립되었다는 것이 정설이다. 당시에는 혁명적인 발상이었던 이 책의 주된 내용 중에서 건축가의 주 임무는 건축의 설계 또는 디자인으로써, 건물을 짓는 역할은 아니라는 사실이다. 건축은 순전히 지적인 사유와 사고행위의 산물로써, 사고의 근거가 되는 토대는 건축이론에 있다고 봤다. 건축이론의 쟁점은 바로 '어떤 설계를 할 것인가'에 대한 물음이었다. 더 나아가서, 알베르티는 아리스토텔레스의 사고방식을 인용하면서 건축을 짓는 일꾼들(시공자)이 갖고 있는 노하우인 '짓는 방법'보다 건축가가 갖고 있는 '어떤 설계를 할 것인가'에 대해 제시하는 역할이 한 건축물의 진정한 저자로서 더 상위의 개념을 갖는다고 했다. 전통적으로 '도면'은 건축적 아이디어를 전달하는 매체로써 건축가 작업의 근본이었고, 건축적 사고와 설계의 내용을 시공자와 엮는 연결고리였다.

　　　　건축에서 '도면'은 두 가지 필연적인 의미가 있다. 하나는 매체로써의 기능이고 다른 하나는 작업 성과물로써의 의미이다. 3차원상에 존재하는 공간의 특성을 2차원으로 나타낸다는 것은 계획한 건축물의 모습과 내용을 도면이라는 매체로 연결 짓기 위한 건축가의 각별한 상상력을 필요로 한다. 사실 이 능력을 가지려면 수년간의 노력과 훈련을 필요로 한다. 희미한 건축적인 업은 수많은 도면의 방식으로 나타날 수 있는 것이고, 건축가는 적절한 도면의 방식과 기법, 어떤 도구로 표현하고 나타내어 자신의 아이디어를 발전시킬 것인지를 선택해야 한다. 흥미로운 것은 머릿속의 아이디어와 완성된 도면 사이에 있는 상상 속의 공간 안에서 정작 창작행위가 일어난다는 것이다. 이 공간에서는 아이디어와 시각적으로 구성한 표현물이 각각 따로 존재한다. 희미했던 아이디어의 재현으로 시작되는 도면은 건물을 제대로 나타내려면 아이디어를 선명하게 전달할 수 있어야 한다. 설계 및 디자인 작업은 아이디어가 눈으로 보이기 시작하면서 더 발전되기 마련이고 다시 도면의 도움으로 창작물의 의도를 제대로 전달하게 된다. 건축가 루이스 칸은 이 프로세스를 그가 갖고 있던 형태와 디자인의 개념에 잘 반영하였다.[2] 우선 형태는 건

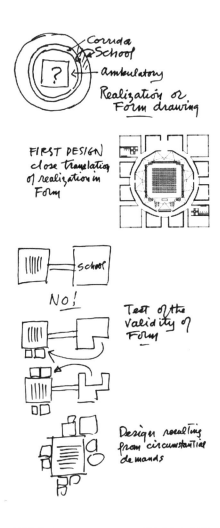

그림 1.1 Louis I. Kahn, 유니티 교회와 학교의 평면 다이어그램과 평면도(1959). 칸이 표현한 가장 이상적인 평면구성은 상단의 다이어그램과 같았으나 이핵을 지닌 형태로 점차 변하면서 프로그램을 수용할 수 있게 진화해가는 것을 보여준다. 칸은 형태를 유지하면서 그 속에 건물의 기능적 요구 사항을 담을 수 있어야 한다고 봤으므로 이것을 만족시키는 새로운 형태가 필요할 때도 있었다.

※ 이미지 제공: Louis I. Kahn Collection, University of Pennsylvania Historical and Museum Commision

축을 구조적으로 형성하는 기본 원리였다. 설계 결과는 항상 실질적인 기능적 요구에 의해 조금씩 수정된 '형태'의 시각적 표현과 주장이었다. 칸은 형태가 이러한 기능적 요구에 의해 변형을 수용했지만 언제나 어느 선까지만 가능했다. 형태 변형의 정도가 상대적으로 커져서 주장하고자 하는 형태로써의 특성을 잃기 시작하면 새로운 형태를 찾아야 한다고 봤다(그림 1.1). 형태와 설계 의도는 도면에서 만나 서로를 파악하게 되고 구체적이지 않았던 공간에 대한 아이디어는 도면을 통해 비로소 건축설계로 계획하게 된다. 건축에서 도면은 '아이디어'와 '계획된 것'을 모두 나타낼 수 있는 성질을 가지며 그 둘 간에 상호작용을 일으키게 한다. 결과적으로 도면은 건축적인 사고 작용에 필수적인 도구임을 알 수 있다. 실제 도면은 건축적 사고에 몇 가지 중요한 영향을 준다는 것을 알아야 한다.

도면은 아이디어의 '**표현**' 측면에서 건축가의 사고 능력을 발전시킨다. 도면에 나타난 작은 표시 하나라도 어떤 의미를 가지며, 제대로 된 표시들은 상호작용을 만들어 내고 무엇인가의 표현이 된다. 이런 관점에서 보면 도면 작도법을 배운다는 것은 건축가가 도면을 통해 건축이 가질 수 있는 의미를 배우는 것이라 할 수 있다. 도면 작도법을 익히면서 건축가는 자신의 아이디어와 시각적 수단으로 나타내는 것 사이에 일어나는 상호작용을 통해서 '표현'의 의미를 깨닫는 것이다. 어떤 건축물을 머릿속에 잘 떠올릴 수 있다는 것은 건축가의 아이디어가 '표현' 되었음을 의미한다. 실제 건축물은 도면을 통한 경험과 다를 수밖에 없는 것이 사실이지만 그것이 눈에 보이는 형태들로 구성된 아이디어의 체험이라는 것은 어김없는 사실이다. 건축가가 실제 건축물로 나타나야 할 아이디어를 떠올리는 순간 그 아이디어가 어떻게 표현되어야 할지를 동시에 머릿속에 떠올려야 하고 그것은 바로 그 건축가의 도면 작업에 반영될 것이다. 즉, 어떤 건축가의 도면이 실제 건축물에서 경험될 아이디어를 제대로 표현한다는 것은 도면과 실제 건축물 사이에 아주 의미 있는 긴밀한 관계가 형성될 수 있음을 뜻한다.

건축물이 품고 있는 여러 의미 중에서 도면은 태생적으로 '형태'가 무엇인지에 집중한다. 건축 도면은 애초부터 건축물을 짓는 사람들에게 건축물의 형태를 제대로 전달하기 위한 목적으로 시작되었다.[3] 알베르티는 건축가의 올바른 건축적 지식이 바탕이 되어야 건축물의 형태가 형성된다고 믿었다. 당시에는 건축 시공법들이 매우 한정적이어서, 구체적인 방법은 대게 시공자가 맡아 책임졌다. 시공법은 건축가가 관여할 부분이 아니었고 그의 책임은 지어질 형태를 창안하여 책임지는 일이었다. 도면은 이후 시간이 흐르면서 건축을 둘러싼 여러 변화를 수용하기 시작했다. 건축물은 여러 재료를 사용하기 시작했고 예전보다 기술적으로 점점 복잡한 고도의 기술이 적용되기 시작하면서 많은 정보들이 도면에 기록되기 시작했으며 도면에 많은 부분은 그림이 아닌 순수한 정보들로 채워지기도 했다. 현대에 들어와서 건축의 상세 부위들에 대한 설계는 상당히 복합적인 시공법이 일상화되었고 시공자들은 건축가가 의도하는 정확한 시공의 의도와 방향을 파악해야 했다. 이렇듯 건축시공 방식이 복잡해지면서 건축가가 책임져야 하는 부분은 예전에 비해 넓어질 수밖에 없었다. 하지만 이러한 큰 변화 속에서도 여전히 건축의 '형태'에 대한 물음은 건축가에게 가장 중요한 문제인 것이 사실이다. 이것을 증명하듯 지금도 유명한 건축저널들에 실리는 주인공들을 보면 항상 우리의 눈을 자극하는 건축물의 '형태'가 관심의 대상이 되는 것을 우리는 체험한다. 이처럼 건축가에게 변치 않는 형태에 대한 각별한 관심은 르네상스 시대에서부터 내려오고 있는 역사적 전통의 한 부분이고 건축 도면의 의미는 이 전통이 유지되는 데 지금도 막중한 역할을 하고 있다고 볼 수 있다.

　　　　건축 도면은 현대사회 건축 산업의 구조를 보여주고 있기도 하다. 의미 전달의 매체로써 몇 가지 표기법만 익히면 도면은 건축물 전체의 '형태'가 무엇인지를 설명하고 잘 전달하는 효율적인 도구로 통용되고 있다. 또한 도면은 건축물 중에서 반복적으로 나타나거나 기준이 되는 일부분만을 비중 있게 나타내어 전체를 보여주기도 하는데, 과거 건축물들 대부분 좌우가 대칭적으로 계획되고 시공 방식 또한 건물들 사이에 큰 차이가 없을 경우에는 이것이 별 문제로 생각되지 않았다. 하지만 점차 좌우 비대칭적인 설계가 지배하게 되고 각각의 건축물들이 각기 다른 시공 방식을 요구하는 경우도 흔해지기 시작하면서 점차 전통적인 도면표기 방식의 한계를 체험하게 되었다. 이런 한계를 극복하기 위해 건축 산업 전반에 도면 작성 규범이 점차 통용되어 전문화되기 시작했고 설계자와 시공자가 작성한 도면에는 각각 구분된 다른 분류의 정보가 수록되기 시작하였다. 이로 인하여 건축가의 계획 도면에는 시공자들이 스스로 제공하여 채워야 하는 내용들을 제외한 것들로 구성되기 시작했다. 즉, 알베르티가 과거 주장했던 '설계'와 '시공'의 역할이 현대사회에서는 엄연히 구분되어 있다는 원리가 유지되면서도 각각의 역할은 더 전문화되고 소성되어 확장되었다고 볼 수 있다. 초기에는 형태가 무엇인지를 전달하기 위한 주된 수단이었던 도면이 이제는 복합적인 정보까지 담아내야 하는 역할을 하게 된 것이다. 그러나 도면의 '질'은 건축가가 시공자에게 어느 정도의 내용을 전달할 것인지를 결정하는 중요한 역할을 여전히 수행하고 있다.

도면을 통한 정보의 소통 방식을 놓고 보면 건축이라는 물리적 존재를 지적사고의 정보들로 분해하는 효과가 나타나고 있음을 알 수 있지만 결국 도면에 나타난 건축가가 공들인 '기예(技藝, craft)'에 의해 다시 그것들이 하나가 되도록 한다. 건축에서 기예의 기초는 곧 도면을 구성하는 기술에서 시작한다고 봐야 하는 것이다.[4] 그리고 잊어서는 안 될 중요한 것은 건축에서 '장인정신(craftmanship)'은 건축가의 직무에 핵심을 구성한다는 것이다. 좋은 건축의 필수조건이라고 할 수 있는 창의적인 작업과 높은 질의 결과물은 건축가 안에 내재되어 있는 것에서 비롯되는데, 그것은 좋은 작업을 통해 유발되는 동기부여와 작업의 의욕에서 시작된다고 볼 수 있다. 그리고 건축가에게는 몰두하고 있는 작업 그 자체가 훌륭한 보상이 된다.[5] 이것이 우리가 아는 '장인정신'의 핵심이기도 하다.

건축가가 도면에 기예를 쏟아 붓는 것은 건축가라는 직업의 가장 뚜렷한 특징일 것이다. 어떤 사물에 대해 머리로 인지하고 눈과 손을 통해 여러 레벨로 이해하고 소통하는 작업이다. 머리에 떠오른 아이디어가 손을 통해 형상화되는 것은 곧 사고 행위와 물리적 작업이 함께 합작하여 일어나는 일이다. 눈에 의해 가이드된 손의 움직임으로 작업이 일어날 때, 손 나름대로 갖고 있는 성향이 덧붙여져 무엇인가로 그려지는 것이다. 도면으로 그려진 어떤 의미를 갖는 형태는 누군가의 몸짓을 통해 나타난 것이고 결국 이것은 건축이 된다. Juhani Pallasmaa가 쓴 글에 따르면 "스케치나 그리는 행위는 우리가 공간과 몸이 느끼는 촉각에 대한 것이고 외적 공간의 현실과 내적으로 지각하는 것들을 융합하는 것"[6]이라고 했다. 스케치를 한다는 것은 이러한 관점에서 볼 때 특히 더 중요하다. 스케치를 할 때 태생적으로 부정확한 성질은 실시간으로 체험되는 것인데, 이것은 머릿속의 아이디어를 좇아 손으로 구체화하는 과정인 것이다(그림 1.2). 스케치를 할 때 항상 우리는 새롭고 고유한 생각이 동반되는 것을 알 수 있다. 건축가는 스케치를 하는 중에 손으로 감지되는 새로운 경험에 의해서 그가 창작하고 있는 것에 대한 더 깊은 이해를 얻기도 한

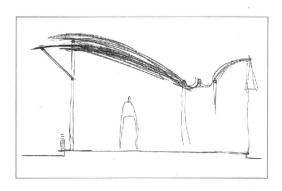

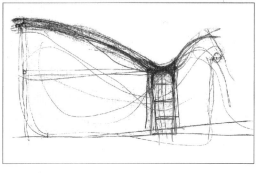

그림 1.2 Glen Murcutt, Magny House 지붕 스케치(1982-1984). 건축가의 손과 눈이 형태를 찾는 과정

※ 이미지 제공: Glenn Murcutt, 호주 건축재단 제공

다. "손으로 느끼는 촉감은 무의식적인 시각이며 이와 같은 감춰진 경험에 의해 어떤 형태의 감각적인 완성도를 성취할 수 있다."[7]

　　　　뿐만 아니라 도면은 손이 연필과 종이의 질감과 만나서 형성되는 성질에 또한 영향을 받는다. 종이 위에 연필 표현이 의노된 대로 쉽사리 되지 않을 때 사용하는 재료로, 아이디어가 표현되기 힘들다는 것도 동시에 학습된다. 이런 경험은 나아가서 실제 건축물로 실현될 때 실제 사용될 재료에 대한 이해에도 영향을 미치게 된다 (그림 1.3). 즉, 표현에 쓰고 있는 재료에 대한 조금 더 깊은 이해를 갖게 되고, 의도하고 있는 형태를 재료의 성질을 감안하여 찾게 되며

그림 1.3 Steven Holl, Knutt Hamsun Center 수채화(1996). 스케치에 쓰인 표현 도구는 건축가가 의도한 건축물의 불규칙한 성질을 잘 나타낸다.

※ 이미지 제공: Steven Holl

무작정 형태를 우선시하여 사용하는 재료로 강압적으로 나타내지 않게 되는 것이다. "장인정신은 사용하고 있는 재료와의 공동작업을 의미한다. 갖고 있는 아이디어나 형태를 그대로 주장하기보다는 사용할 재료의 주장에 따라야 한다."[8]

어떤 기술이든 마찬가지이듯이 도면 표현을 잘 하기 위해서는 수년간의 반복적인 훈련과 연습이 필요하다. 이를 통해 인내심과 애착, 작은 부분에 대한 관심 등이 쌓이게 마련이다(그림 1.4). 훌륭한 도면작업을 시도하는 가운데 도면 구성의 아름다움을 추구하게 하고 공을 들인 훌륭한 작업에 대한 존경심을 기르게 된다. 이러한 훌륭한 도면표현 능력을 갖추는 중에 건축설계에 쏟을 애착심을 자연스레 갖추게 된다. 이러한 특성들이 사회, 문화 저변에 쌓여 우리가 아는 건축가의 전문영역과 직업을 통해 추구하는 것이 무엇인지를 알게 한다.

훌륭한 건축가가 되기 위해 이러한 '기예'를 능숙하게 익히는 것은 중요한 과정이며, 건축가만의 구별되는 전문영역으로 인정받기 위해서는 더욱 그러하다. 도면표현 능력은 건축가로서 보여줄 수 있는 대표적인 영역으로 여겨져온 것이 사실이고 이것이 건축주뿐만 아닌 시공자들 모두를 막론하고 건축가가 갖는 권한과 그에 대한 존경을 표하는 주요 이유 중 하나인 것도 사실이다. 현장에서 시공자들이 잘 준비된 건축 도면들을 보면 건축가의 능숙한 건축적 기예를 발견하게 될 것이고 순간 자신들만이 재현할 수 있는 시공 현장에서의 건축 기예를 떠올리게 될 것이다. 건축 도면에서 발견되는 건축의 기예는 건축가와 시공자를 결합하는 중요한 연결고리로써, 건축 산업 전반을 통합하는 역할을 한다.

그림 1.4 Frank Lupo, Soling 설계 경기의 입면도 표현(1984). 도면에 사용된 목탄이 건물의 볼륨감과 빛 그림자의 패턴을 강조하고 있다. 다루기 힘든 재료를 훌륭히 사용한 것 또한 감동적이다.

※ 이미지 제공: Frank Lupo

III

지금까지 살펴본 것과 같이 건축에 대한 구상과 지어질 건축에 대한 본질을 생각하게 하는 건축 '도면'의 의미는 그 확고한 역할을 자리 잡은 르네상스 시대 이후, 최근 들어 그 존재에 대한 심각한 의문을 제기하게 되었다. 앞에서 살펴본 알베르티와 근대 이후의 건축 업역의 분화에 의해 유지되어온 '설계'와 '시공' 작업 간의 확실한 분리가 최근에 위기를 맞게 되었는데, 그것은 바로 건축 '시뮬레이션'에 의해 도면의 역할이 대체되면서부터다. 건축에서 '도면'은 '시공 결과'를 표현한 것이 본분이라면 건축 시뮬레이션은 건물의 '성능'을 나타내기 때문이다.

무엇인가를 표현한다는 것은 현실의 존재와 그것을 상징하는 '신호' 간에는 엄연한 구분이 있음을 전제하는 것이다. 그러나 '시뮬레이션' 의미의 본질은 어떤 것의 실제로 존재하는 어떤 시스템의 상태와 성능을 그대로 '재현'한다는 것에 있다. 더 나아가서 시뮬레이션을 통해 실제 것의 성능과 대등한 상태를 전달할 수 있는 것이다. 시뮬레이션의 극한에 도달한다는 것은 실제와 구분할 수 없는 상태를 의미한다. 설령 이런 상태에 도달한다고 해도 시뮬레이션의 의미가 훼손되지는 않는다. 오히려 시뮬레이션을 접하는 사람은 고도화된 '재현'을 통해 현실감을 체험하기를 기대한다. 도면과는 달리 시뮬레이션에서 '해석'의 과정이 존재할 여지는 없다. 즉, 경험되는 것 그 자체가 전부다. 여기서 눈여겨 볼 부분은 바로 시뮬레이션의 역할은 '경험'을 만들어내는 것이다. 이 경험 표면적인 것으로써, 이것 이면에 또 다른 깊은 해석은 필요도 없고 존재하지도 않는다. 따라서 시뮬레이션에 의한 재현은 외면적으로 체험되는 것에 무게를 둘 뿐 그것의 본질에 대한 해석은 개의치 않는다.

건축 시뮬레이션은 마치 건물처럼 역할을 한다. 어떤 조건을 부여하면 실제 건물과 같은 결과를 보여준다. 건물과 대등하다고 볼 수 있는 이유는 바로 같은 '성능'을 보여주기 때문이다. 건물의 성능에는 여러 범위가 있을 수 있다. 구조적 성능, 환경적 안락함, 에너지 소비, 소모 비용, 공사 기간, 기능적 효율성, 건축 법규 준수 사항 등 그 외 많은 것들을 상상할 수 있다. 설계안을 고르는 데 '성능'이 주된 판단의 기준이 된다면 필요한 시뮬레이션을 통해 쉬운 선택이 가능할 것이다. 미학적 부분이나 감각적인 판단도 설계안의 성능으로 본다면 모델링을 통해 얼마든지 성취할 수도 있다(그림 1.5). 성능 평가만으로 설계안을 판단하기 힘들 경우 그 밖의 정량적인 요소들이나 다른 것들에 좀 더 비중을 두어 판단할 수도 있다.

건축가는 설계 과정에서 건축의 '도면' 작업과 '시뮬레이션' 작업에 대해 태생적으로 다른 태도로 접근할 수밖에 없다. 이렇

그림 1.5 Serta 국제 센터 전경. 사진일까 아니면 건축 시뮬레이션일까? 둘 중 무엇인지가 과연 중요할까?

※ 이미지 제공: Epstein Andrew L. Metter, FAIA

듯 달라질 태도는 실제 건축에 더 중요한 영향을 미친다는 것이 중요한 관전 포인트다. 건축가가 '시뮬레이션'에 의존하여 설계를 시작한다면 '도면' 작업이 암시하는 심도 깊은 값어치들은 머릿속에서 비워둬도 상관없게 된다. 시뮬레이션 작업은 건축물을 재현하는 모델링으로 완성하는 작업이므로, 건축설계 결과를 나타내는 신호와 정보를 담은 '도면'과 시공 현장에서의 해석으로 구분되던 르네상스 시대부터 이어져온 전통적인 두 영역의 역할 분담은 건축을 실현시키는 기반으로써 더 이상 별 의미를 부여하기 힘들어졌다. 건축 시뮬레이션을 다룬다는 것은 도면에서와 같은 건축에 대한 '표현'의 문제와 그 의미에 가치를 부여할 필요가 없다. 시뮬레이션은 '표현'의 문제와 그것이 의미하는 본질 간의 거리를 압축시켜버리며 현실에 가까운 경험과 체험을 바로 제공한다. 도면에 의존하지 않게 되면서 '표현'으로써 내포되어 있던 건축적 의미와 건축가의 의도는 갈 길을 잃게 되었고 건축가 또한 계획안에 대한 이런 방식에 의한 의미 부여가 어려워진 것이다. 시뮬레이션은 표현 도구로써 의미는 더 이상 없을 것이고 도면을 통해 소통 가능하던 건축가의 '기예' 또한 시뮬레이션에서는 완전히 다른 성격으로써 '정확도'나 '예측 가능성'에 대한 노력 정도로 의미를 가질 뿐이다.

제대로 된 시뮬레이션을 구성하기 위해서는 구성 부위의 다양한 부분과 종류별로 상당히 넓은 범위의 자료들과 정보를 처리하여 입력시킬 수 있어야 한다. 이러한 정보들이 있어야만 전산 처리된 제대로 된 건축 성능을 얻어낼 수 있다. 따라서 제공되는 정보들은 컴퓨터가 필요로 하는 전산 처리가 가능한 상태여야 한다. 실제 이 작업은 가능한 한 많은 건물 관련 정보들을 다루는 것을 의미하고 도면작업에서 조심스럽게 다루어지듯이 불필요한 것들은 철저히 정제되어야 한다. 이렇듯 제대로 된 전산 정보를 수집하고 쌓아올린다는 것은 건축 행위 전반의 의미에 대하여, 또한 건물에 대하여 다음과 같은 중요한 결과를 얻게 된다는 것을 뜻한다.

- 건물 구성의 정보를 공통된 기초 위 기준점에서부터 쌓는 작업은 건축가가 도면작업에서 자유롭게 우선시하여 기준으로 삼을 수 있었던 치수 정보의 기준과 완전히 다른 결과를 초래한다. 건축가는 대게 형태에 기준을 두고 도면작업의 기준을 삼아왔다. 하지만 시뮬레이션을 위한 모델링 작업에서는 건축가의 판단에 의한 기준점이 아무 의미도 없다는 것을 직시해야 한다. 즉, 건축가는 시뮬레이션 작업 기반에서 형태 창출의 기준이 되는 주인공이라기보다는 정확한 정보의 집행에 의무를 다해야 한다.

- 전산화된 건물 정보는 공유되기 위해 존재한다. 건축 도면의 세계에서는 도면의 종류와 양이 누구를 위한 것이냐에 많은 것들이 결정되었다. 진행 중인 건축 프로젝트가 어느 단계에 있는지에 따라 건축 도면은 건축가에 의해 누가 어떤 내용을 어느 정도로 보게 될 것이냐에 맞춰 준비되었다. 그러나 이제는 모든 계획된 건물 정보가 공유될 준비된 상태로 집대성되어 있는 상태이므로 설계팀 내에서 같은 정보를 항상 공유하는 것은 물론이고 외부와 항상 공유되는 환경이다. 따라서 이에 맞는 건축가의 역할에 대한 예전과 달라진 새로운 역할을 고민해야 한다.

• 건축에서 전통적으로 도면은 항상 건물을 짓기 위한 충분한 정보를 갖고 있지 않다고 여겨졌다. 따라서 현장에서 온전히 건물을 짓기 위해서는 도면의 정보뿐만 아니라 어느 정도 시공자들이 관습적으로 행하던 것들과 현실 위주의 판단이 설계자 또는 시공자에 의해서 덧붙여져온 것이 사실이다. 그러나 시뮬레이션에 의한 공정에서는 전통적으로 시공자가 제공하던 많은 정보와 기술들이 지속적으로 입력되어아 하며, 자연스레 시공자들이 설계팀에 없어서는 안 될 역할을 제공하기 시작했고, 그것은 곧 건축가와 시공자로 구분되던 건축 업역의 오랜 전통이 점차 허물어지기 시작한 것이다.

우리의 전통적 방식과 매체에 의한 도면에 표현된 정보의 습득과 이해[9]가 건축 시뮬레이션에 의해서 대체되기 위해서는 중요한 두 가지 디지털 기술의 발전이 필요했다. 첫 번째는 빌딩 정보 모형(BIM) 기술이고, 두 번째는 전산화 설계 기법(computational design)이다. 이 두 기술은 지난 십 년 남짓한 기간 동안 건축 산업 전반에 중요한 영향을 미칠 정도의 기술 발전을 이루었다. 물론 이를 수용할 수 있는 하드웨어의 발전도 뒷받침되어야 했다. 지난 2005년 유명 건축가 톰 메인(Thom Mayne)은 미국 건축가들이 모인 총회자리에서 BIM을 실무에 활용하지 못하는 사무실은 5년 내에 문을 닫게 될 것이라고 공언하기도 하였다. 그가 예측한 시한은 너무 짧았던 게 사실이지만, 그가 예측한 것의 핵심은 적중했다고 볼 수 있다. 이러한 기술적 발전은 전통적인 건축설계 기법을 완전히 멸종시킬 것이다.

지금과 같은 기술의 발전이 초래할 '건축'의 변화는 사실상 선례가 없다고 볼 수 있다. 설계에서 기술적 진보가 활발했던 1980년대와 1990년대 당시 캐드에 의한 도면 작성과 컴퓨터 모델링을 통한 시각적 표현 기법들이 새로 등장했고 설계 실무에 큰 영향을 준 것이 사실이지만 설계와 시공의 두 단계가 거리를 두고 있었던 모습이나 그 안에서 건축가의 역할에 대해서는 이렇다 할 영향을 끼치지는 않았다. 캐드 도면들은 전통적인 도면 역할로써의 '표현'에 대한 의미를 그대로 유지하게 했던 것이다. 캐드의 등장으로 인해 많은 건축가들이 전통 '도면'을 통한 건축가의 '기예'가 불분명하게 되었고 그 의미가 달라졌다고 탄식하는 경우도 종종 있었다. 결국 캐드 도면은 전통적인 과거의 건축가들이 공을 들여 준비했던 '도면'으로써의 역할을 대신한 것뿐, 그것이 어떤 아이디어나 의지에 대한 '표현'을 형성한다는 전통에서 벗어난 적은 없었다. 경험적으로 볼 때, 컴퓨터를 활용한 시각적 표현 기법의 활용이 건축설계 업무에 크게 영향을 주지는 않았다. 컴퓨터로 쓸 만한 시각적 표현물을 만들어내기 위해서는 많은 시간이 필요했고, 이 작업들은 전통적인 설계 업무와 도면 작성 공정과는 무관하게 추가된 부가적인 업무로 병행해야 하는 일들이었기 때문이다. 이것은 건축가들에게 추가적인 비용과 시간을 쓰게 만들었고, 따라서 설계가 끝난 아이디어를 보여주기 위해서나 가끔 활용되었으며, 설계 단계에서 반드시 거쳐야 하는 과정과는 분리되어 있었다. 최근 들어 이런 컴퓨터 표현 기법들이 과거보다 훨씬 수월하고 빠른 시간 내에 결과를 도출할 수 있도록 발전한 덕분에 과거보다 좀 더 설계 과정에 활용하는 일이 흔해진 정도이다. 하지만 이러한 기술의 단계는 건축가가 계획안에 대해서 '도면'을 통해 표현 및 나타내는 최종 단계의 도구로써의 역할에 변화를 주지는 않았다.

건축 '도면'의 의미와 그것에 따른 건축가의 역할이 집대성된 르네상스 시대 이후, BIM의 등장과 활용은 건축이 직면한 가장 의미 있는 건축설계에 대한 인식의 변화를 일으키고 있다. 마치 '도면'이 건축실계의 과정과 건축 자체의 의미에 크게 기여해왔듯이, 이 새로운 도구는 지금까지 경험해보지 못한 새로운 영향력으로 '건축' 개념에 미치게 될 것이다. 이미 이 새로운 방식이 없었더라면 지어질 수 없을 건축의 여러 사례들이 지구상에 나타나고 있다(그림 1.6). 대단히 흥분되고 기대되는 동시에, 이 새롭게 만끽힐 수 있는 자유의 이면에는 복잡하게 얽힌 쉽지 않은 문제도 존재한다. 건축역사학자 마리오 카르포(Mario Carpo)에 따르면 건축에서 컴퓨터에 의한 시각적 표현이 일상화 된 것에 대해 "과다하게 제공되고 있는 시각적 표현물로 인해 지금의 시각매체에 의한 소통은 결코 기능적이라고 볼 수 없다"[10]라고 말하였고, 이것은 다시 말해 무한대로 생산해낼 수

그림 1.6 런던 시청사, 포스터+파트너(Foster+Partners) 설계(2002)

※ 이미지 제공: Arpingstone

있는 형태들을 감안할 때 표현물 속에 주장된 하나의 형태는 큰 의미를 부여하기 힘들다는 것을 말한다. 그렇다면 건축에서 말하는 '형태와 재료 간의 관계'는 어떤 의미를 부여할 것인지에 대해 염려하지 않을 수 없다. 건축가 루이스간(Louis Kahn)이 스스로에게 물었던 '벽돌'의 의미에 대한 질문("벽돌에게 무엇이 되고 싶은지 묻자 벽돌은 아치가 되고자 한다")은 컴퓨터에 의해 기계화된, 형태가 조형되고 순식간에 주조되어 만들어지는 세계에서는 더 이상 큰 뜻의 담론으로써 그 의미를 부여하기 힘들어진다. 시뮬레이션의 결과로 설계안을 평가할 때 과연 그 시뮬레이션은 실제 건축의 '재현'으로써의 의미이지만, 현실이 아닌 '재현'은 과연 어느 단계까지 우리의 현실과 대등하다고 믿어야 할 것인지? 만약 건축에서 어떤 사물과 의미에 대한 '표현'은 더 이상 필요 없고 '시뮬레이션'으로 현실과 대등한 상황만으로 완벽한 소통이 가능하다면 건축가가 건축의 개념으로써 부여하던 '의미'의 표현은 어떻게 존재하고 전달할 것인지, 이것들은 증발하여 더 이상 필요 없는 것인지?

많은 건축 이론가들조차 앞에 제기된 문제의 본질에 대해 충분히 이해하고 있지 않은 듯하다. 그럴 수밖에 없는 것은 아마도 지금 이 문제가 바로 설계 실무 현장에서 가장 활발히 대두되고 있는 문제이고 학계에 있는 학자들의 활동 범위가 아니기 때문일 것이다. 건축 이론과 실무에서 지금도 일어나고 있는 다양한 현상들은 새로울 것이 없겠으나 건축 전반에 BIM이 가져온 이 엄청난 의미의 변화에 대해 '실무'의 관점에서 관심을 갖고 진지하게 들어다봐야 한다.

IV

현재 활용 중인 새로운 컴퓨터 기술들과 관련해서 설계 실무 현장에서의 활용 정도는 사실상 각양각색이다. 그 이유는 지금의 새로운 기술들이 아직도 개발 또는 발전 중에 있기 때문에 설계사무소들이 적극 활용하고자 하더라도 여러 문제들에 부딪히기 때문이다. 기술 활용의 깊이나 섬세함의 정도 차이 또한 실무상에 존재하는 다양한 요인들의 영향을 받을 수밖에 없다. 이 중에서 건축주의 태도에 가장 좌지우지된다. 어떤 건축주는 이러한 신기술의 활용을 적극적으로 내세우기를 원하기도 하고 요구 사항으로 지정하기도 한다. 특히 미국의 경우 미국 조달청(U.S. General Services Administration)[11]이 발주하는 대규모 프로젝트들이 모두 여기에 속한다. 대규모의 복합적인 시설일수록 이러한 신기술 활용이 유리하고 이득이 크므로 자연스레 현존하는 가장 앞선 기술들이 활용되고 있다. 현재 기술적 특성으로 볼 때 작은 프로젝트일수록 기술 활용의 이득이 작고, 특히 사전 제작된 부품들에 의한 조립 완성 의존도가 낮은 성격의 현장 공사일 때 더욱 그렇다. 공사비 견적, 시공성, 시공 기간 등 시공자에 의한 사전 경제성 분석에 의해 BIM을 쓰게 될 경우 건축가가 설계 단계에서 BIM을 쓰도록 요구되는 경우도 흔해졌다. 그리고 BIM과 전산화 설계 기법의 도입은 그 활용 정도에서 프로젝트 성격이나 업무 주체에 따라서 활용의 폭이 상당히 다양한 것이 지금의 현실이다. 그러나 BIM에서 분명한 것은 이것의 활용도가 날로 심화되고 있다는 사실이고 점차 주변 산업에서의 활용도도 높아지고 있다는 점이다.[12]

　　　　지금의 BIM과 전산화 설계 기법이 건축 산업 전반에 수용되고 있는 과도기에 있다고 하더라도 이것이 '건축'에 궁극적으로 미칠 영향에 대해 스스로 질문해보는 것은 중요한 문제이다. 저자의 생각으로는 이 기술들이 결국 건축과 건설 산업 전반에 거쳐 '도면' 방식을 완전히 몰아낼 것으로 보인다. 그 이유에 대해서는 3장에서 깊이 있게 다루겠지만 우선 간략하게 나타내면 다음과 같다.

첫 번째, 이 기술들을 활용할 수밖에 없도록 하는 경제적인 이유에서다. 대형 발주자들은 과거부터 오랫동안 완벽하지 않은 시공도면들과 시공 관리의 문제들 때문에 만성적인 골머리를 앓아왔고 대규모 부동산 운용의 실무적 관점에서도 이 기술들이 유리하다. BIM 활용을 통해서 위 문제들을 개선하는 데 효과적임이 입증되었고 앞으로 있을 문제들을 다루는 데도 자신감을 얻게 된 것이다.

두 번째, 기술은 향후 발전될 수밖에 없다는 점이다. 브라이언 아더(Brian Arthur)가 그의 훌륭한 저서인 **기술 본연의 특성(The Nature of Technology)**에서 지적했듯이 기술은 한번 개발되면 혁신가들에 의해 그들의 경쟁자들을 의식하여 조직적으로 또한 점증적으로 발전될 수밖에 없다고 하였다.[13] 실제 우리 주변의 BIM과 전산화 설계 기법들로부터 우리는 이 현상을 목격하고 있다. 매년 단점들이 보완되고 기능이 확장되고 있으며 이전에 문제시 되었던 것들은 눈에 띄게 사라지고 있다. 미국 건축사협회(AIA)의 'BIM 대상'[14]을 통해 건설 산업 전반에 거쳐 일어나고 있는 BIM 활용의 놀라운 확장과 그 범위를 확인해볼 수도 있다. 지금의 기술 단계가 비록 완전하지 않은 것은 모두가 인정하지만 경제적 타당성과 기술 본연이 갖고 있는 특성에 의해 나날이 발전을 거듭할 수밖에 없을 것이고 언젠가는 완벽에 가까운 도구로 탈바꿈할 것이다. 과연 '어떤' 부분에 이 기술의 활용이 완벽할 수 있는지에 대해서는 바로 이 책이 다루는 주요 내용이기도 하다.

마지막 이유는 바로 이 시대 서구사회가 향해 가고 있는 인식에 대한 대체적인 방법이 '시뮬레이션' 쪽으로 기울고 있다는 것이다. 시뮬레이션은 실제의 경험과 차이가 없어질 지경에 이르도록 발전하는데, 그에 따라 '현실'과 '매체' 간의 경계는 점차 모호해지고 있는 상황이다. 지금 우리가 경험하고 있는 미디어는 이미 시뮬레이션의 범주에 속해 있는 경우가 많다. 우리는 알게 모르게 이 시대의 미디어를 향해 좀 더 사실과 다름없는 시뮬레이션의 질을 요구하고 있고, 끊임없이 진화하는 미디어에 의해 우리의 잠재의식은 이미 일상적으로 벌어지고 있는 시뮬레이션에 적응하며, 그 기대의 수준을 높여가고 있는 것이다. 또한 시뮬레이션은 과거 '표현'에 의한 인식의 방법과 점차 멀어지도록 우리를 학습시키고 있기도 하다. 이 변화는 아마도 우리가 갖는 '건축'에 대한 이해에 가장 비중 있는 영향을 미칠 부분으로써, 이 책을 통해 깊이 있게 다루고자 한다.

　　　'도면의 죽음'이라고 지어진 이 책의 제목에는 두 가지 의미가 숨어 있다. 첫 번째는 건축에서 '도면'은 지난 수백 년 동안 이어져 내려온 건축가라는 직업의 핵심 업무로써, 건축가의 기예를 집대성하는 결과라는 점이다. 이제 더 이상 도면에 힘을 기울여야 하는 '기예'가 필요 없어지거나 건축가 일상의 역할에서 그것이 뒷전으로 밀려 있다면, 건축가라는 직업과 그 개념에 대한 심오한 변화가 있어야 한다는 것이다. 건축가로서 갖춰야 하는 능력이나 전문성, 건물이 지어지는 과정에서 건축가의 역할 그리고 건축 설계 업무에 대한 정의 등이 해당된다. 두 번째는 건축에서 '도면'의 의미는 '표현에 기반을 둔 설계 의도의 전달 기법'이었다는 점이다. 설계의 의도를 '표현'에 기반에 두고 소통한다는 것은 무엇인가의 전달을 위해 시각적 신호와 기호 체계가 사용될 때 전달되어야 하는 의미와 그 매체

사이에 해석의 여백과 그 중요한 역할이 나름 있었다는 것이다. 그러나 시뮬레이션 기반 건축설계의 경우, 설계 의도와 지어질 건물을 이해하는 과정에서 머릿속의 상상이나 구상이 자리 잡을 곳은 쉽게 찾아지지 않는다.

이 책에서 다루고자 하는 내용은 바로 건축설계에서 BIM과 전산화 설계 기법이 우리에게 가져다줄 영향을 제대로 한번 생각해보는 것이다. 아마도 그러기 위해서는 서로 엮여 있는 다음 세 가지를 잘 이해하는 것이 필요하다. (1) 경제성과 경제적 타당성에 의한 필연성, (2) 현재 시점에서 기술의 발전이 자연스럽게 가져다줄 성능의 향상과 이득, (3) 현시대 건축실무가 나아가고 있는 방향의 특성과 디지털 기술들에 대한 건축실무계의 반응 등이다. 우리가 과거 역사에서도 이미 경험했듯이 경제 기반의 변화가 건축을 바꿔놓았고, 지금의 현상 또한 결을 같이 한다. 그런데 이번 경우의 특이한 점은 건축이 결국 그 변화를 떠안아 변해야 한다는 것인데, 그 원인은 건축과 전혀 상관없는 위치에서 시작했다는 거다. 예를 들어, 과거에 경험했던 건축에서의 '모더니즘'의 영향만 보더라도 산업혁명이라는 엄청난 변화에 어느 정도 자유도를 갖고 건축 스스로 갈 길을 개척했다고 본다. 하지만 지금의 경제적 여건에서는 건축가들이 디지털화의 대세를 받아들일 수밖에 없도록 만드는 상황이다. 경제적 관점에서의 건축 디지털 기술은 훌륭한 대안을 제시하고 있기 때문이다. 또한 이미 쓰이고 있는 실용화된 기술은 그 스스로 자신의 영역을 시장에서 넓혀나가고 있다. 이러한 도구는 이제 건축가들이 의무적으로 손에 쥐어야 하는 것들이 되어가고 있고 자연스럽게 건축가의 실무와 건축가 업무에 필요한 사고의 내용 또한 점차 변하게 하고 있다. 이 시점에서 물론 궁금한 것 하나는 과연 이 도구들이 어떻게 발전해갈 것인가이다. 건축가들은 이 도구들과 어떤 상호작용을 하게 될 것인지, 도구들이 갖고 있는 능력은 과연 어디까지일지, 그리고 무엇보다도 중요한 쟁점은 이 도구들에 의해 행해지는 실무 체계에서 과연 건축가들에게 어느 정도의 '사유'의 여백을 남겨놓을 것인지, 건축가들에게 일정한 주도권과 '자유'를 허락할 것인지에 대한 의문이다. 디지털 프로세스에 의해서 이 도구들이 유도하는 선택지에 고르는 것만으로 '건축'에서 건축가의 역할이 끝나게 된다면 과연 어떨까?

이 책은 앞으로 도면의 죽음에 따른 다음 세 가지 영역에 미칠 영향에 대해서 탐구해보기로 한다. 그것들은 (1) '건축'을 업역으로 하는 직업들, (2) 건축적 사고 또는 아이디어 작업의 특성, (3) 우리 사회, 문화에서 '건축'의 역할 등 세 가지이다. 이것들을 탐구해봄으로써 현존하는 관련 디지털 기술의 정확한 내용을 살펴보고, 이것들이 건축 산업 전반에 미치는 영향들을 살펴볼 것이며 향후 지속적으로 발전될 이 기술들이 과연 어떤 결과를 초래할 것인지에 대해 솔직하고 진지하게 예측해보기 위해서이다. 기술의 진보는 항상 사람에 의해 이루어질 수밖에 없고 기술 발전의 '경향성'은 어디서든 발견되는 일이므로 기술의 발전 방향 또한 우리가 어떤 선택을 하느냐에 달려 있다고 본다. 이때 건축가들은 그들의 역할에 맞는 방향으로 기술의 발전 방향을 제시할 것인지, 아니면 수동적 위치에서 누군가에 의해 그 방향 또한 결정되게 놔둘 것인지에 대해 진지한 생각이 필요할 때이다. 이 책의 목적은 이러한 새로운 환경에 놓인 '건축'을 업역으로 하는 직업의 미래 모습에 대해서 활발한 논의를 가능하게 하고 좀 더 올바른 정보를 바탕으로 올바른 '방향'을 선택하는 데 도움을 제공하는 것이다.

미주

1 축조환경(築造環境)은 'built environment'로서 건축 및 토목의 경계 없이 인간이 인위적으로 구축한 공간환경 전반을 의미한다.(역자주)

2 Kahn(1991.p. 112 ff.).

3 Evans(1995).

4 Richard Sennett(2008)은 "모든 장인정신은 고도의 기술과 기법의 발전에서 비롯된다"라고 주장하였다.

5 또한 Sennett(2008)은 "장인정신은 인간이 무엇인가에 몰두하고 있는 상태"라고 하였다.

6 Pallasmaa(2009, p.89).

7 Pallasmaa(2009, p.102).

8 Pallasmaa(2009, p.55).

9 Baudrillard(1994).

10 Carpo(2009).

11 www.gsa.gov/portal/content/10575 참조.

12 "The Business Value of BIM(BIM의 사업 활용 가치)", McGraw-Hill Construction (2009).

13 Arthur(2009).

14 http://network.aia.org/technologyinarchitecn1ralpractice/home/buildinginfomiationmodeling awardsprogram/ 참조.

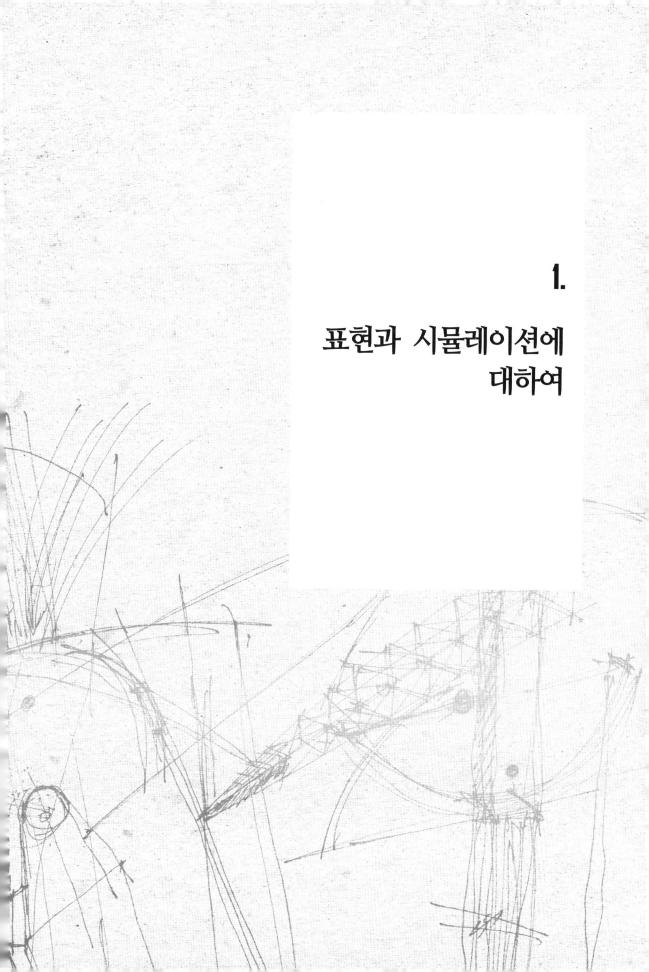

1.

표현과 시뮬레이션에
대하여

표현과 시뮬레이션에
대하여

몇 년 전 어느 날, 대학교에서 지도하던 건축 세미나 시간의 토론에서였다. 토론의 주제는 '도면'을 통한 소통이 어떻게 이루어지는지에 대한 것이었다. 건축 도면의 작도에 관해 설명하다가 '도면'이라는 것의 일반적 이해, 표현을 위한 도구와 기법들, 표현의 범위 등등이 도면을 통해 어떤 '의미'를 전달하는지를 설명하게 되었다. 그러나 학생들의 반응은 선뜻 수긍하는 눈치가 아니었고 잘 모르겠다는 얼굴이었다. 이에 내가 학생들에게 질문을 던졌다. 누군가가 친구의 얼굴을 그려서 표현한 것과 그 친구의 얼굴 사진 간에는 어떤 차이점 있을까? 내가 설명하려던 의도가 담긴 그림을 그리기 위해 선택해야 하는 도구들에 대한 문제와 그런 고민이 필요하지 않은 사진과의 차이를 통해 학생들이 뭔가를 깨닫지 않을까 하는 기대에서다. 하지만 학생들의 대답은 한결같이 단순 명료했다. 사진이 얼굴 그림보다 훨씬 효과적일 것이라는 것이다. 다시 한번 학생들 하나하나에게 같은 생각이냐고 되물어보았다. 하지만 모두가 같은 의견이었던 것이다. 나는 놀라울 뿐이었다. 아니 어떻게 높은 수준의 건축을 공부한다는 학생들이 시각적 표현에 대해서 단순히 리얼리즘의 정도로만 그것을 판단할 수 있는 걸까. 공들여 표현하는 그림이나 도면을 통해 표현의 도구, 강조하거나 생략할 부분들, 작가의 자유의지에 따른 표현 방법의 선택 등에 대해 별반 가치를 인정하지 않는다는 것인가? 이 학생들은 지금까지 단 한 장의 그림이라도 그려보면서 이런 경험을 거쳐보지 않았단 말인가? 나는 이 일이 있은 후 며칠 동안 생각하며 당시 학생들이 '표현(representation)'에 대해 생각해보지 않은 결과라는 결론을 내렸다. 학생들이 이해하고 있었던 '그림/도면(또는 시각 표현물)'은 단순히 어떤 현상의 재현으로써, 가장 많이 닮을수록 단순히 그 의무를 다하는 것으로 생각했던 것이다. 다시 말해 이들은 '시뮬레이션'과 구분하지 않았던 것이다. 그러고 보니 헝클어진 퍼즐 조각들이 맞춰지는 듯했다. 지금 학생들의 일상은 인터넷 정보 속에 이미지로 도배된 환경을 벗어난 적이 없고, 그것의 주를 이루는 미디어는 대체로 '시뮬레이션'으로 항상 채워져 있는 것이다. 학교의 설계실에서도 컴퓨터 시뮬레이션에서 손을 놓아본 적이 거의 없는 현실이다. 즉, 내가 공부하고 연마하던 시절의 건축과 건축실무 방식은 이미 없어진 지 오래되었고, 그것의 기반이 되는 시각예술의 기초는 존재하지 않았던 것이다. 이것들을 깨닫자 나는 기운이 쭉 빠지는 것 같았다.

이것이 바로 우리가 아는 사회, 문화 기반 위의 '건축'에 항상 존재해왔던 건축가에 의한 '표현'의 역할과 의미가 바로 '시뮬레이션'에 의해 퇴색되었다는 나의 진지한 주장인 것이다. 또한 이것이 이 책이 다루고자 하는 주된 문제 제기이자 화두이다. 나의 모든 주장의 중심에는 이러한 건축설계안과 현실 사이의 관계가 지금 과거의 '표현'에서 '시뮬레이션'의 시대로 옮겨가고 있다는 사실이고,

이것 자체만으로도 우리의 기본적인 '건축'에 대한 개념에 여러 범위에서 심대한 변화를 초래할 것이라는 사실이다. '표현'과 '시뮬레이션' 두 단어는 흔히 쓰이는 단어이지만 이 책의 이번 장에서는 상당히 특별한 의미로 쓰일 것이고 그것을 상세히 설명하고자 한다. 따라서 독자들은 특히 이번 장과 다음 장에 등장하는 이 두 단어들의 의미에 대해 각별한 이해를 바란다.

표현

이 책에서 '표현(representation)'이라 함은 인간이 어떤 현실 속의 현상에 대해 머릿속에 떠올리게 되는 인식이나 이해에서 그 정의가 시작된다. 사실 이 문제는 인류문화 역사 속 거의 모든 철학자들이 다루었던 단골 질문이었다. 이 문제에 대한 답은 상당히 광범위하지만 대체로 공감하는 부분은 우리가 외부에 놓여 있는 현실을 직접 알 수는 없고, 단지 우리가 갖고 있는 감각기관들을 통해 들어온 정보를 통해서 해석할 뿐이며, 이것은 불완전하다는 사실이다. 따라서 이 현실에 놓여 있는 '본질'은 어떤 방식으로든지 우리가 인식하고 알 수 있도록 '표현'되어야 한다는 것이다. 여러 분야에 거친 연구(철학, 어학, 예술비평, 최근의 인지과학, 인공지능 등의 연구)에 의해서 우리의 경험이 현실에 놓여 있는 본질과 어떻게 상호 관계를 형성하고, 경험을 통해 우리가 그것을 머릿속에서 이해하기 위한 아이디어를 만들어내는지에 대해 어느 정도 정리가 된 상태에 불과하다. 즉, '표현'은 우리가 이 세상을 이해하도록 정의 내리고 그 범위를 정하는 조건을 제시한다고 볼 수 있다.

　　　　한걸음 더 걸어 들어가기 위해 짚고 넘어가기 좋은 자료는 우리에게 지대한 영향을 미친 칸트의 '순수이성비판'에서 다루어진 '표현'과 관련된 생각들이다. 우선 칸트는 외부에 놓여 있는 현실의 본질은 우리가 알 수 없는 것이라고 인정했다. 단지 우리는 감각기관에 의해 경험되는 자극에 의해 만들어낸 '표현'에 의지해야 하고, 이것들은 인간의 선천적인 것으로부터 형성되는데, 주로 공간과 시간 그리고 인과 관계와 실체와 같은 지적 범주(개념 형식)에 의한 것들이라고 했다.[1] (칸트가 내세운 선천성과 지적 범주는 인간의 인식을 종합한 것으로부터 기인한다고 했고, 이 개념은 최근 인지과학의 연구성과로써 더욱 가치를 인정받고 있다. 예를 들어, 인간의 뇌는 언어를 습득하기 위한 회로 구조를 갖도록 형성되어 있다.)[2] 칸트의 이론은 실재 존재하는 본질과 사람의 생각 사이에는 필연적인 '틈'이 존재한다는 것을 의미한다. 이러한 칸트의 주장은 '실재이론(reality principle)'을 형성하는 것으로써 우리의 주변과 관념 바깥에 외적 현실이 있다는 것이다.

　　　　그렇다면 다음과 같은 질문을 낳는다. 만약 실재라는 본질은 우리가 영원히 알 수 없도록 되어 있는 것이라면, 어떤 것에 대한 '표현'이 완벽하지 않다는 느낌은 어떻게 우리가 깨달을 수 있는 것인지에 대한 문제이다. 칸트는 이에 대해서, 우리는 머리에 떠오른 느낌을 각자가 갖고 있는 '원경험(raw experience)'과 비교할 수 있다는 것이다. 경험은 본능과 지적 범주에 의해 모습을 갖추는데, 전의식(preconscious)에 머문다. 이러한 경험이 '의식' 단계로 떠오르려면 '표현'의 수단을 거쳐야 하는데, 우리는 실재의 본질과 어떤 '표현' 사이의 틈을 느낄 수 있다는 것이다. 이를테면 우리가 종종 '이루 말할 수 없도록 …'이라는 표현을 쓸 때 쉽게 체험할 수 있다. 그러나 동시에 우리가 이해하고 있는 '현실'은 항상 완벽하지 않고 어느 한쪽으로 치우친 상태의 불완전한 모습이기도 하다. 우리의 어떤 것에 대한 이해는 항상 한쪽으로 치우친 편견 속에 존재하는데, 심지어는 우리가 이것이 완벽하지 않다는 점과 제대로 된 이해가 아니라는 것도 항상 무시하며 산다는 사실이다. 따라서 어떤 것에 대한 누군가에 의한 '표현'은 우리가 현실의 '본질'에 대해 평소 생각하지 않은 한 측면을 경험하는 효과가 있으며 동시에 어떤 측면은 못 보도록 가리기도 하는 것이다. 따라서 효과적인 '표현'이 갖춰야 하는 섬세함은 매우 중요한 부분을 차지한다.

　　　　칸트는 일반적인 사람들의 지식을 이야기한 것이다. 어떤 '표현'은 현실의 어떤 본질을 나타내기 위한 복합적인 신호로 보일 수도 있는데, 마치 언어가 의미와 문법 체계로 구성된 것과도 마찬가지이다. 의미를 전달하는 신호는 두 부분으로 구성되는데, 바로 물리적 형체를 가리키는 기표와 머릿속 형상을 뜻하는 기의이다.[3] 일반적으로 기표와 기의 사이에는 임의의 관계가 형성되는 것으로 본다. 특히 이들의 관계는 특정한 사람들 사이에서 통용되는 약속이기도 하다. 예를 들어, 영국인들은 포유류 중 되새김질을 하는 특정 동물을 'cow'라는 기표로 나타내고 프랑스인들은 'vache'라고 한다. 다른 언어를 쓰는 사람들마다 차이가 날 것이다. 이런 기표들은 서로 사용하는 언어가 다르다는 것 이외에 그 어떤 연관성을 찾기 힘들다. 하지만 어떤 종류의 신호의 경우, 예를 들어 기독교의 '십자가'가 나타내는 것과 같이 그 신호가 갖는 공통된 고유의 성질을 나타낼 때도 있다.

　　　　여러 '표현' 방식들에서 대게의 경우 고유 신호와 일반 신호들이 복합적으로 섞여 있다. 건축 '도면'의 세계가 좋은 사례라고 볼 수 있다. 도면에서 그림으로 구성된 부위들은 고유한 시각적 신호들이라고 볼 수 있다. 그 이유는 도면에 나타낸 것은 의도한 형태의 특징들을 스케일을 줄여 옮겨놓은 것이기 때문이다. 하지만 평면도에서 그 층의 상부에 보이는 발코니를 표시하는 의도로 나타낸 긴 점선 표시는 임의의 성격을 갖는 일반 신호이다. 도면에 표기되는 단어들이나 숫자들도 일반 신호의 범주에 속한다.

우리는 현실의 본질을 직접 체험하는 것이 불가능('표현'에만 의존하는 구조)하기 때문에 전달하는 신호는 머릿속 이미지에 의존할 수밖에 없다. 지금 설명되고 있는 '표현'에서도 전체 과정의 일부분에 불과한할 것이다. 표현에 의한 전달 프로세스에서 머릿속 이미지나 아이디어가 특정 단어와 같은 물리적 존재로 표현되는지 등 여러 경우의 수가 있을 수 있다. 이 과정에서 중요한 것은 어떻게 특정 기호에 '의미 부여'를 할 수 있는지에 대한 것이다. 머릿속 이미지는 어떤 현실 본질에 대한 '표현'으로 볼 수 있고 여기서 '기표'는 현실 본질로부터 분리된 '표현'을 형성하는 두 단계로 볼 수 있다. 궁극적으로 우리가 어떤 현실 본질을 누군가에게 묘사하여 전달하고 또한 우리 스스로 그 내용을 간직하기 위해 '기표'에 의존하고 있다는 것이 중요하다는 것을 알 수 있다. 기표의 사용법이나 체계(문법 또는 도면기호 등)로써의 중요성이 아닌 실질적으로 결국 머릿속에 무엇을 떠올리게 하는지가 중요한 것일 것이다. 이를테면 무엇을 정확히 전달하기 위해서 선택해야 하는 단어에서도 그 단어가 연상시키는 머릿속 이미지에 전달 효과의 큰 부분이 달려 있다. 쉬운 예로, 기르는 개를 애완견이라고 부를지 아니면 생활 보조견이라고 부를지에 따라 그 이미지에 큰 차이가 있다. 두 가지 경우 모두 사람과 사는 개를 떠올리지만 두 단어 사이의 의도는 매우 다르다. 이것은 또한 기표와 기의가 나타내려는 의미들이 관련된 이미지나 기표들이 암시하고 있는 내용들을 서로 비교된 후 선택된 결과임을 나타내고 있다. (언어학자 Saussure는 이것을 값(value)으로 명명함) 무엇을 표현할 때 특정한 기표를 선택한다는 것은 그 기표가 갖는 기의의 값 때문이고(또는 더 가까운 기의를 전달하기 위함) 좀 더 근접한 머릿속 이미지를 연상시키기 위함이다.[4]

이렇게 머릿속 이미지를 떠올리기 위한 기표를 선택할 때 처해 있는 상황, 맥락적 환경이나 개인의 경험치에 많은 해석의 영향을 받을 수밖에 없다. 같은 기표가 사용되더라도 사람마다 다른 머릿속 이미지를 자극할 수 있고 그것들은 개인별로 갖고 있는 과거 경험뿐만 아니라 누구에 의해 그 기표가 어떤 환경에서 사용되었는지 등에 의해 다른 값으로 전달될 수 있다. 따라서 '표현'이 일어나면 그 결과는 항상 상당량의 모호한 해석의 여지가 함께 제공되는 것을 의미한다. 그 어떠한 '표현'에서도 한 부분은 강조될 수 있고 다른 일부는 심지어 생략될 수도 있는 것이다. 또한 그 어떤 '표현'도 모든 것을 다 나타내는 완전체일 수 없다(그렇지 않다면 칸트가 불가능하다고 했던 '현실 본질'을 직접 전달한 경우가 되므로). '모호함'은 어떠한 완전체에 대응하기 위한 여러 경우의 수를 의미하기도 하며 개인의 머릿속 이미지로 떠올리기 위한 시도이면서 선택된 표현 '기법'의 한계도 일정량 묻어 있기 마련이다. 이때 모호함은 우리의 머리가 떠올리는 이미지들에는 사람마다 차이가 있다는 것을 우리에게 알리는 신호이기도 하며 보는 사람 각자의 경험에서 우러나오는 생각을 유도한다.

이러한 모호함의 원초적인 성질 때문에 창의적이고 의미 있는 표현을 가능하게 한다. 특히 나타내고자 하는 경험치를 표현할 수 있는 수단이 한정적이라는 것을 체감할 때 그렇다. 의도적으로 무엇인가를 생략하고 안 보이게 함으로써 경험치에서 지워버리거나 해석의 여지가 남도록 전부 나타내지 않고 남겨둔다든지 등의 선택은 보는 사람들에게 결국 창의적인 새로운 경험과 체감을 제공할 수도 있다. 이러한 표현에서의 전략이 바로 창의적 사고에 의한 표현이 되는 것이다(그림 1.1). 표현에 나타난 모호함에 대해 탐구해보면 우리의 여러 경험들을 체감하게 되는데, 이것은 쉽게 전달할 수 있는

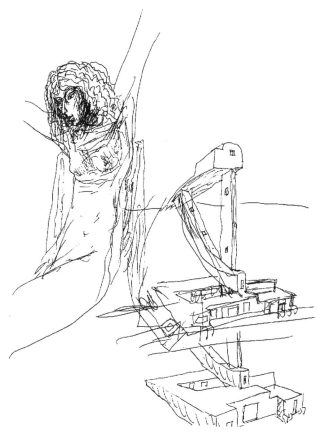

그림 1.1 Alvaro Siza의 Casa Baia 스케치. 왜 건축가는 초기 프로젝트 설계안 스케치에서 건물 옆에 여성의 몸을 그렸을까? 형태적 연관성을 나타내기 위함일까? 건축가의 어떤 의도를 나타내려고 한 것일까? 답이 무엇이든지 간에 그린 사람의 선택에 의해 프로젝트에 대한 풍성한 관점을 제공한다.

※ 이미지 제공: Alvaro Siza

내용이 아니다. 이런 표현에 나타나는 모호함이나 의도적인 왜곡을 통해 우리 경험 속의 여러 것들을 끄집어내어 해석에 활용하도록 한다. 이렇듯 보는 이들의 개별적인 경험들을 활용하면서 전달하려는 내용에 더 풍부한 내용이 되도록 하는 방법으로써, 표현하는 사람과 보는 사람의 사고를 연결시키는 효과도 노릴 수 있다.

이러한 창의적 내용으로 문제 제기를 통해 '표현'하는 일은 대게 예술가들의 몫이다. 에드워드 리어(Edward Lear)가 글로 "부엉이와 고양이는 연두콩색 보트를 함께 타고 바다로 향했다"라고 표현했을 때 각 단어마다의 느낌과 가리키는 물체, 행위 등이 연관되어 생동감 있는 이야기로 다가온다(그림 1.2). 우리가 일상적으로 갖고 있는 부엉이나 고양이 등 동물들에 대한 관념을 뛰어 뚜렷한 상상력을 동원하여 생각하게 만드는 것은 다름 아닌 같이 어울릴 리 없는 부엉이와 고양이가 함께 벌이는 서술된 행동 때문이다. 모순적인 상황이라서 이야기가 웃기고 합리적이지 않지만 우선 어울리지 않는 두 동물들의 등장과 행동으로 바로 우리는 머릿속으로 이야기를 그려 넣기 시작한다. 설명된 동물들의 행위는 바로 의인화되어 사람의

그림 1.2 부엉이와 고양이, 에드워드 리어의 그림

행동으로 떠올려 상상하게 된다. 그리고는 바로 이들이 동물들임을 우리는 깨닫게 되고 잔잔한 의문을 품게 만드는 것이다. 부엉이와 고양이 그리고 보트와 사랑(이야기 후미에 둘 사이 사랑이 꽃핀다) 등의 단어들은 짝 짓는 상호 관계를 연상시키며 우리 머릿속을 스쳐지나가게 한다. 지금의 사례와 같이 표현 내용 중 일정 부분의 모호성으로 인해서 분절된 단어들마다 그 내면에 의미하는 것이 무엇인지, 대체 가능한 표현은 어떤 것일지를 순간 생각하게 하면서 비슷한 상황의 상상 속으로 읽는 이들을 몰아넣는 효과를 거둔다. 어떤 표현상의 기법을 쓰느냐에 따라 머릿속에 떠올리게 되는 상상 내용이 변할 수 있으며, 점차 굳혀지는 상상의 결과는 바로 사용된 표현 기법에 의해 새겨진다는 것을 알게 된다. 우리가 아주 새로운 '표현'을 시도한다는 것은 사실상 지금까지 경험해본 것들을 가능한 선에서 모두 되짚어본다는 의미이며, 무수히 많은 관점에서 새로운 시도를 실험해보는 것과 같은 것이다. 앞서 언급한 '현실 본질'이라는 것에 우리는 영원토록 완전한 접근이 불가능할 것이므로 더욱 훌륭한 '표현'을 위한 새롭고 창의적인 시도는 한편으로 무궁무진한 가능성을 열어놓고 있기도 하다.

그리고 완전하지 않은 '표현'의 시도를 통해서 새롭고 역동적인 기회들이 찾아오기도 한다. 그 어떤 '표현'도 한꺼번에 모든 것의 전달이 아닌 부분적일 수밖에 없으므로, 집중해서 나타낼 어떤 '부분'의 선택이냐에 따라 얻게 될 새로운 발견이 있기 마련이다. 반대로 선택한 표현 속에 보이지 않았던 부분은 놓쳤던 부분으로 아쉬움을 남기기보다는 나타낸 표현의 일부로써의 크게 기여하지 않은 것이기도 하다. 선으로 나타낸 이 표현의 경우 그림자나 색상이 나타나 보이지 않아 모자란 느낌이 들기보다는 바깥 윤곽선이 강조된 형태적 특징을 나타낸 것으로, 목탄을 썼을 경우에는 빛과 그림자가 강조되었을 것이다(그림 1.3, 1.4). 각각의 '표현'마다 나타내는 대상의 특성이 미세할지언정 서로 다를 수밖에 없고 보는 눈에게도 다른 체험으로 다가온다. 작가 또는 건축가가 특정 '표현'의 방법을 선택하는 순간 이 표현물을 보게 될 청중들이 대상물을 어떤 느낌으로 받아들이게 될 것인지를 정하게 되는 것이다. 하나의 대상물에 대하여 두 개 또는 여러 개의 '표현'을 제공하는 것은 단 하나만 제공했을 때의 한계를 보완하기 위해서일 것이다. 이때 여러 표현을 접한 청중들은 각각에 대한 감상을 통해 작은 의문을 품게 될 것이고 보는 눈 각자에 의해 합성된 된 전반적인 느낌을 만들어낼 것이다.

　　　　건축 도면은 '자연적 신호'에 많이 의존한다. 투시도는 정투시도법에 의해 지어지며 결과물은 건물의 사진과 같은 모습임을 바로 나타낸다. 평면도와 단면도, 입면도 등도 우리가 실제 건물

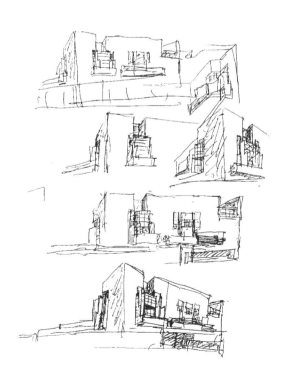

그림 1.3 Alvaro Siza의 Manuel Magalhaes 주택 스케치. 선으로 표현한 이 그림에서 그림자를 나타내면서 전체 주택의 윤곽과 덩어리감을 강조하고 있다.

※ 이미지 제공: Alvaro Siza

그림 1.4 Ludwig Mies Van der Rohe의 Friedrichstrasse Skyscraper Project, Berlin-Mitte Germany, 북쪽에서 본 투시도 1921년. 건축가 미스의 목탄을 사용한 스케치에서 오래된 어두운 도시 속에 빛을 담아내고 있는 자신의 건축물을 표현하고 있다.

※ 이미지 제공: 2013 Artists Rights Society(ARS), New York/VG Bild-Kunst, Bonn

을 통해서 볼 수 있는 모습은 아니지만 화상면으로 대상을 자른 후 정투영법에 의해 모든 투영된 선들이 평행하다고 가정하여 무한히 먼 곳에서 본 것에 대응하는 모습을 작도한 것이다. 다른 방법으로 상상해본다면 머릿속에서 건물의 한 면을 기준으로 납작하게 누른 후 보이는 요소들을 도면에 옮긴 것과 같기도 하다(그림 1.5). 상상으로는 쉽게 가능하지만 작도되기 위해서는 정확한 시각적 법칙에 대응하여 실제 대상물의 크기가 도면의 크기에 맞도록 정확한 축척 기준으로 축소되어 2차원상에 옮겨져야 한다. 이와 같이 건축의 기본 도면들인 투시도나 정투영도들은 순수한 상상에 의한 도법이기는

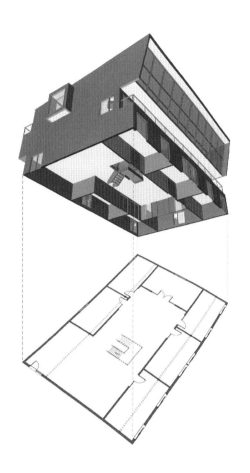

그림 1.5 화상면은 건물을 잘라내어 가로지르는
면으로써 건물을 한 면에 투영시킨다.

하지만 건물의 형태적 특성을 그대로 도면에 옮기는 작업이고 따라
서 '자연적 신호'라고 할 수 있는 시각적 결과물이다.

이런 시각적인 자연적 신호에 왜곡되는 부분이 또한 없
지는 않다. 투시도를 건물의 사진과 같은 것으로 흔히 착각들을 하지
만 투시도는 시각적 현상에 의해 우리 눈에 들어오는 광경을 유사하
게 나타낸 기법일 뿐이다. 또한 그리는 사람의 의도에 따라 투시도법
만을 사용하여 우리가 사진을 보는 듯한 모습과는 전혀 닮지 않은
왜곡된 모습을 나타낼 수도 있다. 이와 같은 극단적인 사례로써 왜곡
형상(anamorphosis, 그림 1.6)이 있다. 투시도는 이러한 자연적 신호의

성격을 뚜렷이 갖고 있지만 사실은 약속에 의거한 기호법에 불과하다. 우리는 정투시도법과 눈으로 받아들이는 시각적 특성 사이에 있는 엄연한 차이를 느끼지 않도록 이미 익숙해져 있기 때문이다. 평면도, 단면도와 같은 정투영법에 의한 표현들도 그것에 상당히 익숙해져 있는 사람(건축가)은 쉽고 빠르고 자연스럽게 대하지만, 그 원리를 자세히 살펴보면 상당한 수준의 머릿속 해석 과정에 의한 결과임을 알 수 있다. 이렇게 보이는 사물을 왜곡시킨 도면들을 통해 쉽게 무엇인가를 이해한다는 것은 기호법에 의해 접수된 내용을 두뇌가 이해하는 자연적 신호로 바꾼 뒤 그것을 서로 직각으로 부딪히는 두 개의 면에 해체시켜 나열한 결과를 다시 해석하는 과정으로 설명할 수 있다. 이러한 정투영법에 의한 건물 형태의 표현은 르네상스 시대에 본격적으로 발전했는데, 당시 건축의 대표적인 형태적 언어였던 대칭성, 직육면체적 특성, 건물의 정면성 등의 특성을 이러한 정투영법에 의한 도면들이 나타내기에 효과적이기 때문이었기도 하다(그림 1.7).[5,6] 이렇듯 당시에는 이러한 기호법에 의한 건축물 표현이 그 설계 의도를 전달하기에 더욱 자연스러웠던 것이다. 이러한 정투영법에 의한 도면들이 오랜 기간을 거쳐 발전을 거듭하였음에도[7] 르네상스 시대 당시 통하던 도법에 의한 건축설계의 표현이 지금 이 시대에서도 자연스러운 표현 기법으로 여전히 여겨지고 있다.

　　　　건축물 그 자체도 하나의 '표현'이거나 표현의 의도일 수 있다. 건축물은 그 존재 자체가 경험을 주는 것이지만 건축가의 계획적 의도에 따라서 어떤 연관성, 아이디어의 제안, 지적 또는 물리적 상황 연출 등을 여러 부류의 사람들에게 그 의도를 전달할 수도 있다(그림 1.8, 1.9). 도면에서와 같이 건축물 자체도 자연적 신호와 일반 신호를 동시에 갖고 있다. 또한 도면과 마찬가지로 자연적 신호로

그림 1.6 원통형 거울을 통해 왜곡된 투시도를 '올바로' 보이게 한 왜곡 형상(anamorphosis)의 사례. 그 어떤 '표현'도 어느 정도의 왜곡된 내용을 지니고 있다.

그림 1.7 알베르티(L. -B. Alberti)가 설계한 산타마리아 노벨라(Santa Maria Novella, c. 1470). 르네상스 시대의 건축물들은 항상 정면으로 제시되는 것을 전제로 설계되었다.

그림 1.8 Thomas Jefferson의 버지니아대학 건물을 통해 이 나타내려고 한 것은 민주주의적인 교육의 모습으로써 넓은 녹지를 배경으로 회랑을 중심으로 교수들의 주거지(동시에 강의실들)를 함께 모아놓은 모습이었다. 도서관과 녹지의 중심 위치에 고대 로마시대 판테온을 배치하여 미국 공화주의자들의 정신적 가치를 상징하고 있다.

※ 이미지 제공: Dalyn Montgomery

그림 1.9 로마대학(c. 1936)의 Marcello Piacentini가 설계한 Great Hall은 거대한 스케일감과 디테일 설계의 과감한 생략으로 개인의 독특한 개성을 상징하듯 눈에 띈다. 개인적 성향 대신 전체주의를 강조했던 시대에 그와 반대된 건축가의 표현 의도를 담았다.

※ 이미지 제공: Phillip Capper

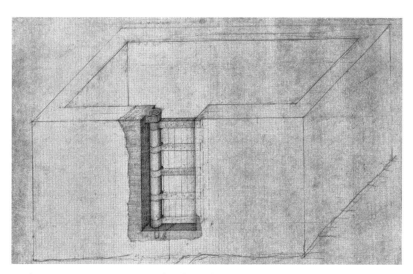

그림 1.10 Walter Pchler 작, '문'(1977). 다시 표현하다: 문의 기능에 대해서 문이 어떻게 만들어져 있고 그것을 여는 경험은 어떤 것인지를 통해 전달하고 있다.

※ 이미지 제공: Anna Tripamer

보이는 것에 의해 일반 신호나 기호들을 가릴 수도 있다. 자연적 신호로 보이는 것들은 대부분 기능과 시공의 과정에서 만들어진 것들로써 이것들은 그 의도된 역할에 견주어볼 때 상당히 논리적인 모습을 띤다. Karsten Harries가 지적했듯이 건축물이 자신의 기능을 자연스럽게 시각 신호로 나타내는 성질로 인하여 아이디어의 표현을 비롯한 의도된 그 밖의 다른 것들이 잘 표현되지 않을 때도 있다(그림 1.10).[8]

기호학적 입장에서 볼 수 있는 '표현'의 차원에서 해석하면 잘 나타나지 않은 모호함에 의해서 그것이 갖는 효과에 의해 실제 본질과 표현하려고 하는 상태 간의 관계를 생각하게 하면서 더욱 창의적인 '표현'의 방법을 유도할 수 있다는 것이다. 이 부분이 바로 이 책에서 주로 다루고자 하는 '표현'에 대한 중요한 관점이다.[9]

시뮬레이션

우리가 보통 아는 시뮬레이션(simulation)이란 인공적인 환경에서 제공된 가상의 경험을 통해 실제인 것으로 느끼게 하는 것을 뜻한다. 우리에게 익숙한 사례로는 비디오게임, 놀이공원 시설, 비행훈련 시설이나 역사적 사건 체험장 같은 것들이다. 어떤 것들은 전자기술을 통해서 또는 실제 건물 소재 등을 통해서 만들어지기도 한다(그림 1.11, 1.12, 1.13). 특히 최근 많은 영화와 소설 등을 통해서 시뮬레이션에 의한 세계로 인해 빚어지는 현실세계와의 혼동, 그리고 그것이 우리 삶에 가져다줄 수 있는 위협과 역설적 상황 등을 우리는 간접 경험해보기도 했다. 하지만 이런 시뮬레이션을 체험하는 것은 기술적 장치가 있어야만 가능한 것만은 아니다. 사실은 우리의 일상생활에서 이미 배어 있는 우리의 관념을 통한 시뮬레이션에서 올 수도 있다.

어떤 뚜렷한 시뮬레이션과 일상생활에 배어 있는 시뮬레이션 간의 관계에 대해서는 잘 관찰해보면 좀 더 파악이 된다. 우

그림 1.11 전자기기에 의한 시뮬레이션이어야 제대로 된 '시뮬레이션'이라고 생각할 수 있지만 이것은 여러 경우의 수 중 하나일 뿐이다.

※ 이미지 제공: Gregorios Kythreotic/CC BY-SA 2.0

그림 1.12 디즈니랜드의 메인 스트리트는 아마도 우리에게 가장 잘 알려진 물리적인 '시뮬레이션'의 사례일 것이다. 디즈니랜드를 가장 효과적으로 즐기기 위해서는 현실을 잊고 시뮬레이션을 현실로 받아들일 때이다. 그러나 모든 시뮬레이션이 이 경우처럼 선명하지는 않다.

그림 1.13 직설적이지는 않지만 이 사진 속의 쇼핑몰의 의도는 전통적인 시내 중심가가 배경이 되는 공간 경험을 시뮬레이션을 통해 제공하려는 것으로 볼 수 있다.

※ 이미지 제공: An archetypal American commercial environment, Brenda Scheerr

선, 시뮬레이션의 목적은 '현실감'이다. 현실이라는 설정이 불가능하다면 그 순간 그 시뮬레이션은 성립되지 않는다. 즉, 비행 시뮬레이터 속 사람이 '나는 시뮬레이터 안에 있다'라고 생각하는 순간 시뮬레이터 훈련 효과는 크게 반감할 것이다. 훈련받는 사람이 실제 상황으로 여길 때(한시적으로라도) 비행 시뮬레이터가 훈련도구로써 기능을 발휘한다. 반대로, 시뮬레이터에서 행했던 것 그대로 실제 비행기에서 수행해야 훈련의 효과가 나타날 것이다. 이렇듯 시뮬레이션은 현실과 시뮬레이션 상호 간의 차이를 없앤 상태를 항상 추구하며 그 중심에는 경험자의 체험에 모든 것이 달려 있다. 설사 현실감 떨어지는 엉성한 시뮬레이션이라도 체험한 사람이 마음먹은 것이 더 중요하다.

두 번째로 염두에 둘 것은 시뮬레이션은 항상 체험자를 유혹하려는 성격이 짙고 즐기는 맛을 추구한다. 시뮬레이션이 얼마나 현실에 근접했는지 여부는 사실상 그것이 정교하게 꾸며진 정도보다는 체험자가 어느 정도 몰입할 준비가 되어 있느냐와 경험되는 것을 얼마나 받아들일지에 달려 있다. 무엇인가에 몰입한다는 것은 어느 정도의 재미와 사람의 잠재되어 있는 즐기려는 깊은 욕망에서 비롯되는 것이고 이것은 시뮬레이션이 갖고 있는 장점이기도 하다. 이것을 통해 볼 때 인간은 어떤 특별한 계기나 충분한 조건 없이도 시뮬레이션을 실제 체험으로 받아들일 수 있는 채널을 선천적으로 지니고 있다고 볼 수 있다. 그 시뮬레이션의 질이 낮아도 상관없다는 것이다. 이것은 곧 우리가 머릿속으로 결정만 내리면 어떤 '세계'에서 몸을 움직여 행동을 해도 결과로 나타나지 않고 중력도 없고 시간과 공간이 뒤틀려 있다 하더라도 실제 상황으로 받아들일 수 있다는 것이다. 즉, 소리와 냄새도 없고 물리적 촉감도 없이 조금의 단순한 시각적인 자극만으로도 체험자가 일관되게 믿게 하는 인자들이 있고 그 과정에 몰입하여 순응하기만 하면 우리가 그 무엇인가를 '현실'이라고 간주할 수 있다는 것을 의미한다.

　　세 번째 고려할 점은 시뮬레이션에서 무엇인가를 경험했다는 자극은 실제 현실 속에서 같은 효과를 갖게 하는 방법과 매우 다르다는 점이다. 즉, 시뮬레이션에서 경험될 자극을 주기 위한 방법은 이것이 '현실'에서 일어나기 위한 방법과는 전혀 상관이 없다. 예를 들어, 컴퓨터를 사용한 표현인 렌더링의 경우 컴퓨터가 계산한 알고리즘에 의해 숫자들이 대입되고 그 숫자가 화면의 픽셀과 색상으로 나타나는 과정이다. 이 숫자들은 디스플레이 시 드라이버에 의해 마지막으로 맵핑되어 입혀지고 디스플레이로 나타나게 된다. 이렇게 이미지가 나타나는 과정을 보면 이미지가 자연현상에서 나타나는 것과는 전혀 상관없는 프로세스를 거치고 있지만 결과는 유사하게 나타난다고 볼 수 있다.

　　마지막으로 시뮬레이션의 결과 뒤에는 그 시뮬레이션을 형성하는 데 동원된 그 어떤 의미 있는 흔적이 있을 수 없다는 점이다. 실제 물리적 환경에서는 무엇인가의 경험을 하게 되는 과정이 유기적으로 연관되어 존재한다. 일례로 밤하늘에 별을 보고 경험했다고 했을 때 그 별을 둘러싼 끝없는 우주를 생각하게 하고 가깝게는 숨을 쉴 수 있는 대기, 빛에 의한 시각 그리고 그 밖에 연관되어 인지할 수 있는 모든 것들에 대한 것을 경험의 배경에 포함하고 있다. 만약 시뮬레이션을 통해서 밤하늘의 별에 대해 경험한다는 것을 가정해보면, 실제 경험에서 제공되는 미처 생각하지 못한 깊이 연관된 여러 것들을 놓칠 수밖에 없을 것이다. 여기서의 경험은 사전에 면밀히 계획된 프로그램일 뿐이다. 시뮬레이션을 형성하는 프로그램을 만든 사람에 의해 시뮬레이션 경험이 정교해질 수는 있겠지만 그 경험의 내용은 분명 사전에 계획된 범위 이내라는 한계가 분명 존재할 것이고 물론 그것은 다른 가능성에 열려 있지 않고 제한적일 수밖에 없는 것이다.

지금까지 살펴본 시뮬레이션에 대한 일반적 특성으로 볼 때 뇌가 성공적인 시뮬레이션을 받아들일 때 일어나는 다음과 같은 성질을 발견된다. 바로 현실 본질을 '표현'하려는 노력이 아니라 나타내는 신호들이 초현실(hyperreality) 그 자체가 된다는 것으로 철학자 Jean Baudrillard가 주장했던 것이다. '표현'의 세계에서는 현실원리가 작동한다. 이것은 우리가 아닌 또 다른 세계가 따로 존재하는 것으로써 언제나 우리가 상상할 수 있는 아이디어를 초월하여 존재한다는 이론이다. '표현'의 세계에서는 현실 본질을 나타내려는 신호들이 존재하기 마련인데, 이것들은 현실 본질과 그 신호들 사이에 틈이 있을 수밖에 없고 따라서 모호함이 항상 수반되는 구조이다. 이러한 불완전한 모호성을 매개로 무엇인가를 이해하려는 우리는, 우리의 뇌는 스스로 떠오르는 생각들과 경험에 비추어 상상력을 동원하여 '표현'의 효과를 해석하는 것이다. 하지만 시뮬레이션에서는 완전히 다른 원리가 작동한다. 현실 본질과 그것을 나타내려는 신호 간의 차이를 전제로 하는 것이 아니라 현실 본질을 나타내는 신호로 바로 대체하는 것이다. 즉, 시뮬레이션에서는 우리가 전달받은 사항으로 현실 본질을 대체한다.[10] 또한 보이는 것을 '작동'시킬 수 있는지의 가능성을 통해 우리 감각 안으로 다가온다.[11] 우리 감각에 어느 정도 실제 상황과 유사한 경험을 선사할 수 있느냐인 것이다. 그리고 시뮬레이션에서는 전달받을 필요가 없는 감흥은 여지없이 삭제되고 생략된다. '표현'의 시각과 관점에서 시뮬레이션은 실제 현실을 대체하려는 의도에서부터 사기로 보며, 현실은 완벽하게 다시 존재할 수 없는 것은 이미 아는 사실일 뿐이고 따라서 시뮬레이션이 이를 흉내낸다고 해도 극히 일부분일 수밖에 없다고 본다. 시뮬레이션의 관점에서 '표현'은 이미 존재할 필요도 없고 시뮬레이션이 대신하고 있다고 본다. 그리고 시뮬레이션을 감상할 때는 연관되거나 참고되어야 할 정보는 상관이 없다. 무엇을 보는지가 무엇을 얻는지인 것이다.[12]

시뮬레이션은 누군가에게 경험을 주기 위한 것으로써, 의도적인 시뮬레이션이든 설사 의도적이지 않더라도 어떤 경험의 일부분을 대체할 수 있는 특징을 갖는다. 그리고 표현의 깊이도 없고 어떤 시뮬레이션을 이해하기 위해 연관되거나 참고되어야 할 정보가 존재하지 않으므로 현실 본질에 대한 값어치를 떨어뜨릴 수 있는 우려도 있다. 시뮬레이션은 그리고 감염성이 높다. Kurt Vonnegut가 쓴 **고양이의 요람**[13]에서와 같이 건드리는 모든 것들을 일순간에 시뮬레이션으로 바꿔놓을 수 있다. 재현하고자 하는 현실이 무엇인지와 '작동' 내용만 결정되면 바로 시뮬레이션은 가능하다. 그리고 '표현'과 '시뮬레이션'은 서로 공존할 수 없는 부류의 경험들이다. 하나는 좀 어설프더라도 존재하는 현실이고, 다른 하나는 보여주는 것은 선명하나 속이 완전히 비어 있는 허구다. 또한 시뮬레이션은 출처나 기원을 갖지 않는다. 그 성질이 어떤 과정으로 어디에서 시작되어 여기까지 온 것인지 알 수 없다. '기원'의 의미에 대한 현대적 시각으로 볼 때,[14] 시뮬레이션은 생성의 과정에 대해 출처조차 나타낼 수 없는 한계로 인하여 그 기원에 대한 설명마저 적절하지 않은 것이 되어버린다.

예측할 수 있듯이, 우리의 환경이 더욱더 시뮬레이션에 둘러싸이게 될수록 우리가 생산해내는 사회문화적 콘텐츠들이 시뮬레이션이 갖는 성질로 인하여 연관되거나 참고되어야 할 사전 지식, 정보들이 필요 없이 얄팍해지기 마련이다. 요즘에는 디자이너들이나 작곡가들 그리고 다른 여러 창작의 일에 종사하는 사람들이 바로 느껴질 수 있는 감성이나 빠른 감흥을 찾는 수요자들의 요구에 맞춰 창작물들을 바로 경험할 수 있는 방식 위주로 창작해내고 있으며, 이것은 그만큼 창작에서의 '의미' 부여와 같은 과정과 점차 멀어지기 마련이다. 테크노나 하우스, 일렉트릭 뮤직과 같은 최근 장르에서 보듯이 음악은 바로 몸에 호소되는 리듬이고 주를 이루는 반복되는 무거운 비트가 악상의 시간적·지적 사유의 여유나 틈과는 매우 거리가 멀다.[15] 영화에서도 이미 우리에게 익숙하듯이 컴퓨터를 통한 특수효과와 이미지 생성을 이용한 자극적인 시뮬레이션이 대세를 이루고 있고, 때로는 실재 배우들, 장소에 의존하는 실재 액션들보다도 더 큰 역할을 맡는 경우가 흔해졌다. 건축에서도 이와 같은 경향은 나타나고 있다. 현실 속의 역사건축물의 완벽한 이미지 재현(그림 1.4)에서부터 역사적 모티브만을 이용하여 적당한 절충과 해석을 거

그림 1.14 사진에서 보는 복합시설 개발은 역사 건축 이미지 재현을 통한 신축을 제안하고 있다.

※ 이미지 제공: Brenda Scheer

친 새로운 공공 도시공간의 연출(그림 1.3) 등 다양한 적용 사례들을 볼 수 있다.

과학탐구에 활용되는 또 다른 시뮬레이션도 존재한다. 과학 시뮬레이션은 자연현상에 대한 이론상 설정된 값에 의해 컴퓨터가 계산하여 결과를 만들어내는 것으로, 예를 들어 우주가 실제 팽창하고 있는지 여부 등을 확인시켜주는 역할을 한다. 시뮬레이션 결과가 이론상에서 예측한 결과와 일치할 경우 주장되었던 가설이 시뮬레이션 모형을 통해 검증된 것으로 간주할 수 있다. 이 모형은 더 나아가서 관련된 추가적인 현상에 대한 단초가 될 수 있고 그것을 통해 새로운 지식이 발견될 수도 있다(그림 1.15). 여기서 몇 가지에

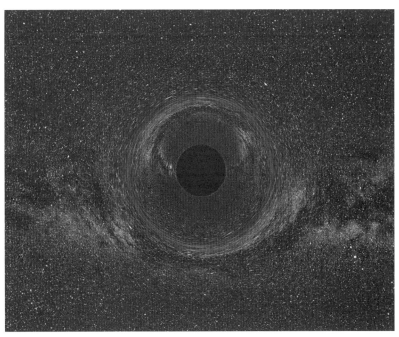

그림 1.15 열 개의 태양 질량에 해당하는 블랙홀의 시뮬레이션 결과 모습. 배경으로 은하가 펼쳐져 있다.

※ 이미지 제공: Univeristy of Hildesheim Kraus physics education group

대해 봐둘 것이 있다. 어떤 현상이 검증되면 현실 본질과 시뮬레이션 간에 밀접한 연관이 있다는 것이고 일정 부분 시뮬레이션이 사실이라는 뜻이다. 그러나 한 방식의 관찰에서는 유효하다고 해도, 다른 관찰 방식에서도 유효하다는 것을 보장하지는 않는다. 즉, 다양한 추가적인 방식에 의한 검증이 따라줘야 시뮬레이션과 현실 본질 간의 밀접성이 좀 더 확실해진다. 이런 상황을 두고 볼 때 현실 본질과 시뮬레이션 간의 관계가 좀 더 명확해진다. 즉, 시뮬레이션은 현실 본질보다 하위에 속할 수밖에 없고 지속적으로 '본질'의 단면만을 제공할 수 있다는 것이다. 그리고 그것은 결국 어떤 본질에 대한 '표현'의 범주에 속할 뿐이라는 것. 하지만 차이가 있다면 표현이 아닌 시뮬레이션은 어떤 것에 과정에 대한 의미보다는 경험을 준다는 사실이다. 그리고 시뮬레이션을 접하는 사람에 따라 일부는 표현의 일부로 볼 수도 있다. 또한 시뮬레이션은 경험자를 끌어당기는 힘이 있다. 실제 과학자들이 시뮬레이션을 통한 가설 검증이 중요하고 그것에 지나치게 몰입한 나머지, 시뮬레이션 결과를 절대적인 것으로 믿고 하나의 '가설'이라는 사실을 간과하는 오류를 범하기도 한다.[16] 이론과 시뮬레이션 검증으로 무장한 과학자들이 자신들의 믿음을 주장하기 시작하면 우리로서는 반박할 여지가 거의 없게 되는 것이다. 이렇듯 우리는 사람을 유혹시키고 끌어당기는 시뮬레이션의 힘을 간과해서는 안 될 것이다.

그럼 왜 이렇게 시뮬레이션은 잘 먹히는 것일까? 그 이유 중 하나는 우선 이것이 쓸모 있고 실용적이기 때문이다. 과학적 탐구의 도구로써, 디자인의 도구로써 그리고 소통의 도구로써 그렇다. 올바로 사용하기만 한다면 물리적 작동을 보여주는 도구로써, 건물의 기능을 미리 보거나 또는 공간환경을 쉽게 미리 경험해볼 수 있다. 두 번째 이유는 시뮬레이션은 관찰자가 즐길 수 있다. 앞서 말했던 시뮬레이션의 유혹적 성향은 보는 사람이 거절하기 힘들 지경이고, 사전에 시뮬레이션임과 그 한계를 충분히 아는 사람도 그 유혹에서 벗어나기 힘들다. 그것은 아마도 Burke가 일컬었던 숭고함과 아름다움에 대한 것과 같이 우리 감각으로 경험할 수 있는 굉장한 경험뿐, 일말의 현실에 대한 염려나 위험성이 완전히 배제되어 있기 때문이다.[17] 또한 이것은 우리의 창의적 본능에 호소되는 즐거움으로써 완전히 새로운 세계에 대한 경험이기 때문이다. 그리고 마지막으로, 시뮬레이션은 우리 스스로가 지정한 원리와 이해를 바탕으로 구성한 하나의 완벽한 세상의 일부를 경험시켜주기 때문이다. Baudrillard는 그의 저서에서 "우리는 시뮬레이션 같은 거의 완벽한 컴퓨터 기술로 만들어진 계획 내용과 경험되는 것들로 인해 말문이 막힐 지경인 동시에, 작은 허점 하나 없는 세계에서 오는 현기증을 경험하고 있다"[18]라고 지금의 현실을 표현하였다.

시뮬레이션과 기술적 진보

시뮬레이션 기술은 마치 회반죽과 페인트와 같은 단순한 기술(마치 trompe-l'œil painting과 같은)이었다(그림 1.16).[19] 하지만 기술의 발전에 따라 시뮬레이션의 범위와 효과도 발전을 거듭해왔다. 텔레비전과 같은 미디어 기술은 통합된 시뮬레이션을 보여줬는데, 그로 인해 우리가 현실 밖의 세상을 일상의 하나로 여기게 해줬다. 뿐만 아니라 다른 발전된 기술들(컴퓨터, 인터넷, 모바일기술, 인터넷 기반 다중 참여 가상게임 등)로 인하여 우리의 일상이 점령당하고 있는 것이

그림 1.16 C.D.와 E.Q. Asam의 뮌헨 St. Johann Nepomuk 교회(c. 1746) 천정 프레스코의 상세 부위

사실이다. 그런데 '기술'은 단순 기계장치나 기법이라기보다 자연 세계와 인간 간의 관계를 의미한다. 기술은 '인간의 목표를 수행하기 위한 방법들'로 정의된다.[20] 이것을 시스템으로 본다면 방법보다는 나타나는 효과가 중요할 것이다. 궁극의 목표는 어떤 기능을 수행하기 위한 방법을 찾는 것이고 이때 어떤 과정을 거쳐야 하는지, 그 의미가 무엇인지는 큰 관심 대상이 아니다.[21] 기술적 진보의 결과로 때로는 인류와 도덕적으로 논란거리가 되는 일이 생기더라도 일반적인 기술의 힘은 대체로 도덕적 관념과 무관한 것으로 여겨왔다. 만약 같은 결과를 달성하기 위한 몇 가지 기술 중 선택할 일이 생길 때

판단의 근거로 효율을 생각할 뿐 다른 조건들에 대해 우리는 큰 관심이 없다.[22] 물론 그렇다고 해서 기술은 항상 정량적 기준에 의해서만 선택되고 평가되는 것은 아니다. 소비자들에게 밀접한 전자기기들(자동차나 휴대폰 등)의 경우 선택의 조건으로 정량적인 성능보다 소비자가 호감을 갖는 전반적 디자인이 큰 역할을 할 때도 많다. 여기서 잘 봐둘 것은 기술의 성능 관점에서만 판단한다면 기술 효율과는 무관한 요소가 결국 성패를 좌우하는 매출을 결정하는 경우도 있다는 것이다. 그리고 기술적 관점에서 볼 때 기술은 어떤 경우에서나 최종 결과나 성과가 중요하지 어떤 기술적 과정이냐는 큰 의미가 없는 특성을 갖는다. 그리고 그 기술을 선택하게 되는 가장 중요한 요소는 기술의 효율성이다. 더 나아가서 궁극적으로 기술을 통해 인간은 자연을 지배하는 것을 목표로 삼는다. 자연의 힘을 당해낼 수 없는 인간에게 기술은 능력을 제공했고 공간과 시간, 신체 등의 주어진 한계 속에서 어느 선에서 만큼은 자연을 극복할 여력을 기술은 인간에게 제공한다. 어찌 보면 기술 발전의 종착역은 인간이 자연을 완벽하게 장악하는 것이기도 하다.

　　시뮬레이션을 통해 얻는 성과는 앞에서 언급한 인간이 기술을 통해 얻는 것들과 성격이 유사하다. 자연환경을 극복하기 위해서 기술이 존재한다면 시뮬레이션은 인간이 자연환경을 배경으로 꿈꾸는 다양한 공간환경의 설계나 인간의 요구들을 바로 계획할 수 있도록 돕는 역할을 한다. 기술을 통한 성과와 마찬가지로 시뮬레이션 또한 무엇인가를 위해 구성해가는 과정이나 의미보다는 오로지 시뮬레이션을 통한 결과가 어떤지에 초점을 둔다. 또한 시뮬레이션을 다루면서 기술의 중요성을 항상 인정하지 않을 수 없다. 기술에서와 같은 개념으로 시뮬레이션 엔지니어들은 '성능성(performativity)'의 가치가 무엇인지에 관심을 둔다. 즉, 이 세계에서는 모든 가치의 판단 기준과 그 중심은 '성능'이어야 하고 기대한 결과를 얼마나 효율적으로 얻을 수 있는지에 대한 잣대가 판단의 근거여야 한다. 성능성을 통해서 사물이나 과정을 정하는 과정들에 대해 객관적 조건들에 입각한 판단을 하게 한다. 성능성이 주도하는 모든 판단에서는 진의나 뜻, 상징성 등은 의미가 없고 오직 성과의 효율만 보게 되는 것이다. 형이상학적 가치, 윤리성, 존재론적 가치는 외면될 것이고 '얼마나 잘 됐어?'의 판단만 존재한다.

시뮬레이션과 성능성은 '작동성(operationalism)'을 매개로 연결되어 있다. 성능은 '작동'의 의미와 결국 흡사한 의미이고 작동의 개념에서와 같이 성능은 관찰되는 동작이 주된 관심사일 수밖에 없다. '작동'의 의미는 결국 관찰할 수 있는 동작이란 의미와 다를 것이 없다. 그리고 '성능'은 그보다 더 부과적인 의미를 내포하고 있다. 성능을 작동이란 의미로 해석하면 이것 역시 결과나 성과만이 중요할 뿐 진행을 위한 과정에서의 의미부여는 별 의미가 없는 것이다. 성능이 선택된 방법의 판단의 근거가 되고 성과가 좋고 나쁜지에 따라 성능이 판단된다. 더 이상의 본질적인 가치는 다루지 않는다. 이 세계에서는 객관적으로 관찰 가능한 조건들에 의해 가치가 매겨진다. 이와 같이 성능성, 작동성의 가치가 지배하는 시뮬레이션에서 세계에서는 직접 관찰되어 인지되지 않는 것들은 자연스럽게 그 의미를 부여하기 어렵게 되고 제외된다. 성능성으로 판단되는 것 이외의 것들은 시뮬레이션을 통해 관찰되기 어려운 것이다. 즉, 시뮬레이션에서 주목할 만한 장점은 성능성만을 따지는 것이 자연스럽고 충분하며, 그 밖의 조건들에 대해 별다른 관심을 두지 않아도 무방하다는 것일 것이다.

물론 어떤 경험에 대해 객관적 기준들 몇 개만으로 모든 측면을 평가할 수는 없을 것이다. 하지만 성능성을 중심으로 판단할 때는 그것이 가능하다. 판단이 어려운 지점에 대해서는 객관적으로 볼 수 있는 대체 변수를 적용해 정량화해버리거나 제외시킬 수 있다. 이것의 한 예시로써 시각적 선호도를 좌우하는 대체 변수들의 활용에 대한 사례이다(그림 1.17). 이 방법을 사용하여 객관적 판단 기준으로 결정하기 힘든 고질적인 문제인 미학적 또는 디자인 선호도의 문제에서 많은 사람들이 믿는 익숙해져 있는 통계적 객관성을 빌어

A

B

그림 1.17 한 쌍의 이미지를 통해 시각적 선호도를 알아보는 실험. 설문 대상자들은 두 이미지 중 어떤 것을 선호하는지 답하게 된다. 건축가는 결과를 통계적으로 산출하여 설계안을 그에 맞춰 발전시킨다. 이 사례는 근원적으로는 정량적 가치 판단이 불가능한 건축적 요소에 대하여 대체변수를 적용하여 부분적인 정량적 요소로 치환한 후 최종 가치 판단을 이끌어낸다.

※ 이미지 제공: Marcus Hansson(A),
Matt Lemmon(B)

판단의 근거를 '정량화'하여 적절히 타협한 결론을 이끌어낼 수도 있다. 이 과정에서 복합적으로 연계된 미학적 선호도와 그 가치를 시각적 선호라는 제한된 작동상의 변수로 대체된다.[23] 그러나 이러한 판단의 방식도 어디에나 적용되는 것은 아니며, 어느 정도 선명하게 치환할 수 있는 변수들이 만들어질 때만 가능하고 그런 판단의 유형들에게서 더 자연스럽게 활용된다.

'성능성'에 의해 우리가 몸담고 숨 쉬고 있는 문화의 특성이 나타난다. 철학자 Jean-François Lyotard에 따르면 성능성은 서유럽 사회를 지배하는 많은 학문적 체계에 배경 역할을 하고 있다고 역설했다.[24] 사실상 이러한 성능성에 기반을 둔 기준이나 가치 판단 방식에 의해 법률적으로나 교육이론 또는 과학 등의 여러 학문 분야에서 효율을 근거로 내려지는 많은 논리적 판단에 의해, 때로는 철학적 견지에서 '난해할 수 있는' 문제에 대한 수월한 답을 제시할 수 있었던 것이다. 예를 들어, 선명한 법률 체계상의 장치들에 의해 위법인지 합법인지에 대한 실용적 판단을 쉽게 내리게 되지만 실상은 원래부터 매우 추상적 개념인 법, 윤리, 도덕 등 간단치 않은 문제에 얽힌 일에 대한 종합적 판단이다. 또한 과학적 지식과 이론은 그 어떤 학문보다도 우월한 위치에 있는데, 그것은 따지고 보면 자연현상의 성능성에 기반을 둔 것이기 때문이다. 과학에서는 어떤 현상에 대한 설명은 그 현상에 대한 예측과 동격으로 본다. 그 이유는 과학적 예측은 관찰되어 일반적으로 확인된 원리에 근거하기 때문이다. 그 중에서 아마도 가장 훌륭한 과학적 예측에 해당되는 것은 가장 간단하면서도 가장 많은 자연현상을 대변할 수 있을 때이다. 사회 전체로 볼 때 성능성 자체가 사회 작동의 원리다. 그 이유는 이것에 의해 어떤 이론이나 원리에 대해 제기될 수 있는 무수히 많은 모호한 의문과 질문들을 물리칠 수 있고 사회를 실질적으로 움직일 수 있게 돕기 때문이다.

시뮬레이션과 지식

우리 몸 밖의 외부를 우리가 제대로 인지하기 위한 노력의 큰 두 가지 접근이면서 경험의 체계인 '시뮬레이션'과 '표현'은 우리가 생각하는 방법과 우리의 지식이 어떻게 형성되는지를 결정하는 데 지대한 영향을 주고 있음을 우리는 알아야 한다. 특히 '표현'의 자리를 대신하고 있는 '시뮬레이션'에 의해 건축적 아이디어의 생성에서 적지 않은 변화를 가져오고 있다. 과연 어떤 구성 요소들에 의해 건축적 아이디어가 형성될 것인지, 설계의 문제를 어떻게 간주할 것인지와 그 문제에 대한 답에 대해 어떻게 평가할 것인지, 그리고 과연 설계안을 만들어낸 것은 누구인지 등이 지금 나타나고 있는 쟁점들이다.

우리 몸 바깥세상인 현실 본질은 원리적으로 우리가 완벽하게 파악하는 것이 불가능하고 그것을 나타내려고 하는 어떤 것에 의해 우리가 그것을 느끼고 이해하는 방법밖에 없다는 전제에서 '표현'의 의미가 완성된다. 우리가 주어진 어떤 '표현'에 의해 무엇인가가 경험될 때 각자의 경험은 주관적이고 완벽히 같을 수 없으므로 주어진 '표현'의 허점이 느껴지며, 각자의 경험을 바탕으로 한 보완된 표현을 생각하게 하는 속성을 갖는다. 따라서 '표현'은 애초부터 약점을 보완하면서 발전을 거듭하는 기본 성질을 갖는다. 따라서 인간이 만들어낸 어떤 것에 대한 '표현'은 경험자들에 의한 여러 경험들을 만들어낼 것이고 그 여러 경험에 의한 무엇에 대한 이해가 결국 끝없이 발전하게 됨을 의미한다.

그리고 어떤 '표현'은 새로운 지식을 직접 생산해내기도 한다. '표현'의 범주에는 의미론적인 것과 형태적 요소에 대한 것을 모두 포함한다. 전자의 것은 '언어'를 의미한다고 보면 되는데, 각각의 '음향신호'들이 그것에 해당된다면 후자인 형태적 요소는 의미를 갖는 신호들이 쓰이는 규칙인 '문법'이라고 볼 수 있다. 이러한 표현의 규칙을 활용하여 마음껏 수정함으로써 새로운 지식을 만들어내는 것이 가능하다. 아마도 이것의 가장 확실한 사례는 과학에서 쓰이는 수학일 것이다. 예를 들어, 수학적 공식을 대입시켜 결과를 만들어낼 때마다 우주 물리학 내에서 새로운 지식이 만들어지는 것과 같다. 어떤 현상에 대해서 수학적 규칙으로 표현하여 그 내용을 따라가다 보면 나타날 다음 현상을 예측하게도 되고 그 현상의 패턴이나 특성을 파악하게 되는 것이다. 또 다른 사례는 언어에서 발견된다. 단어들과는 달리 문법(언어 운용의 규칙)은 어떤 언어를 막론하고 확실한 패턴과 규칙을 보여준다. 심리학 및 신경생리학자들은 인간의 언어 사용에 대한 여러 연구를 통해서 인간이 하는 사고의 구조나 방식에 대한 답을 발견하기도 한다.[25]

이와 같이, 표현의 규칙 내에서 그것들을 마음껏 바꿔보는 것만으로 새로운 지식이 만들어지기도 하지만 다루는 자연현상과 대입되는 내용들이 일정하고도 지속적인 확인과 검증을 거친 결과여야 하며, 특히 새로운 지식의 영역일 때는 더욱 그러하다. 과학에서는 전통적으로 관찰과 수학적 확인을 통해 어떤 새로운 현상에 대한 검증을 해왔고, 가끔 예측치와 다른 결과를 얻게 되면 이 사실로 수학적 예측치는 쓸모없게 된다. 여기서 잊어서는 안 될 것은 '수학'도 '표현'의 일종에 불과하며 세상에 완전하고도 완벽하게 현실 본질을 전달하는 '표현'은 존재하지 않는다는 사실이다.

'표현'은 항상 어떤 것을 전달하는 데 전체가 아닌 그중의 선택된 부분만을 다룰 수 있다는 것은 우리가 이미 잘 아는 사실이다. 그에 반해 '시뮬레이션'은 경험자가 몰입되어 있는 순간만은 '전체'를 경험함으로써 내용을 전달받는 방식이다. 따라서 시뮬레이션에 미처 포함되지 않은 실제 세계의 부분들은 전달 사항 중에서 애초부터 완벽하게 삭제 또는 누락된 것과 같다. 이것은 마치 '표현'에서 모든 것들이 포함될 수 없는 양상과 같다고 볼 수 있다. 그러나 시뮬레이션은 나타내려는 경험 이외에 그 어떤 관련 정보나 참고자료를 제안하지 않는 속성 때문에 포함되지 않은 내용으로 인한 스스로의 불완전함조차 경험자가 알 수 없게 하는 단점이 있는 것이다. 시뮬레이션의 세계에서 경험은 곧 현실이라는 가정이다. 즉, 그 경험 중에 '현실 본질'이라는 세계가 이면에 놓여 있을 것이라는 것을 부정하는 효과도 있는 것이다.

다른 시각에서 이러한 시뮬레이션의 주요 특성을 살펴본다면 마치 '모형'과 '경험'의 관계를 서로 뒤집어놓는 것으로 설명된다. '표현'의 방식에서는 관찰자의 사전 경험을 바탕으로 전달 사항을 풀어나가는 것이라면 시뮬레이션의 방식에서는 진행 중인 어떤 것들을 통해 새로이 경험시키는 것이라고 볼 수 있다. 전자는 관찰자에 의해 경험되는 어떤 표현물이 사전에 입력되지 않았던 것이라면 새로운 내용으로 경험의 모형이 변형·발전되는 것이고 후자는 시뮬레이션으로 전달될 모형에 의해 경험자가 경험하게 될 것들에 대한 절대적 결정권을 갖는다. 그리고 시뮬레이션에서는 아무리 작은 경험이라도 사전에 고려되어 프로그램되지 않았다면 의도된 내용 이외에는 허락되지 않는 특성을 갖는다.[26] 시뮬레이션을 통한 경험은 상당히 폭넓을 수 있으나 맥락의 범위 내에서만 존재하는 한계가 뚜렷하고 그 특성은 운명적으로 제한된 범위일 수밖에 없다. 따라서 시뮬레이션 방법을 쓸 때 경험하게 될 내용과 범위는 사전에 충분히 파악하고 조정 가능하다고 볼 수 있다. 한편에서 이러한 특성은 시뮬레이션의 방식이 관념학적(ideology) 접근과 비교되기도 한다. 관념학적 해석에 사로잡혀 사는 사람을 보면 세상에 모든 일이 어떤 사상에 의해 설명된다고 본다. 예를 들어, 마르크스주의에 심취한 경우 모든 정치적·사회적 행위나 투쟁들은 계급 간의 갈등으로 보는 것과 같다. 종교에 심취해 있는 사람의 생각에서는 세상 모든 일이 신의 뜻일 뿐이다. 어떤 사람의 생각의 방향은 우선 그의 관념에 의해 지배받기 마련이다. 무슨 일이 벌어지든 자신이 관념적으로 생각하는 방향의 실현으로 본다. 이와 마찬가지로 시뮬레이션을 통한 경험에서는 경험의 범위가 완전히 통제된 상태로써 그 범위 이외의 것에 대한 일말의 의문도 품지 않게 되는 것이 자연스러운 현상이다.

시뮬레이션 경험에 의해 무엇인가를 전달받는다는 것은 어떤 것의 작동에 의한다. 무엇인가의 작동에 의한 경험 전달은 관찰 가능한 현상만 가능하기도 하다. 예를 들어, 우리는 자동차를 운전하지만 그 자동차의 작동 원리를 파악하고 있지는 않다. 단순히 차가 작동하는 기능에 의해 얻어야 하는 것을 얻을 뿐 그 외의 것은 관심을 두지 않는 것이다. 이것이 컴퓨터를 쓸 때와 마찬가지이다. 사실 우리가 이해하고 있는 많은 것들과 세상의 많은 것들이 '작동'에 관한 것이다. 시뮬레이션에 의한 전달은 그런 양상의 것들을 대변하듯 우리 두뇌가 파악하는 현상 중에서 순전히 '작동'에 관한 것에 국한하여 파악하고 이해할 뿐, 그 이유나 원리 등 제반 지식에 관한 것들과는 거리가 먼 것이다.[27] 이러한 측면 때문에 시뮬레이션에 의한 전달 자체가 다소 기만적일 수 있다. 어떤 시뮬레이션의 경우 인공적으로 부여된 깊이감으로 인하여 새로운 지식이나 경험으로 비쳐질 수 있다. 예를 들어, 사물의 움직임은 물리학의 법칙에 의한 것인데 작동의 알고리즘에 의해 이 움직임이 묘사되면서 경험자들은 사뭇 새로운 지식을 경험하게 되는 것이다. 이런 성격의 시뮬레이션을 활용하여 기계역학을 효과적으로 지도할 수 있다. 그러나 여기에서 염두에 둘 것은 몰입하여 경험한 역학의 법칙이 과연 시뮬레이션 바깥에서의 세계에서도 동일하게 적용될지에 대해서는 시뮬레이션 인에 갇혀 있는 한 전혀 알 수 없다는 것이다. 바깥 세계와의 연결이 전혀 없는 상태에서, 경험자들은 시뮬레이션이 보여주는 세계에서의 '법칙'은 확인이 가능하고 증명이 되지만 단지 시뮬레이션 안에서의 작동으로만 그러하다. 이것은 바로 '작동지식(operational knowledge)'의 정의이기도 하다. 이러한 지식은 여러 단계로 존재한다. 예를 들어, 시뮬레이션을 통해 자동차를 단순히 운전해볼 수 있겠지만 더 깊은 단계에서는 자동차의 엔진이 어떻게 작동하는지, 또 더 깊이 들어가면 엔진을 작동하게 하는 화학적 반응과 연소 작용 등을 보여줄 수도 있다. 그러나 결국은 아무리 여러 단계의 정보가 있을 수 있다 하더라도 경험자는 시뮬레이션 작성자가 의도한 만큼의 정보를 무조건 받아들여야 하는 입장에 있는 것은 변하지 않는다.

이런 시뮬레이션이 갖는 특성 때문에 건축가들이 작업을 완성해가는 데 시뮬레이션 제작자들에 대한 신뢰에 실질적인 문제가 있을 수 있다. 건축가가 설계안을 나타내는 도구에 의존할 때 대체로 그 내용이 창작되는 세밀한 단계의 모든 것들을 완벽하게 확인하고 검증하는 작업을 거치기 쉽지 않다. 그 이유는 건축가는 시뮬레이션 도구의 전문가가 아닐 뿐만 아니라 이것을 완성하는 전문가는 아니며, 건축실무의 주어진 시간 중 그럴 만한 여유도 허락되지 않기 때문이다. 시뮬레이션 도구는 건축가가 아닌 그 도구의 제작사에 의해 세밀하게 발전되어가며 수시로 업데이트되고 부가기능이 첨가되기도 한다. 건축가는 단지 설계안의 개념 및 설계안의 발전에 매달릴 뿐이다. 더 나아가서, 어느 단계에 가서는 '복합장벽(complexity barrier)'이라고 불리는 한계에 부딪치기도 하는데, 이것은 시뮬레이션상에 나타나는 일부에 대하여 그 누구도 검증하거나 확인을 거칠 수 없는 상태를 수용해야 하는 상태를 말한다.[28]

이런 시뮬레이션이 가져다주는 실질적인 문제들은 쉽게 보이지 않는 건축가 사고의 영역에 깊은 영향을 미칠 수 있음을 짐작할 수 있다. 건축가들의 창작 작업의 많은 부분을 시뮬레이션 도구에 의해 '작동성'에 의존하거나 의도치 않게 그쪽으로 무게 중심이 실리는 건축을 추구할 수 있는 개연성을 만든다. 즉, 시뮬레이션이 가져다주는 실질적 효과와 그것에 적응된 작업 환경이 생각의 내용과 창작의 결과들이 자연스레 '작동성'을 목표로 흐르게 될 것이고 더 나아가서 작업을 이해하는 방식이 될 것이다. 그것은 곧 건축가가 갖는 창작의 사고 체계에서 현실 이면에 존재할 수 있는 상상에 의한 그 어떤 경험, 즉 '표현'에 의해서만 제안될 수 있는 깊이 있는 이야기들이 사라져버릴 처지에 놓인다는 것이다. 만약 그렇다면 그렇게 창작된 건축에는 그 깊은 이야기들을 더 이상 품을 수 없게 됨을 의미한다. 역사적으로 알게 모르게 꾸준히 존재해왔던 '건축적 의미'를 송두리째 잃어버릴 수 있는 것이다.

깊이 있는 '건축적 의미'를 만들어내기 위해 그것을 받아들일 수 있는 높은 수준의 관중이 건축가들의 작업을 지켜보고 있다는 전제가 필요하고 그들 앞에서 건축가가 만들어내는 '표현'의 가치가 비로소 빛을 발하게 될 것이다. 그런데 시뮬레이션이 점차 우리 사회 모든 영역에 스며들어 자연스러워질수록 사회 전체가 무엇인가를 감상한 후 그것을 누가 만든 것인지, 그 창작 작업의 '저자'에 대한 생각을 할 필요가 없는 사회가 될 것이고 그런 가능성이 존재한다는 것 자체가 결코 가볍게 지나칠 문제가 아니다. 뿐만 아니라 다양한 문화적 경험 중에 이것이 '상위' 문화와 '대중' 문화를 구분짓는 요소 중 하나임을 생각할 때 더욱 생각해볼 일이다.[29] 과연 앞으로의 모든 '건축'에 관한 건축가적 표현과 그 작품들이 '대중문화'의 속성만으로 존재한다는 것에 우리는 과연 만족할 수 있을까? 이것은 창의적 생각과 표현을 다루는 건축가뿐만 아닌 모든 창의적 작가들이 앞으로는 '표현'의 의미를 받아들일 줄 아는 관중 없는 진공 상태를 대상으로 작업을 해야 한다는 것을 뜻한다. 이것은 설계안에 대한 '작동성'에 대한 사람들의 섬세한 반응을 관찰해야 하는 건축가들에게 아마도 가장 큰 충격파를 줄 수 있다. 화가들의 작품을 감상할 때 유화물감이 얼마나 캔버스에 잘 칠해져 있는지에 대해서는 그 누구도 관심 없을 것이다. 그러나 건축의 경우 설계안을 감상하는 대상에 의해 상상되는 '성능'에 대한 평가로 종종 그 설계안이 수정되는 것은 자연스러운 일이다. 이렇듯 건축가들은 설계안의 완성을 위해 그것의 작동 성능에 대한 여러 경로의 평가를 피드백 삼아 설계안을 완성하고 있다. 그만큼 건축가들에게 이 문제는 중요한 것이다.

대중이 아닌 개인의 관점에서 볼 때 '표현'과 '시뮬레이션'은 서로 비교 불가능할 만큼 다른 경험 및 전달 방식이다. '표현'의 세계는 바로 정해져 있는 신호 체계들로 이 세상의 현실 본질을 나타내려는 질서라고 할 수 있다. 이 세계에서 '모호함'은 배제할 수 없는 성질로써 오히려 또 다른 의문을 자아내게 하는 원동력이 된다.

그것을 통해 새로운 지식과 현상을 생산하게 되는 중요한 역할을 한다. '시뮬레이션'에서는 신호들은 신호일 뿐 신호 체계로써의 역할을 하지 않는다. 어떤 경험을 일으키는 원인이나 인자들은 시뮬레이션 내에서만 경험 가능하고 외부 세계와는 관련이 없다. 이 인자들은 중간 매개자적인 역할을 하지 않으며 그것들 스스로 갖고 있는 성질이 경험되는 내용과 의미의 전부이다. 지금으로써는 이 두 가지 방식의 의미 전달 체계들이 서로에게 맞는 역할로써 활용되고 있는 상황이지만 두 체계들의 특성들로 인해서 야기되는 근본적인 혼란은 두 방식이 서로 간의 역할을 가로지를 때 나타나곤 한다. 건축에서 전통적인 '표현' 방식은 '시뮬레이션'에 의해 쉽게 대체되지 않고 있는데, 그것은 건축 도면 자체가 갖고 있는 전통적 '표현' 방식의 성질을 갖고 있기 때문일 것이다. 컴퓨터에 의해 점차 도면의 역할을 대체하는 매체가 등장하고 있고 시뮬레이션이 큰 역할을 하고 있으며 아마도 언젠가는 도면의 자리를 완전히 차지하고 우리가 그것을 건축 문화의 하나로 자연스럽게 여기게 될 것으로 점쳐진다.

그렇다면 과연 '표현'은 좋은 것이고 '시뮬레이션'은 나쁜 것일까? 우리에게 이런 질문은 좋은 질문이 되지 못한다. 이런 질문의 영역은 역사학적 관점에서나 의미 있지 않을까? 서구 사회문화 기반에서 '표현'과 '시뮬레이션'은 사회적·문화적 발전 과정에서 얻어진 현상들일 뿐 결코 좋고 나쁨의 문제는 아닐 것이다. 두 영역을 관념적 시각으로 그 의미를 제한시켜서도 안 될 것이다. 이것들이 존재해오는 동안 스스로의 영역 안에서 이미 여러 변화와 발전을 거듭해 온 것이 사실이고 앞으로도 그럴 것이다. Daniel Mendelshon이 언젠가 말했듯이 "어떤 현상의 퇴보와 퇴출이 새가 하늘에서 조망하는 듯한 역사적 관점에서는 어떤 현상의 이동, 도입 또는 재구성으로 보일 뿐"인 것이다.[30] 단지 '시뮬레이션'에 대해서 주목할 점은 지금까지 지식이 생산되어온 방식으로부터의 큰 변화와 단절을 의미한다는 것과 무엇보다도 이것이 새로운 '문화'를 만들어내고 우리가 인지하게 하는 새로운 조건과 환경이라는 것이다.

미주

1 Kant(1929, A 369).

2 Cf. Pinker(1994).

3 이 문구는 Ferdinand de Saussure이 저술한 일반 기호학 각론(Course General in General Linguistics, 1983; 원본 출시년도 1911)에서 인용되었다.

4 이 부분에 대한 설명이 나의 학생들이 이해하지 못한 부분이다. '도면'의 의미는 작가가 택한 고유한 방법으로 표현하려는 어떠한 의도를 읽을 수 있다는 것이다.

5 Evans(1995, p.113).

6 Evans(1995, p.119).

7 Evans(1995, p.324).

8 Harris(1997. p.118).

9 언어학자 Saussure가 주장한 '값'의 이론(신호의 의미는 다른 신호의 상대적 의미에 의해 정해짐)에 의해 언어학적 과점에서 볼 때 기호학은 여러 해석을 낳는다. 이로 인하여 신호의 해석을 위해 활자화되어야 하는 것으로 발전하기도 했으며 이것은 철학가 Jacques Derrida의 논점이기도 하다.

10 Baudrillard는 그의 저서에서 "표현은 항상 시뮬레이션을 표현의 거짓된 시도 중 하나로 보려는 경향이 있는가 하면 시뮬레이션은 표현이라는 이름으로 쌓아올린 모든 체계를 모조품으로 평가절하한다"라고 했다(1994, p.2).

11 Baudrillard는 그의 저서에서 "중요한 것은 [현실은] 무엇인가를 작동시킬 수 있는지 여부에 달려 있다"라고 했다(1994).

12 Baudrillard(1994, p.34).

13 Vonnegut의 소설에서 아이스나인(ice-nine)은 마법의 액체로써 물이 아닌 모든 것을 건드리는 즉시 아이스나인으로 변환시킨다.

14 Foucault(1973, p.227 ff.).

15 이러한 감흥을 주는 음악들은 종교의식 등에서 흔히 요구되는 음악적 성향이다. 특히 여러 종류의 음악 중에서도 뚜렷한 공통점을 갖는다.

16 Turkle(2009, p.44).

17 Cf. Burke, 철학적 관점에서 찾는 숭고함과 아름다움에 대한 우리 생각의 원천(A Philosophical Inquiry into the Origins of Our Ideas of the Sublime and the Beautiful, 1756).

18 Baudrillard(1994, p.34).

19 "trompe-l'œil는 '표현'의 지나침 또는 부족함에 대해 생각하게 하는 것(Marin, 2001, p.315)."

20 Arthur(2009, p.44).

21 Ellul(1964, p.133 ff.).

22 아마도 지금의 이 설명은 아주 단순화했을 경우이다. 어떤 기술을 쓸지 선택의 기로에 놓였을 때 실제로는 수반되는 여러 조건들을 비교하고 감안하여 최적의 것을 선택해야 하나 그 판단이 쉽지 않을 때도 많다.

23 시각적 선호도 조사(VPS, visual preference survey)는 도시계획 및 도시설계에서 설계지침을 정하기 위해 흔히 도입하는 기법이다. 표면적으로는 사람들이 무엇을 선호하는지 찾는 방법이지만 실제로는 사용자들에게 긍정적으로 보이는 도시환경 설계를 유도할 뿐, 공간 환경의 의미나 목적 등 실질적 내용적 요소들은 완전히 배제된 판단의 기준을 만들게 된다.

24 Lyotard(1984).

25 Cf. Pinker(1994, p.304 ff).

26 이 경우에 예외인 상황은 아마도 여러 사람이 동시에 참여하는 온라인 시뮬레이션 게임의 경우일 것이다. 참여자의 행동 범위는 철저히 게임 시뮬레이션 내에서 담아내지만 말소리는 통제되지 않는다. 게임 중 내뱉는 말은 게임 상황과 맥락에 의해 영향을 받게 된다.

27 이것에 해당되지 않는 것은 과학적 시뮬레이션일 것이다. 그 이유는 우주외곽에서 관찰된 결과들로 모형을 검증하기 때문이다. 이러한 시뮬레이션을 활용하는 배경에는 바깥 세계에 충분히 새로운 지식이 만들어질 수 있는 현실이 존재한다는 것을 인정하는 것에서 시작한다. 하지만 때로는 이런 시뮬레이션에 의존한 지식들이 주기적으로 반복되어 검증되어야 하는 시점에 실패하여 우주 바깥에 대한 현상과의 연결을 충분히 설명하지 못할 때도 생기며, 이때 시뮬레이션이라는 이유로 그 한계를 설명하기도 한다.

28 "시뮬레이션 모델은 경우에 따라 복합장벽을 겪게 하며 이때 내용에 대한 부분적 지식만 갖게 된다(Kuorikoski, 2012, p.180)."

29 이 문제에 대한 다른 관점은 '예술'과 '철학'의 관계에 대해 20세기 중반부터 지속되어온 논쟁과 관련된다. 철학적 사고의 밑바탕에 예술의 존재가 있었다는 주장이 주를 이루었는데, 이것을 올바로 이해하기 위해서는 '예술작품'이라는 일반론에 대한 깊은 이해가 바탕이 되어야 한다. Danto의 서술을 볼 필요가 있다(1986, p.iv ff.).

30 Mendelsohn(2012).

2.

도면과 건축

도면과 건축

보일 수 있는 것은 말로 표현될 수 없다.

Ludwig Wittenstein[1]

르세상스 시대부터 서양 건축에서 '도면'은 건축에 대한 사고 체계와 실무 전반에 거쳐 큰 역할을 맡아왔다. 실제 '도면'이 없었다면 그때부터 지금까지 있어온 우리가 아는 건축은 존재할 수 없었을지 모른다.

도면 체계가 발명되면서 건축가들은 설계를 창작할 수 있었고 이것을 시공자들에게 전달하여 계획과 짓는 행위를 구분 지을 수 있었다. 이것이 현대 건축실무에 대한 기본 개념이다. 건축의 중심에 서 있는 이 '도면'에 대한 생각들이 지난 500년 세월의 건축 역사 중 처음으로 요즈음 심각한 도전에 직면해 있는데, 그것은 바로 건축 계획 공정에서 컴퓨터가 만들어낸 혁명에 가까운 새로운 역할 때문이다. 컴퓨터 기술은 지금까지의 '건축가'와 '설계' 그리고 '시공'에 대한 서로 간의 관계와 개념들을 새롭게 정립하기 시작했다. 여기서 우리가 이 혁명적 변화를 제대로 이해하려면 한걸음 뒤로 물러서서 지금까지 '도면'이 우리의 건축적 사고와 실무를 할 수 있도록 가져다준 내용과 구성 요소들을 살펴볼 필요가 있다.

'도면'의 범주는 광범위하다. 그러나 그중에서 디지털 기술로 도면의 역할이 대체되고 있는 영역들을 중심으로 내용의 초점을 맞추려고 한다. 광범위한 도면의 범주 중에서 건축적 사고가 담겨 있고 영향력이 컸던 건축 창작의 위대한 사례들과 시공으로까지 연계되는 시도들, 그것들을 분류하고 위계를 구별해보려고 한다. 그리고 이 도면들을 분석함으로써 우리의 건축에 대한 사고와 실무의 모습이 어떻게 이들로부터 영향받게 되었는지를 알아보고자 한다. 이를 계기로 도면이 단순 '소통 수단(중립적이고 사전적 의미에서)'을 넘어 지난 500년 동안 건축의 세계에서 도면을 통해 가능했던 사고 체계 형성과 그에 의해 발현된 역동성이 가능했음을 확인할 수 있을 것이다. 그리고 이러한 도면들과 우리에게 이미 잘 알려진 사고 체계인 '건축 창의적 사고(design thinking)' 간에는 떼래야 뗄 수 없는 관계가 있다는 점이다. 뿐만 아니라 건축 창의적 사고는 창작 행위를 하는 건축가의 또 다른 공예적 숨결이 반영된 중요한 과정으로써 시각적 또는 시각적이지 않은 복합적인 건축공간의 경험을 충분히 이해하는 가운데 건축으로 형상화해가는 창작 행위의 핵심을 이룬다. 마지막으로 '도면'은 건축 산업 전반에서 설계안에 대한 소통을 책임지는 기초 도구로써 건물로 지어지기 위한 무수히 많고 다양한 업역들의 주어진 임무들을 구별하여 정의 내리는 역할을 해왔으며, 따라서 지금 현재의 건축실무 전반의 구조와 내용에도 적지 않은 영향을 미쳐왔다.

본격적인 본론으로 들어가기 전에 한 가지 더 덧붙이고자 한다. 독자들 중에는 왜 이 책의 내용이 물리적 모형에 관한 것은 빼고 도면에만 국한되어 있을까 하는 의문이 있을 만하다. 물론 모형을 통한 설계는 건축가의 설계 과정에 중요한 역할을 하며 어떤 건축가들은 설계 초기서부터 모형작업에 의존하기도 한다. 그러나 지난 500년 동안의 건축 역사를 봤을 때 도면이 모형보다 더 큰 영향을 미쳐왔고 더 중요한 이유가 몇 가지 있다. 우선 모형은 현대 건축에서 시공 과정에서 근거가 되는 도서의 역할을 하지 못했다. 하지만 도면은 함께 기록된 글들과 함께 시공자들에게 설계안을 전달하는 중요한 임무를 수행할 수 있있고, 따라서 도면에 나타나는 면밀함은 설계안과 시공 결과 간의 긴밀한 관계를 의미해왔다. 뿐만 아니라 건축가의 건축 창의적 사고가 고스란히 담겨 완성된 모형이 아무리 대단하더라도 실제 건물이 되기 위해서는 항상 그 내용이 도면으로 전환되어야 했다. 또한 도면만이 나타낼 수 있는 의미의 확장성 내지는 추상성에 의해 머릿속 경험과 실제 경험 간에 존재할 수밖에 없는 간극을 효과적으로 좁혀주는 역할 또한 무시할 수 없었다. 이에 반해 모형은 주로 형태와 모양에 치중하여 전달할 때 도면은 그것들과는 다른 차원의 계획 의도 등 설계자의 이해를 바탕으로 복합적인 이슈들을 동시에 담아낼 수 있다(그림 2.1). 마지막으로 도면을 작업한다는 행위는 대지 위에 건물을 올리는 작업과 일맥상통의 의미가 있다. Marco Frascari는 그의 글에서 다음과 같이 밝혔다. "전통적인 건축디자인은 유추적인 도구를 통해 행해져왔다. 도면 위에 사각형을 올려 놓고 따라 선을 그으며 대지 위에 쌓아 올릴 벽을 나타냈던 것이다."[2] 도면 위에 물리적으로 선을 긋는 행위로 건축가는 대지에 지어질 현실과 가까워질 수 있었고 '시공' 행위를 가까이서 간접 경험하며 건축가의 머릿속 계획과 사고의 내용을 대입하는 과정이었다.

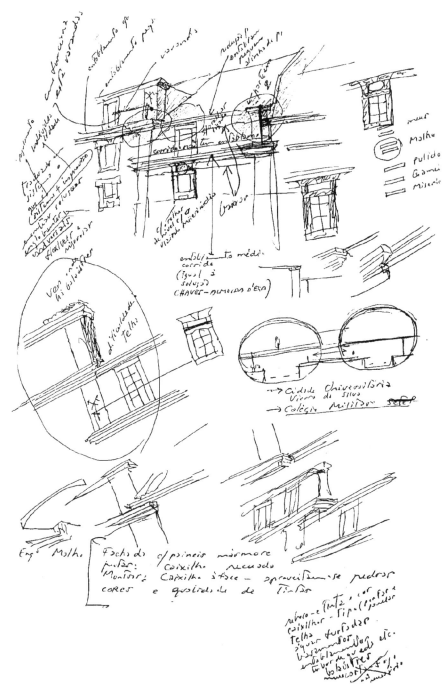

그림 2.1 건축가 알바로 시자(Alvaro Siza)의 Baixa Pombalina(1995). 건축가가 스케치를 통해 여러 상세 설계안들을 구상하고 건물의 파사드(정면)과의 관계를 스터디한 모습

※ 이미지 제공: Alvaro Siza

넓은 의미에서는 그림에 건축의 일부만 담고 있기만 하면 건축 도면이라고 할 수 있다. 즉, 어떤 그림이든지 건축의 아이디어나 건축에 대한 무엇인가를 표현하는 부분이 있다면 바로 건축 도면이라고 볼 수 있는 것이다. 하지만 여기서는 건축물의 구성 내용을 담고 있거나 지어질 정보를 담아 시공에 관한 내용을 나타내는 건축 도면을 주로 다루기로 한다. 그렇다 하더라도 사람을 위한 무한한 상상력 속에 존재할 수 있는 공간과 구조물들 그리고 그것을 현실로 풀어내는 의도를 품은 도면의 범주는 무척 광활한 세계임에 틀림없다. 건축 상상력과 도면 간의 관계가 얼마나 복잡할 수 있는지에 대해서는 건축설계 과정에서 도면을 접해본 사람이면 누구나 짐작할 수 있을 것이다. 우선 머릿속 형상의 이미지는 대게 상당히 모호하고 어디서 유래된 것인지 알 수 없는 경우가 많다. 머릿속에 떠오르는 이미지는 대체로 바로 도면으로 나타낼 수 있게끔 선명하고 확실하지 않다. 설계 문제에 더 많은 고려 사항들이 개입될수록 머릿속 이미지는 점차 흐려지기 마련인 것이다. 이때 도면의 첫 번째 임무는 흐릿하게 떠올랐던 머릿속 이미지를 선명한 모습으로 기록해두는 시도라고 볼 수 있다. 이 과정은 대게 상호작용에 의해 진전을 이룬다. 처음으로 작성된 도면은 아이디어를 충분히 나타내기에는 많이 부족하지만 중요한 시작이다. 도면 자체가 갖는 선명함 때문에 그 존재만으로 도면 속 원래 아이디어가 더 충분히 반영되도록 아이디어를 낸 사람을 자극하게 되고 도면은 그에 따라 바로 진전을 보이게 된다. 이 과정을 거쳐 첫 아이디어와 도면은 점차 서로 간에 접점을 찾게 되고 도면으로 작성된 성과를 통해 발전된 아이디어가 얻어지는데, 이것은 앞으로의 설계 과정에 중요한 단서가 된다.

이때 중요한 문제는 도면과 도면 속 내용이 가리키는 대상물 사이에 특별한 관계가 형성되는데, 이때 도면만이 나타낼 수 있는 그 무엇인가가 만들어져 전달되기 시작한다.[3] Robin Evans는 이런 건축 도면의 효과를 '도면 밖 현실의 내용이 도면에 표현되는 것을 목표로 하기보다는 창작된 현실 세계가 도면 밖으로 나타나는 효과'로 설명하고 있다.[4] 즉, 도면으로 표현된 설계안이 아니라면 설계안은 존재했다고 볼 수 없다는 것이다. 도면의 표현을 보고 머릿속에 떠오르는 이미지는 나타내려는 물체가 사진처럼 그대로 나타나는 것에 그치지 않는다. 도면은 그 물체의 복사물이 아니라는 것이다. 물체를 그대로 따라가지 않는 머릿속 이미지는 사고의 과정에 의해 해석되는 것으로, 눈과 감촉으로 전달되는 정보와는 다른 세계의 것이다. 손으로 만져지는 물체는 형태가 있는 것으로 시작되지만 도면을 통한 정보에서는 그와 다르다. 도면을 통한 머릿속 이미지는 점차 시각적 형태로 옮겨가고 손으로 느껴질 수 있는 형태로 발전한다. 때로는 하나의 이미지가 여러 방식으로 나타낸 도면(그림)들로 그 의미가 뚜렷해진다(그림 2.2). 어떤 표현이든 그렇듯이 도면을 통한 표현들은 어떤 것에 대한 아이디어를 떠오르게 하는데, 이것은 마치 '아이디어'와 그것을 표현하는 데 쓰인 '방법'이 합쳐져 완성된 것과 같다고 볼 수 있다. 도면을 표현하는 데 쓰인 방법은 그 성격에 따라 많은 것을 의미할 수 있는데, 이것은 어떻게 건축이 창작되고 머릿속 사고의 단계에서 실제 세계로 발전되었는지를 보여주는 중요한 단서가 되기도 한다.

모차르트는 "작곡은 머릿속에서 이루어졌고 악보를 완성하는 것은 사고 속에서 완성된 음악을 기록이 되도록 고스란히 옮기는 것뿐"이라고 말하곤 했다. 그럴 수 있었던 것은 아마도 서양음악이 제한된 성분들(음의 구분과 길이)만으로도 충분히 창작될 수 있

그림 2.2 Terry Dwan의 Briccola Console(2009). 건축가는 여러 종류의 도면(그림)들과 사진을 동원하여 건축가가 추구하는 설계안의 형태적, 시각적, 재료의 물성적 특징을 탐구하였다.

※ 이미지 제공: Terry Dwan

기 때문일 것이다.[5] 하지만 형태와 공간은 이렇게 제한된 요소들로 구성되지 않는다. 어떤 공간적 형태를 표현하기 위해서는 끝없는 길이의 테두리선과 치수들의 조합이 필요하기 때문이다. 처음에 거칠어 보이는 스케치는 머릿속에 스쳐 지나가는 거의 무한대에 가깝도록 많은 잔상들을 스케치가 보여주는 하나의 모습으로 합쳐지게 하는 역할을 한다. 디자이너는 형태를 나타내는 스케치를 위해 여러 번의 시도를 하기 나름이고 그 과정에서 머릿속 이미지와 종이 위에 눈에 보이는 가장 성공적인 스케치를 얻기 위한 탐구가 일어난다(그림 2.3). 각각의 시도는 다음 시도에 영향을 미칠 수밖에 없고 머릿속

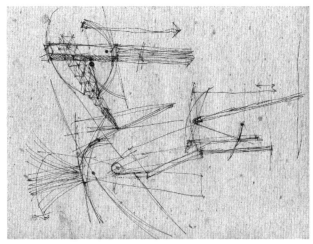

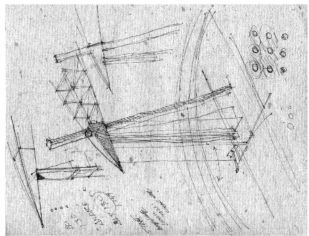

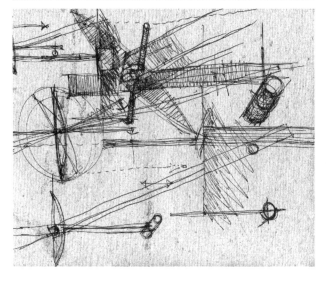

그림 2.3 Wesley Taylor, Contraband & Freedman's Cemetery Memorial Competition(2008) 진입부를 나타내는 세 가지 스케치. 여러 스케치들을 통해 형태와 시공 방법에 대해 탐구하고 있다.

※ 이미지 제공: Wesly Taylor

이미지와 이 과정에서 생성되는 여러 스케치들은 성공적인 스케치의 성과에 동시에 역할을 하게 되는 것이다. 즉, 그림을 그리는 과정은 곧 도면으로 얻게 될 완성된 형태에 영향을 주는 것을 알 수 있다.

도면과 지식

도면을 그린다는 것은 건축적 문제를 시각적으로 다루고 그것을 통해서 결정적인 검증이나 논의를 위한 지적 행위이다.

Jan Bovelet[6]

도면작업은 건축 아이디어를 나타내기 위한 도구의 역할뿐만 아니라 그 건축에 관한 지식을 만들어내는 중요한 방법이기도 하다. 도면작업은 작업 과정 중에 도면이 되기 위한 절차와 기호들로써 전달할 내용들이 시각적으로 나타나 제안된 아이디어의 틀이 일반에게 전달되며 여러 관련 분야들의 협업을 가능하게 한다. 즉, 우리가 어떻게 그리느냐가 곧 어떻게 생각하게 될 것인가에 대해 개인의 관점에서, 또한 공동체가 생각하게 될 내용에 영향을 주게 된다.

건축이 어떤 아이디어를 나타낸다면 이것은 바로 공간을 매개로 이루어진다. 건축적 요소들을 서로 연관시키는 논리는 공간적으로 나타나는 것들이고 흔히 '논리'의 개념으로 흔히 등장하는 논증적인 방식과는 상반된 성격을 갖는다. 논증적 논리는 언어를 기반으로 인지되고 확증하는 논법이라면 공간의 논리는 물리적 성질의 것이다. 그것은 공간에 병렬적으로 나열되는 형태, 스케일 등의 상호 관계들에 관한 내용이 된다. 이러한 건축적 요소들은 부여된 의미나 개념으로 불리게 되고 이것들의 상호 관계에 의해 총체적인 건축적 경험이 탄생하게 된다. 어떤 건축적 구성의 내용(일례로, '주춧돌 위에 서 있는 기둥은 인방돌을 지지하고 있다'와 같은 표현)이 말로 설명될 수는 있겠지만 그것이 체험될 경험을 대처하기는 거의 불가능하다. 이를테면 여기에서 쓰인 표현인 '지지하다'가 기둥이 인방돌을 공중에 받쳐 들고 있는 명확한 상황을 머리에 떠오르게 하기에는 그 의미가 너무 넓기 때문이다. 좀 더 자세한 설명을 위해 형용사들이 쓰일 수 있겠으나 바로 느낌으로 와 닿는 실제 경험을 대신할 수는 없다(그림 2.4).

공간적 논리는 시각적 이미지로 변환되어 머릿속에서 이해된다. 일상에서, 다이어그램이나 그래프 사용에 의한 내용 전달이 좋은 예시가 될 것이다. 그래프는 다양한 데이터의 상호 관계를 공간적 관계로 나타내어 이해되도록 하며, 그것들 간의 위계를 금방 이해할 수 있게 하지만 숫자들의 표시만으로는 그런 효과를 얻기 힘들다(그림 2.5). 다이어그램은 또한 공간적 관계로 나타나지 않는 성격의 데이터를 공간상에 펼쳐놓아 상호 관계로 나타낼 수도 있다(그림 2.6). 이 예시에서는 한 프로젝트에 대해 사람들이 갖고 있는 관심의 분포와 그 상호 관계를 다이어그램으로 나타내고 있다. 이 다이어그램에 따르면 생각이 비슷한 사람들의 다양한 분포가 있는데, 대상이 되는 프로젝트에 대한 염려가 겹쳐지는 부분이 보이고 이 부분을 디자인이 해결해야 할 문제의 범위로 나타내고 있다. 이와 같이 다이어그램으로 나타난 정보는 어느 정도 말로 옮길 수 있게 되고, 뚜렷한 정보들을 중심으로 부가적인 이외의 정보들은 생략되어 전달되

그림 2.4 Walter Pichler, 새를 위한 집, 측면도(1978). 건물이 파일로 지지되고 있는 플랫폼 위에 정확히 고정된 모습처럼 이 도면에서는 연결 부위들을 강조하여 잘 나타내고 있다. 이 프로젝트의 성격은 이러한 디테일에서 잘 드러난다.

※ 이미지 제공: Anna Triphamer

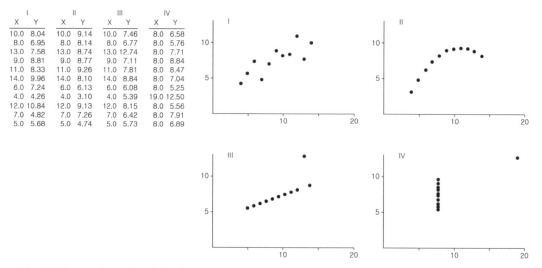

I		II		III		IV	
X	Y	X	Y	X	Y	X	Y
10.0	8.04	10.0	9.14	10.0	7.46	8.0	6.58
8.0	6.95	8.0	8.14	8.0	6.77	8.0	5.76
13.0	7.58	13.0	8.74	13.0	12.74	8.0	7.71
9.0	8.81	9.0	8.77	9.0	7.11	8.0	8.84
11.0	8.33	11.0	9.26	11.0	7.81	8.0	8.47
14.0	9.96	14.0	8.10	14.0	8.84	8.0	7.04
6.0	7.24	6.0	6.13	6.0	6.08	8.0	5.25
4.0	4.26	4.0	3.10	4.0	5.39	19.0	12.50
12.0	10.84	12.0	9.13	12.0	8.15	8.0	5.56
7.0	4.82	7.0	7.26	7.0	6.42	8.0	7.91
5.0	5.68	5.0	4.74	5.0	5.73	8.0	6.89

그림 2.5 왼편의 네 분류의 데이터가 오른편의 그래프로 나타난 모습. 데이터의 질서가 시각적으로 표현되면 순식간에 전달되는 힘을 얻는다.

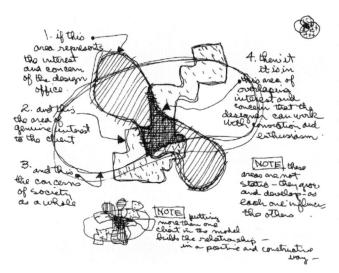

그림 2.6 Charles Eames, 디자인 다이어그램. 프로젝트와 관련된 여러 부류의 사람들이 흥미로운 모양으로 표현되고 있다. 여기에는 사람들의 자세한 관심사나 어떤 기준으로 사람들이 분류되는지 등의 정보는 없고 많은 부수적인 데이터들은 가린 채, 다양한 생각을 갖은 부류 사람들의 관심사가 서로 교차하는 모습으로 나타난다. 나타난 다이어그램은 구별되어 얻어지는 순수한 아이디어의 분류와 공통 사항 등을 함께 보여줌으로써 디자인될 프로젝트의 다양한 측면을 설명하고 있다.

는 힘을 갖는다.

역설적으로, 나타나는 형태가 정확히 무엇을 나타내는지에 대해서 확실히 밝히지 않음으로써 다이어그램을 통한 내용의 전달이 말로 설명하는 것보다 더 확실해지는 효과가 있다. 다이어그램에 나타나는 그림은 공간적인 논리 구조를 따르며 이것은 우리가 가진 지식에 독특하게 작동하며 다른 표현 방식으로는 같은 효과를 얻기 힘들다.[7] 빈 종이 위 아무 곳에 하나의 점이라도 찍는 순간 아무 정보가 없던 표면에 2차원상의 관계가 바로 설정되고 바로 다음 나타날 표시를 기다리며 그 의미를 부여받기 시작한다. ('획을 긋다'가 뭔가의 중요한 의미를 나타내는 표현이듯이) 2차원상이라 할지라도 공간적으로 인지되는 것을 제공하면서 도면(다이어그램)이 우리에게 가져다주는 정보는 새로운 차원의 것임이 틀림없다. 다양하고 긱기 다른 기능을 암시하는 건축적 아이디어들의 조합이 공간, 위치적 특색을 부여받으면서 한 표면에 정리되어 나타남으로써 지속적으로 탐구되고 분석될 수 있는 건축 아이디어 환경이 만들어질 수 있는 것이다.

또한 장차 3차원으로 구현될 것을 우선 2차원상에서 정리해본다는 것은 큰 장점을 가져다준다. 우리가 갖는 건축적 경험은 통시적이라고 할 수 있다. 그에 반해 공시적으로 인지되는 도면상의 정보는 시간의 흐름에 따라 내용이 바뀌지 않는다. 즉, 통시적으로 인지되는 건축적 경험을 공시적 정보인 여러 도면들을 통해 그것들의 효과를 미리 면밀히 관찰하고 스터디할 수 있게 한다. 건축에 대한 공공의 논의 시점에서나 건축가의 아이디어 구상 단계에서도 도면의 존재는 건축을 논할 때 빼놓을 수 없는 수단으로 간주되었다.[8]

건축 아이디어는 디자이너 개인의 깊은 사고 속에서 잉태되기 마련이고 그것을 담은 도면은 자연스럽게 도면의 작성자와 긴밀한 관계를 형성한다. 그리고 아이디어를 구상하며 떠오른 여러 건축적이지 않은 생각들도 도면작업을 통해 발현되기도 하고 단순히 건물이 되기 위한 요소들로 채워져 있지 않을 때도 있다. 때로는 건축물과 직접 연관되지 않은 개념들로 나타나기도 한다(그림 2.7,

2.8). 이런 과정에서도 제3자에게 그 의미를 소통하고 아이디어 형성에 참여하게 하려면 오픈된 전체 과정 중에 표현물 자체 또한 선명하고 어느 정도의 객관성을 지녀야 한다. 건축 도면이 전달하고자 하는 내용을 담아 전달하는 순간 도면은 일종의 기호로써의 역할이 시작되는 것이기도 하다. 기호로써 성립되기 위한 과정에서 건축은 기술적 기호만으로 표현되는 과학적 지식이 소통되는 성질을 드러내기도 한다.[9] 건축을 과학만으로 설명하기 힘들지만, 과학의 발전이 그랬듯이 '지식'을 생산하고 그것의 발판이 되어준 것이 과학 기호들과 고유의 언어 덕분이었듯이, 건축의 세계에서도 이와 마찬가지로 지식을 창출해내고 전파하며 그것을 전달하기 위해서는 '도면'과 그 기호들의 역할이 분명히 있는 것이다.[10]

기호라고 하면 일단 그 생김새가 임의로 정해져 있을 것으로 상상된다. 하지만 도면에 활용되고 있는 '기호'들은 건물 요소들을 묘사하기 위한 노력들이므로 임의의 형태로써 처음 접하더라도 알아보기 힘들지는 않다. 일례로 평면도는 건물공간들의 배열을 나타내고 있음을 쉽게 알 수 있고 입면도는 건물의 겉모습을 묘사하기 때문이다. 그러나 깊이 들어가 보면 이 모든 것들이 건물의 계획과 디자인을 전문적으로 소통하기 위해 고안된 '기호들'임을 곧 알게된다. 르네상스 시대에 그려진 입면도를 보면 요즘 작성된 입면도의 모습과 크게 다르지 않게 보이지만, 사실은 여기에 서로 다른 성격의 두 가지 '기호법'이 쓰이고 있다. 우선 서로 비슷해 보이는 이유는 이른바 '고전 건축에서 행복하게 결합되어 있는 형태와 도면법의 특성' 때문이다.[11] 르네상스 건축의 원리는 건축 고전에 그 원형이 있다는 전제로 시작하는데, 그 형태는 항상 정면성을 갖고 형태의 순수성을 지향하며 좌우대칭적 성격을 지닌다(그림 2.9). 따라서 이런 건축을

그림 2.7 Svein Tonsager, **내적 공간들**(1996)에 포함된 세 장의 그림들. 이 그림들이 건축과 보여주는 관계는 '실내 공간'에 대한 공간적 탐구를 보여준다. 이 창작물은 내적 공간이 정의되는 다양한 가능성에 대해 보여주며 동시에 외부 형태를 결정짓고 있다. 건축가는 도면을 통해 형태 언어에 대해 탐구하거나 하지 않을 수도 있다.

※ 이미지 제공: Annette Brunsvig Sorensen

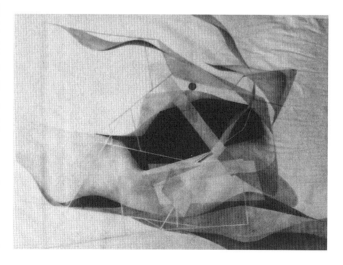

그림 2.8 Hyun Joo Lee, 매듭이 켜(2013). 겹침과 투명성을 나타내는 표현과 기하법으로 복합적으로 꼬인 회화적이고도 표현적 공간을 탄생시켰다. 여기서 도면은 표현이면서 동시에 대상이 되는 생물이 되는 생물을 소환한다.

※ 이미지 제공: Annette Brunsvig Sorensen

그림 2.9 Andrea Palladio, Villa Emo(1559). 르네상스 시대 건축에 전제가 되었던 대칭성과 정면성의 특성을 나타내는 도면 기법은 지금 우리의 건축 도면 전통에도 깊이 영향을 미치고 있다.
※ 이미지 제공: Mhwater/GFDL

위한 도면은 비례감과 각도 등을 정확히 전달하여 나타내는 것이 중요했고 당시에는 기하학 균질성을 기반으로 한 투사법에 의한 도면 작도 방식이 도면 작도의 기본은 아니었다.[12] 이와 달리 현대건축에 이르러서는 정투영법에 의한 도면 작도는 수학적 원리를 기반으로 하는 투사법을 기본으로 한다(그림 2.10). 만약 계획된 건물이 정면성과 형태적 순수함을 갖는다면 르네상스 시대의 건축 평면도나 입면도의 결과와 비슷한 결과를 얻게 될 것이다. 그러나 이런 형태적 규범에서 벗어나는 현대 건축의 다양한 형태를 정확히 나타내기 위해서는 투사법에 의해 정확히 표현하는 것이 필요했다.

도면의 의미 전달이 시각에 의한 '자연적 신호'로 이루어지고 있다고 보지만 사실은 이면에 다른 의미 또한 포함하는 기호법

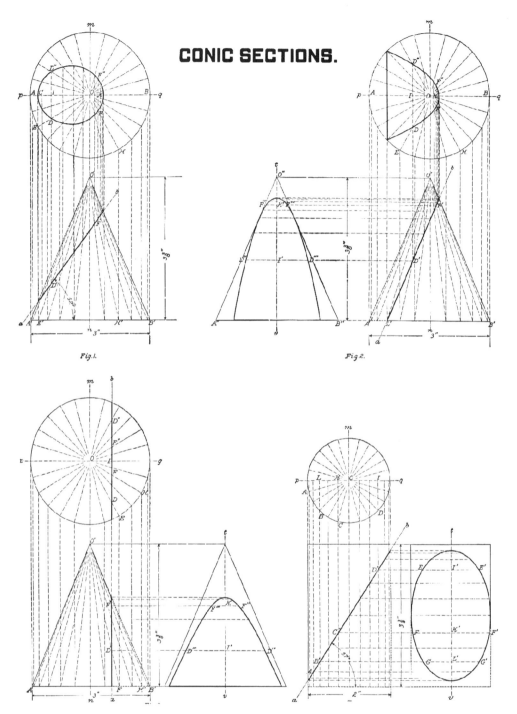

그림 2.10 원추 단면들: 도형기하학 연습. **건축 도면 교과서**(A Textbook of Architectural Drawing, Scranton, PA: International Correspondence Schools, 1902)에 실린 내용. 도형기하학에 의해 다른 시점에서 본 형태를 재현할 수 있다. 물체를 보는 눈의 위치가 항상 물체의 정면에 놓여 있다는 가정이 더 이상 필요 없으며 물체가 대칭 형태가 아니더라도 도면으로 정확히 표현될 수 있다.

이다. 또한 어떠한 기호법이든 활용에서의 모든 전제가 구체화되어 있고 임의적 성격을 최소화한다면 아마도 가장 이상적일 것이다. 배려 깊은 건축가라면 이러한 사항을 염두에 두고 도면작업에 임해야 할 것이고 작업 결과에 대해서 불필요한 모호함에 대해 항상 준비되어 있어야 한다. 이를 통해 만들어진 기호법들이 또 다른 지식을 간접적으로 생산하는 효과를 거두게 된다. 또한 도면을 면밀히 분석해 보면 확실치 않았던 가정이나 선입견 등에 대해 확실한 답을 얻기도 한다. 건축 도면은 시각적 정보로 생각을 끄집어내는 특성 때문에 어쩌면 선입견 등을 불러일으키는 것은 자연스러운 현상이다. 좀 더 정리하자면, 건축가는 사전에 도면을 통해 건축의 보이지 않는 아이디어들을 시각화할 수 있는 능력을 준다고 볼 수 있다. 왜냐하면 도면을 통해 보이는 것 이외의 아이디어를 담을 수 있기 때문이다. 이런 기능 역시 도면이 갖는 '기호법' 덕분이다. 사적인 용도일 경우 건축가는 건축에 대한 다양한 측면을 도면에 담을 수 있을 것이고, 공적인 용도의 도면일 경우 담을 수 있는 시각적이지 않은 정보는 제한적일 수밖에 없다.

기하학

기하학적 형태는 보이는 것과 보이지 않는 것,
형체를 갖춘 것과 갖추지 않은 것, 절대적인 것과 상대적인 것
그리고 이상적인 것과 현실적인 것 사이의 경계들을
자유로이 왕래하는 성질을 갖는다.

Robin Evans[13]

또 다른 관점에서 기하학은 머릿속 사고와 물리적 현실 세계의 것 서로 간의 중요한 연결고리가 되어주면서 두 세계에 동시에 존재한다. 예를 들어, 우리는 도면 위에 간단한 삼각형을 형태로 나타내고 그것이 현실 속 형태의 디자인으로 만들어지게 할 수 있다. 그러나 세 개의 변과 세 개의 각도를 도면으로 나타냈다고 해서 우리에게 무조건 삼각형에서만 느낄 수 있는 특성을 가져다주는 것은 아닐 수 있다. 도면은 우리 머릿속 개념을 쉽게 바꾸지는 못한다. 즉, 도면에 보이는 삼각형을 형성하는 세부 특성들은 머릿속에서 쉽게 없어지는 대신 우리는 도면을 통해 종합된 '삼각형'의 아이디어에 직면하게 되는 것이다.

과연 무엇이 도면의 표현과 머릿속에 떠오르는 이상적인 아이디어 사이를 연결 짓게 하는 것일까? 철학자 칸트는 보이는 형태와 이상적인 형태 사이에서 사람은 균형점을 찾기 위해 '사고 속의 형태'를 활용한다고 했다. 그는 이것을 일종의 사고 속의 '도면'으로 여긴 것이다. "하나의 선을 나는 묘사한 것은 아니었다. 머릿속에서 정확히 그려본 것은 아니지만 하나의 점에서 시작된 연속되는 점들을 떠올린다."14 이것은 머릿속 이미지가 도면작업과 유사한 상상에 의한 과정을 통해 만들어진다는 것으로 점 하나에서 시작하여 연속된 모양을 따라가다가 형태를 완성 짓는 과정이다. 이 설명은 기존의 시각적 신호와 머릿속 수용체의 반응 사이에 작동하는 임의적·기호적 작용에 의해 어떤 표현이 일어난다는 일반론과는 분명히 다른 것이다. 그리고 기하학에서는 시각적 신호와 전달되는 것은 결코 임의적 관계를 갖지 않는다는 것에 주목할 필요가 있다. 여기서 전달된 것은 머릿속 이미지는 도면으로 볼 수 있고, 이 도면은 이미지가 만들어진 과정과 유사한 방법으로 만들어지는데, 이때 기호전달 방식이 아닌 자연신호 전달에 가까운 방법에 의한다. 기하학 형태가 정해져 있는 것이 아니고 단지 머릿속 이미지에 불과하다는 칸트의 가설이 맞다면, 그려진 도면 또한 머릿속에 이미 정해져 있는 것을 나타낸 것이 아니라는 뜻이 된다. 어떤 이미지가 요구될 때마다 머릿속 이미지가 생성되는 과정을 거친다. 이때 종이 위에 그려지기 위한 노력이 가해지거나 다른 매체로 옮겨 나타나야 할 때만 그 이미지가 모습을 갖춘 이미지로써 현실화되고 깊이 있는 탐구의 대상이 될 수 있다. 이러한 사실을 감안할 때 도면과 건축구상의 기초가 되는 기하학 형태의 역할을 이해하는 데 도움이 된다. 도면을 그리게 되는 과정이 머릿속 이미지를 드러내는 과정과 유사하다는 설명을 할 때 칸트는 '2차원' 범위로 국한시키고 있다. 역사적으로 다양한 방법으로 여러 차례 경험했듯이 3차원 물체를 종이 위에 나타낸다는 것 자체가 아주 자연스러운 과정으로 설명되지는 않는다. 도면으로 세상의 입체들을 나타내기로 하는 순간 '기호'의 사용을 피할 수 없게 된다.

 Robin Evans가 그의 책 **The Projective Cast**에서 길게 서술했듯이 건축에서 기하학의 의미는 시대를 거치면서 현저하게 바뀌었다. Evans는 시대에 따라 건축에 내포된 기하학은 세 가지 유형이 있었는데, 바로 계량적, 투영적 그리고 상징적 성격의 세 가지였다.[15] 이 세 가지 성격은 당시 퍼져 있던 공간의 개념과 연관되어 있었는데, 각 시대에 대체적인 건축설계 개념들에 이것들이 나타나 있었고 동시에 이것들에 의해 영향을 받아 다듬어져 있었다. 계량적 기하학은 형태의 절대적 치수에 근거하고 따라서 이미 정해진 유클리드 기하학 내에서 존재한다. 투영적 기하학은 형태가 놓여 있는 상태에 의해 비춰진 모습에 근거하여 전개된다. 따라서 주된 특성으로 보는 위치에 따라 나타나는 형태의 변화(transformation)를 주로 다룬다.

계량적 기하학과 투영적 기하학은 따라서 그것을 타나내는 도면과 도면 표현 기법들과 밀접한 관계를 갖는 특성이 있다. 예를 들어, 계량적 기하학에서는 기하학 형태와 같은 구조의 것을 축소시켜 도면 위에 기록하는 것의 의미를 갖는다. 투영적 기하학에서는 같은 구조의 기하를 다른 시점으로 볼 때 변화되는 형태에 대해 투영과 반사를 통해 도면 위에 지어내게 된다(그림 2.10). 두 방법 모두 그래픽에 의한 기하학 형태나 디자인(또는 공간특성)의 본질을 증명하는 과정으로 간주될 수 있다. 계량적 도면법에 의해 건물이 도면 위에 쉽게 옮겨지는데, 이때 활용되는 기준은 스케일(scale)이다. 도면에 유클리드 기하학에 의한 일관된 규칙에 의거해 옮겨지는 과정으로써 도면에 의해 건물이 그대로 현실화될 수 있다. 투영법에 의한 두 가지 다른 도면을 통해서 하나의 온전한 물체임이 증명되기도 한다.

지금까지 이상적 개념의 형태들이 건축에서 여러 문화권과 시대를 망라해서 특별한 역할을 해온 것이 사실이다(그림 2.11, 2.12, 2.13). 우리 머릿속에 자리 잡고 있는 이 순수 이상적 형태들을 기반으로 그 밖의 모양들을 쉽게 구별하게 해주었다. 이 형태들의 순수함은 르네상스 시대의 인류와 세상을 이해하기 위한 주요 덕목과

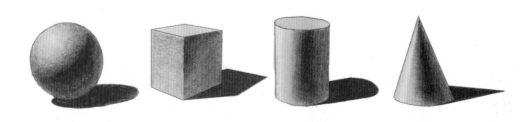

그림 2.11 개념상의 이상적 형태들은 르네상스 시대의 상징성과 르코르뷔제(Le Corbusier) 같은 현대 건축가들이 주장한 형태 인지 단계의 선명성에 의해 지금까지 중요하게 다루어져왔다.

그림 2.12 부처 제자의 사리탑,
Sanchi, Madya Pradesh, India
　　　※ 이미지 제공:
Raveesh Vyas/CC BY-SA 2.0

그림 2.13 이동 가능한 시장 오두
막집, MBabane, Swaziland
　　　※ 이미지 제공:
Photo by John Atherton

도 밀접한 연관성을 갖고 있었다. 그리고 현대건축에 들어서 건축가
들은 자신의 머릿속에 갖고 있는 형태에 관해 미학적 판단을 내리는
경향이 짙어졌다. 건축 창작에서 이러한 형태들을 기반으로 해야 한
다는 르코르뷔제(Le Corbusier)는 이런 형태야말로 우리 머릿속에서
선명하게 인지되는 아름다움이라고 했다.[16] 이러한 선명함은 이 형
태들이 대칭성이 강하고 따라서 한쪽 일부의 모습만으로도 전체가

쉽게 인식되기 때문이다. 이러한 대칭성은 시각적 신호를 쉽게 형태의 이해로 전환시켜준다. 바로 이것이 르코르뷔제가 언급하고 있는 '아름다움'인데, 이것은 시각적 신호가 바로 두뇌의 인지로 연결된 것으로써 시각적 자극과 사고 간의 일치와 조화됨을 말하는 것이다. 즉, 건축에서의 '이상적 형태'는 시각적 경험과 사고 작용에 의한 결과인데, 이것은 바로 이미 인지하고 있는 개념상의 이상적 형태들을 시각적 형태로 활용하는 것과 같은 효과다.

모든 건축의 아이디어가 그렇듯이 기하학적 형태 또한 우리 두뇌에 인지된 경험에서부터 시작된다. 치수에 민감한 형태를 생각하는 가운데에서도 유클리드 기하학은 공간을 인지하는 우리 몸에서부터 기인한다. 3차원 공간에 놓인 물체를 떠올리면 가장 먼저 인지되는 것은 촉각에 의한 인지이다. Mauric Merleau-Ponty 등에 따르면 형태를 시각적으로 인지한다는 것은 우리가 촉감을 갖고 있는 것에서부터 유래하며, 알게 모르게 손으로 다룰 수 있음을 인지한 후 시각화 단계로 넘어간다고 주장한다. 그렇다면 우리가 과연 어떻게 이상적인 기하학 형태를 우리 경험으로부터 얻는 것일까? 우리는 제한된 몇 개 형태들의 공통된 본질을 응용하여 적용할 줄 안다(그림 2.14).[17] 이를테면 어렸을 때부터 인지해온 형태들을 이상적인 형태의 응용으로 해석해온 사례로써, 집을 그린 어린이의 작업을 보면 사각형 위에 분리된 삼각형을 얹어 완성한 것을 알 수 있다(그림 2.15). 이러한 유클리드 기하학의 인지를 추상 개념적으로나 현실의 시각적·촉각적으로 경험해오면서 온 우주를 형성하고 있는 것으로 이해하게 된다.

15~17세기 유럽 서양 건축을 주도한 공간 개념은 유클리드 기하학이었다. 이 개념의 공간은 구조적 조합을 갖지 않는다.

그림 2.14 Prairie crocus 꽃. 자연은 기하학적 자태를 뽐내기도 한다.

※ 이미지 제공: Martin van den Akker

그림 2.15 7살 어린이가 그린 꿈의 집, Thato, Lonely Park Township, Mafikeng, South Africa. 어린이 그림에 유클리드 기하학 형태들이 다양한 곳의 여러 문화권에서 항상 나타난다. 그림 속의 집을 형성하는 형태들의 유래에 대해서는 또 다른 이야기이다.

※ 이미지 제공: Artists and SOS Africa

항상 '영원불멸한 성질을 가지며 무엇이든 완벽하게 자리 잡을 환경을 제공해주는' 성격을 지녔다고 믿었다.[18] 구조는 형태 자체에 내재되어 있다고 봤으며 기하학적 형태 내부에 중심선과 축으로 정리된 공간의 위계가 항상 자연스럽게 정리되어 있는 상태였다. 그리고 비례적 특성은 중요한 의미를 부여했는데, 그 이유는 측정된 치수로 응용된 형태들이 탄생되었기 때문이다. 자연스럽게 이 성질은 건축 형태의 원형을 형성했고 평행한 면들의 구성을 전제로 한 투시도법을 발전시키게 된다.

유클리드 기하학의 영향으로 공간에 대한 아이디어가 눈으로 확인되고 치수를 확인할 수 있는 성질로 바꿔놓았다고 볼 수 있다. 이 성질은 건축 도면과 시공을 명확하게 연결 짓게 되었고 공사 현장에서 치수를 구하는 방식에 큰 변화를 주었다. 유클리드 기하학 이론은 사실상 건축의 어디든지 영향을 주게 되었는데, 예를 들어 형태 두 곳의 같은 각도를 필요로 할 때라든지 평행한 선들, 같은 길이를 구사할 때 그리고 정확한 비례를 구현할 때 등 어디든 적용된다. 특히 그중에 구심점을 이룬 부분은 원의 성질을 적용한 것이기도 하다. 이러한 과정에 의한 도면으로 기록된 계획물은 바로 대지 위에 펼쳐 보일 수 있었다. 시공자는 대지 위에서 기하학의 원리를 따라 건축가의 도면 지시대로 그 구성을 바로 재현할 수 있게 된 것이다. 이것이 정착되면서 재현되기 힘든 형태는 설계의 어법에서 존재하기 힘들어졌다. 원리적으로 볼 때 도면으로 구해질 수 있는 형태는 현장에서 지어질 수 있게 됨으로써 어느 정도를 넘어서는 복잡한 형태(유클리드 기하학의 범주를 벗어나는 형태)는 도면으로 나타내기도 힘들 뿐 아니라 실제 지어질 건축의 언어에서도 점차 제외되게 된 것이다. 그리고 이러한 현상이 우리에게 익숙해진 것이 근대에 들어서였다. 유클리드 기하학에 기반을 두게 된 르네상스 시대의 건축 공간으로부터 이상적 개념과 경험으로 재현 가능한 건축에 대한 생각의 디딤돌이 된 것이다. 이로써 건축에서의 이론과 미학 그리고 실질적인 재현의 문제들이 결국 유클리드 기하학에 기반한 공간에 대한 아이디어로 종합되게 된 것이다.

　　　　17세기 말부터 유클리드 기하학에 기반한 공간의 개념은 데카르트 사상에 의한 데카르트식 공간 개념으로 보충되기 시작한다. 이 개념은 중립적이고 공간 범주를 서술히는 도구로써 공간상에 놓인 물체의 위치를 정의 내리기 위해 시작된 것이다. 그런데 이것은 유클리드 기하학과는 달리 구조적인 범주가 이미 내재되어 있고 세 가지 숫자로 나타나는 무한대로 나눠질 수 있는 그리드로 표현된다(그림 2.16). 이 공간에 하나의 물체로써 건축물을 놓는다고 어

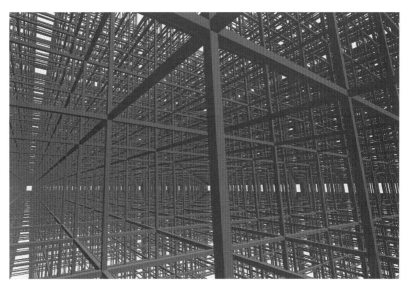

그림 2.16 데카르트식 공간을 가장 흔히 표현한 모습: 무한대의 그리드가 있을 뿐 중심은 없는 상태. 그리드들은 어떤 지점을 그 안에서 표시하기 위한 것이고 서로 간의 위계는 존재하지 않는다.

떤 질서가 생성되지는 않는다. 그러나 구조들이 이 공간에 놓이게 되면 건물로써의 질서가 생성된다(그림 2.17). 이 공간에서 놓인 물체에 의해 중심이나 축 등이 만들어질 수 있으나 유클리드 기하학에 의한 해석에서와 같이 절대적인 의미를 나타내지는 않는다. 유클리드 기하학에 기반한 공간에서는 물체는 공간을 생성시키고 이것의 중심은 곧 공간의 중심과 같다. 이것에 의해 르네상스와 바로크 시대 교회들의 엑시스문디(axis mundi)는 절대적인 중심을 갖는 우주를 상징하고자 했다. 이와 반대로 데카르트식 공간 개념에서는 절대 중심이나 절대적 위치가 존재하지 않는다(마치 아이작 뉴톤의 이론이 비종교적인 구조로 사회적으로 배격당했듯이). 여기서는 모든 나타내고자 하는 위치들이 상대적인 다른 것들에 의해 나타나게 된다. 중심(이제부터 시작을 의미하는 '기원'으로 칭한다)은 관찰자에 의해 선택된 것일 뿐이고 쉽게 관찰자의 의지에 의해 바뀌는 특성을 갖는다. 이러한 공간적 이해는 건축 도면에서 '투영' 작도법을 일관되게 이해하는 데 큰 도움이 된다. 기존 르네상스 시대의 대표적 도법에 따르면 하나의 정해진 시점을 기준으로 치수를 부여하여 그려나갔는데, 이제부터는 형태의 표현이 한 시점에서만이 아닌 다양한 시점에서 본 여러 모습으로 쉽게 변형시켜 도면으로 표현할 수 있게 되었다. 이것으로 인하여 좌우대칭 축에 근거한 이상적인 '시점'이 건축 도면의 근거로써 그 중요도가 떨어지게 되었고 건축설계에서도 정해진 어떤 위치에서의 모습이 크게 중요하지 않은 형태로 점차 옮겨가게 되었다. 이러한 것을 계기로 건축 계획의 전반이 과거에 석재 원형에서 형태를 깎아내어 조소하듯 계획하던 스테레오토미(sterotomy) 방식에서 점차 지금 우리에게 익숙한 도면 방식으로 옮겨가게 된 의미가 크다. 건축에서 이러한 사실의 이정표가 된 것은 Gaspard Monge의

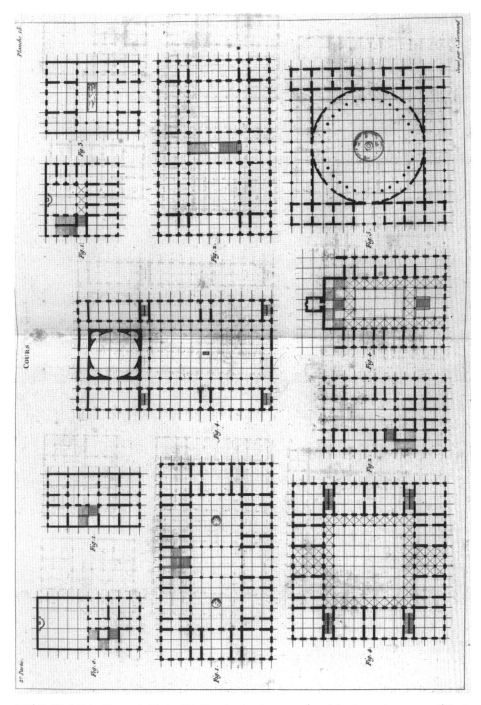

그림 2.17 J-N-L, Durand, Plate 15 *Precis des lecons d'architecture donnees a l'Ecole royale polytechnique*(1802 또는 1809). 데카르트식 공간 방식이 알려지면서 비례의 법칙 (system of proportions) 대신 일반 모듈에 의해 르네상스 건축을 통합시켰다.

※ 이미지 제공: Rare Books Divisions, J. Willard Marriott Library, University of Utah

1799년 저서 도형 기하학으로 볼 수 있다.

실제 도형 기하학에 근거한 건축 개념 덕분에 이전보다 계획과 시공 가능한 형태가 확장되었다. 하지만 건축 전반에 실제 큰 영향을 주기까지에는 재료(철강과 철골콘크리트)의 발전과 더불어 나타났다. 롱샹의 노틀담 성당(그림 2.18, 2.19)과 같은 건물 설계는 도형 기하학의 개념 없이는 불가능한 것이었다. 형태의 설명은 깊숙

그림 2.18 르코르뷔제(Le Corbusier), 롱샹의 노트르담성당(c. 1954). 기하의 응용. 이 건물의 형태는 완성된 이후 지금까지 수수께끼로 남아 있다. 수수께끼의 답이 무엇이든지 간에 도형 기하학이 창작에 영향을 줬을지 몰라도 그것에 의해 답이 설명되지는 않을 것이다.

※ 이미지 제공: Sandra Cohen-Rose and Colin Rose

그림 2.19 르코르뷔제(Le Corbusier), 롱샹의 노트르담성당 스케치(1954). 르코르뷔제가 그린 이 스케치에 그가 완성된 건물에서 본 것들이 나타나 있다. 그림 2.24와의 비교가 필요하다.

※ 이미지 제공: 2013 Artists Rights Societ(ARS), New York/ADAGP, Paris/F.L.C.

이 가려져 있는 것이 아니라 밖으로 나타나야 그 의미를 인정받을 수 있었다. 예를 들면, 노틀담 성당의 지붕은 이른바 '선직면'에 의해 이루어져 있는데, 이것은 직선의 움직임에 의해 얻어지는 곡면을 일컫는다. 디자이너에게 이러한 기법은 새 형태를 만들고 짓는 데 훌륭한 도구가 되지만 원형 평면의 교회에서 원이 갖고 있는 의미와 같이 형태의 '원류'가 된다고 보기는 어렵다. 그러나 그 지붕 형태에 대해 많은 사람들의 궁금증을 불려 일으킨 것이 사실이지만 그것이 '선적면'의 기법이라는 것을 많은 사람들이 알고 있지는 않다.

도면(그리기) 작업을 공예로 간주하기

자신의 일을 '장인정신'으로 임하는 작업자는
그 작업 깊숙이 몰두하고 있다는 의미이고
그것에 대한 보상은 작업에 임할 수 있다는 그 자체에서 온다.

C. Wright Mills[19]

지금까지 다루어온 도면과 건축에 대한 논의는 대체로 추상적 범주에 속한 내용들이다. 이제부터는 좀 더 실질적이고 물리적인 범주를 다루고자 한다. 즉, 건축의 거대한 '공예'적 관점 내에 실질적인 공예에 관한 부분이다. 사실 '장인정신(craftmanship)'은 어떤 일에 대한 공예가의 자세와 마음가짐에서 비롯된다. 그리고 일반적인 작업들과 '공예가'의 작업이 구별되는 부분은 바로 '손'에 의한 작업이냐 아니냐에 달려 있다. 공예가의 작업은 그 어떠한 대가나 보상보다도 양질의 것을 만들어낸다는 그 자체에 작업의 목적이 있기 마련이다. 이러한 자세는 그 어떤 작업에서나 긍정적 효과를 주겠지만 건축에서는 필수라고 본다. 그 어떠한 화려한 보상보다도 건축 창작에 임할 수 있다는 건축에 대한 애착과 애정이 건축가 개인에게 큰 부분을 차지하고 있어야 하고, 훌륭한 작업의 질은 자연스럽게 건축가가 공들이고 투자한 노력의 정도로 나타나는 것이다. 그리고 얻어지는 작업은 항상 건축가 개인의 애정으로 빚어진 것으로써 돈으로 쉽게 돈으로 환산될 수 없는 것이 당연한 이치다.

건축의 공예적 관점과 건축가라는 직업의 존재 의미 전반에 큰 이유가 되는 '도면작업'에 대해서 공예적으로 또는 하나의 '장인정신'으로 이해하고 접근하는 것은 대단히 중요한 의미를 갖는다. 건축의 지금까지의 역사를 볼 때 완성된 건축가로 불리기 위해 우리는 '도면'을 훌륭하게 작도할 수 있는 능력은 필수적인 것으로 여겨왔고, '건축가' 커뮤니티에 속하기 위한 자격이기도 했다. 이 커뮤니티의 일원이 된다는 것은 건축가로서 매일 활동하며 그 입장을 사회로부터 보호받고 동시에 건축가는 그 소속감을 배경으로 하는 일에 더욱 열심히 매진할 수 있었던 것이다. 그런데 '도면' 작업에서 훌륭한 능력을 갖춘다는 것은 반복적인 작업의 훈련이 있어야 했고,[20] 이 과정에서 자연스럽게 건축가는 사고능력과 보는 눈 그리고 손에 의한 감각을 유연하게 연동시키는 것에 익숙하게 된다. 사고와 눈 그리고 손의 감각을 통일시키는 능력이 바로 '도면작업'을 가능하게 하는 인지기능의 기초임은 이미 우리가 아는 것이다. 많은 훈련을 거치면 필기구를 쥔 손의 움직임들이 사전에 사고의 과정 없이 일어나게 되고, 결국 손에 의한 사고가 먼저 일어나기도 한다. 이 작업에

능통한 사람일 경우 도면은 사고의 내용과 손길을 바로 연결 짓는 투명한 매체가 됨을 알 수 있다.

　　　　무엇인가를 도면으로 그릴 때 반복적으로 시도하는 것은 도면작업이 인지기능을 발휘하는 중요한 효과를 발휘한다. 건축가는 도면에 여러 차례 반복해서 선을 그어가면서 대상에 대한 경험을 쌓게 되고 차츰 표현에 적합한 방법을 찾게 되며 확실하게 개념을 점검하게 되고 또 그로부터 새로운 아이디어를 만들어내기도 한다. 건축가는 자신의 작업에 대헤 이 과정을 통해서 다른 아이디어를 더 만들어내고 표현 방식을 고민하는 과정을 가지는 동시에 계획안에 항상 내포되어 있는 어느 정도의 흐릿함과 가능성에 대한 여유를 갖춰가게 된다(그림 2.20). 여기서 초기 건축 계획 도면작업에서 항상 동반되는 불학실성에 의한 흐릿함은 많은 경우 긍정적인 효과로 작

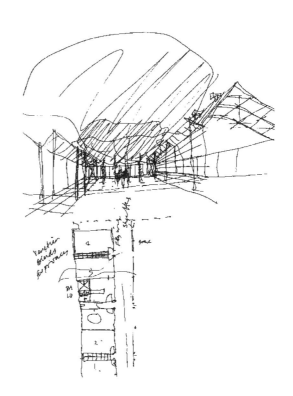

그림 2.20 Glen Murcutt의 토속 커뮤니티의 집, 스케치 단면과 평면(1992-1994). 건축가가 길고 얇은 공간의 느낌을 탐구하는 과정 중에 지붕 형태와 구조에 대해서 의도적으로 모호하게 나타내고 있다.

※ 이미지 제공: Glenn Murcutt, Architecture Foundation Australia 제공

용한다. 이 흐릿함은 설계 작업에 대한 디자이너의 머릿속을 그대로 투영한 상태로써, 확실치 않은 결정을 성급하게 내리지 않은 그대로를 나타내고 어느 정도 다른 해석의 여지를 남기는 역할을 한다. Juhani Pallasmaa는 그의 글에서 "디자인 과정 중 확실하고 종결 지은 듯한 만족감을 너무 빨리 내세울 때 결국에는 재앙적인 결과가 종종 초래되기도 한다"라고 밝히기도 했다.[21] 작업이 놓여 있는 상태나 결말만 보기보다는 설계작업을 만들어가는 과정에 집중하는 것은 디자인으로써 더 탐구되어야 하는 것을 기대하게 하고 창작자의 단순한 의지를 벗어난 그 이상의 것을 받아들이는 데 중요한 순기능으로 작용하게 된다. 이를 통해, 작업이 진행되는 중에 작업의 주인인 디자이너에게 여러 가지 자극들로 '소통'이 이루어지게 되고 결국 건축가는 설계 과정 중에 많은 변수에 대해 열린 자세를 유지하며 새롭고 득이 되는 가능성에 촉각을 세우게 되는 것이다. 즉, 끊임없이 도면으로 표현해보고 그것들을 대면하면서 일어나는 작업을 통해 건축가는 순간순간 갖고 있던 자신의 기존 지식 이외의 새로운 경험과 지식을 얻어가면서 디자인 아이디어는 발전의 길을 걷게 된다.

　　　　창작 과정에서 도면작업이 중요한 역할을 하는 만큼 '신체'의 작동이 이것에 깊이 연관되어 있다는 점이 또한 중요하다. 우리의 몸은 촉각과 생각하는 두뇌를 담고 있는 물건에 지나는 것이 아니라, 우리가 물리적으로 또는 정신적으로 겪는 세상의 모든 경험과 사고의 틀로써 의미가 있다.[22] 이것은 곧 우리의 경험이 저 멀리 거리에 둔 누군가가 정해준 객관적인 사항이 아니고 완벽하게 각자가 체험하는 세상에서 느껴지는 것이라는 의미다. 조각가 헨리 마티스(Henri Matisse)가 말하기를, "그려진 나무는 나무를 그렸다기보다 나무가 우리 눈에 비춰진 것을 그린 것이다"라고 하였다.[23]

우리가 어떤 것을 경험하는 것과 마찬가지로 건축을 경험한다는 것은 우리 몸을 통해서다. 하지만 과거나 지금이나 서양문화에서는 특히 시각적 경험 측면만을 특별히 강조한 것이 사실이다.[24] 건축 아이디어의 원천은 지적 사고의 작용이나 시각적 자극에서만 오는 것이 아니며 바로 몸에서부터 오는 '촉각', 즉 모든 생각의 원천은 몸의 감각이 배경이 되는 것이다. Pallasmaa가 주장하기를 "건축 아이디어는 단순 분석의 결과나 지적 의지에서 시작한다기보다는 구체화되지 못한 살아 있는 지식을 배경으로 한 '생물적' 상태에서 꿈틀거리기 시작한다"라고 했다.[25] 가장 기본적인 감각 기관인 손을 통해서 몸의 감각을 배경으로 한 느낌과 생각이 만들어지는 것이다. 우리의 '시각'이 모두가 공감하듯 감각 기관 중 가장 최상위인 것으로 알고 있지만, 사실은 그것의 뿌리는 손의 감각에서부터 시작되었다고 봐야 한다. 이런 관점에서 볼 때 무엇을 본다는 것은 바로 멀리 떨어져 있는 것을 감촉으로 느낀다는 것과 같다. 형태를 보고 이해한다는 것은 우선 손으로 만졌을 때 그 모양의 느낌을 안다는 것을 배경에 둔 결과라고 할 수 있다.[26] 그리는 작업은 우리의 머리로 이러한 사고 작용을 하게 한다. 손을 이용해서 우리의 몸이 경험의 수용체가 되어 감지하는 내용을 시각적으로 재현하게 하는 것이다. 도면작업은 결국 우리의 몸과 머릿속 사고 그리고 눈을 서로 긴밀히 연결시켜 세상을 체험하게 하는 도구 역할을 하는 것이다.

도면작업을 하면서 디자이너가 경험한 내용이 도면에 나타나는 경우도 있다. 도면을 보다 보면 그것을 창작하게 된 프로세스가 읽힐 때가 있다. 도면을 보는 사람은 그것을 단순한 이미지로 보기보다는 어떤 디자이너가 직접 손으로 아이디어와 의도를 숙성시켜 작업한 것을 경험하게 되는 것에 의미가 있다. 도면에 나타난

선들의 굵기와 힘, 음영처리의 손길은 디자이너의 세심한 감성과 경험치를 보는 이로 하여금 가까운 거리에서 같이 경험하게 하는 방법이 되며, 순간 디자이너의 위치에 있게 하는 능력이 있다(그림 2.21). 대부분의 디자이너들은 개인의 필체 같은 자기 자신만의 스케치 방식이 있기 마련이고 그것에 최적화된 나름의 건축 아이디어로 효과적인 표현을 하게 된다(그림 2.22, 2.23). 건축가의 도면에 나타난 개성은 추구하는 디자인의 방향과 밀접한 영향 관계에 있기 마련이고 도면의 내용과 설계의 성격 전반이 또한 그런 관계에 있는 것은 당연하다(그림 2.24).

　　　　도면은 건축적 감상을 전달하는 데 중요한 역할을 하고 동시에 건축가의 설계 프로세스나 과정들도 느끼게 해준다. 다른 소통 수단도 그렇듯이 도면에 표현된 내용이 일단은 제대로 체험되어야 디자이너의 설계 의도를 이해하고 그것에 가까워질 수 있다. 이

그림 2.21 Aarti Kathuria, 스타디움의 지붕 스케치(2013). 이 스케치에 나타난 강렬한 선은 디자이너의 날렵한 손의 움직임이 머릿속에 그려진다.

※ 이미지 제공: Aarti Karthuria

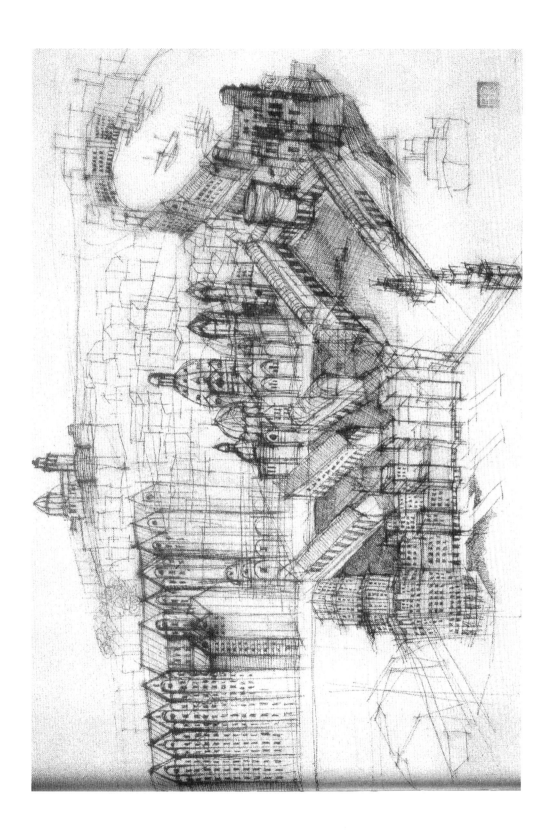

그림 2.22, 2.23 Aldo Rossi의 작품들 Marseille(1993)과 Il Duomo di Milano(1982). 알도로씨가 그림에 나타나는 많은 선들과 음영 표현은 형태를 단순화시켜 도시맥락적 조화의 일부로 읽히게 하는 힘이 있으며, 이 부분이 그가 공들인 설계 연구와 실무 영역이었다.

그림 2.24 르꼬르뷔제(Le Corbusier)의 여행 스케치(아테네, 폼페이, 피사). 르꼬르뷔제의 초기 스케치들을 보면 그가 건축물 평면에 대한 관심에 의해 가는 선들을 표현에 사용하고 있고 공간의 볼륨감은 음영 효과를 활용하고 있다.

모든 체감되는 것들이 우리 몸을 통해서다. 마치 쓰인 종이마다 각기 다른 재질감으로 다르게 느껴지듯이 도면에 쓰인 종이, 그린 재료 등도 중요하게 작동한다. 이러한 촉감에 호소하는 재료들, 매체를 통해서 손에 쥐었던 필기구의 움직임이 어땠는지를 도면을 보는 이들이 경험하게 되는 것이다. 이와 동시에, 조심스레 눈은 잉크펜이나 연필, 흑연, 물감 등 여러 재료가 동원되어 표현된 전반적 효과를 열심히 탐색하는 일을 한다. 이러한 도면을 통한 역동적인 효과를 제대로

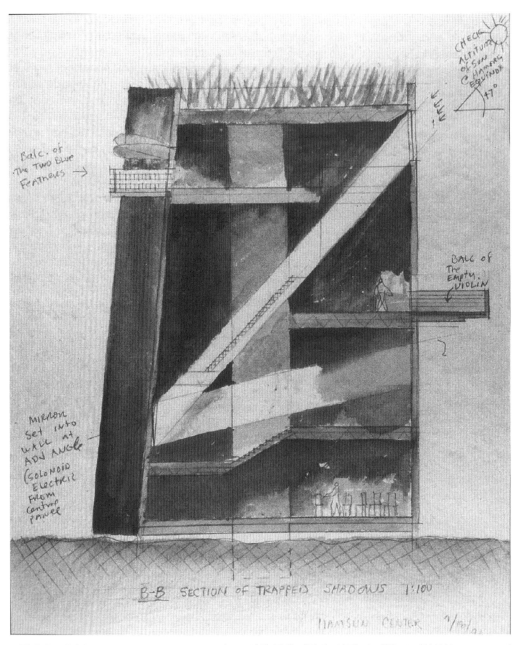

그림 2.25, 2.26 Steven Holl, Knut Center(1996)의 콘셉트(단면, 입면) 스케치. 스티븐홀(Steven Holl)이 선택한 수채화 표현으로 건물의 특징인 거대한 표면의 형태와 변화하는 재질감에 대한 관심을 드러내 보이고 있다. 또한 사용된 수채화법 특유의 질감에 의해 건물의 무뚝뚝함과 의도적으로 말끔하게 완성되지 않은 듯한 건물의 마무리 감성을 느끼게 해준다. 뿐만 아니라 빛에 의한 드라마틱한 공간감도 잘 나타나고 있다.

※ 이미지 제공: Steven Holl

이해할 때 선택된 표현 재료나 방식에 의해 건축가의 의도가 가장 효과적으로 나타난다. 어떤 소재로 표현하느냐는 어떤 형식의 도면에서든지 중요한 요소다. 선택된 도면 작성 방식과 표현 재료는 디자이너의 설계 의도가 나타나게 되는 중요한 효과에 해당한다. 건축가는 표현에 관한 경험이 쌓이게 되면서 선택하는 재료의 효과를 활용하게 되고 그 특성을 중요한 창작 의도의 일부가 되도록 내세우게 된다(그림 2.25, 2.26). 이것은 마치 노련한 목수가 가구를 창작하여 만들 때 나무의 성질을 효과적으로 활용한 결과를 노리는 것과 마찬가지인 것이다. 이때 건축가는 자신이 선택한 표현의 소재와 설계 의도가 서로 만나 의도된 효과로 나타나는지 다시 한번 생각하게 하며 건축의 창의적 사고를 북돋는다.

도면 표현을 훌륭히 해낼 수 있다는 것은 표현에 쓰인 재료를 정복했다는 뜻이기도 하다. 충분한 연습과 함께 이런 소재들이 건축가 손길의 연장선상에 있게 되고 몸짓의 일부가 되는 것과도 같다. 이렇듯 도면작업이 손끝의 감각에 관한 것이 되듯이 선택된 표현 재료에 의해 그것이 나타난다. 사실상 도면은 손으로 그린다기보다 손에 쥔 표현 재료에 의해 그려지기 때문이다. 우리가 흔히 손에 의한 제스처를 도면에서 느낄 수 있다는 것은 바로 손짓과 표현 재료가 서로 용해된 효과를 보는 것이다. 표현 재료는 그 특성과 질감에 의해 특유의 디자인 감성이나 방향에 호소하는 능력을 갖고 있다. 이것은 또한 표현 재료와 도구에 대해서 우리가 어떻게 인지하고 있는지에 좌우되는데, 이것은 물질 경험의 세계이므로 우리의 과거 경험치에 의해 형성되어 있다. 결국 도면에 의한 표현은 우리 몸의 '감촉'에 호소하는 것이다.

사용하는 표현 도구에 의해 건축가의 창의적 사고가 자

극받기도 한다. Richard Sennett는 그의 책 **장인(The Craftman)**에서 표현 도구가 어떻게 우리가 세상을 체험하게 하는지를 설명한다. 그에 따르면 표현 도구는 특성상 두 가지로 나뉘는데, 하나는 '목적 수행용'과 다른 하나는 '다목적용'이다. 전자는 한 가지 용도에 맞는, 쓰일 용도가 뚜렷한 경우다. 마치 제도에 쓰이는 T-자가 곧은 선을 그리는 용도임이 잘 알려진 것과 같다. 후자의 경우 쓰이는 용도나 목적이 뚜렷하지 않아 다양할 수 있고 사용자가 가능한 쓰임새에 대해 탐구하게 만드는 경우다.

> 도면을 그릴 때 쓰는 재료, 도구의 성질이 뚜렷한 '목적 수행용'이 아닌 경우 그것을 어떻게 사용할지에 대해 도전을 받게 되고 창의적 사고가 확장된다. 그 도구가 원하는 방식과 그대로 맞아떨어지지 않음을 알게 되고 이것을 어떻게 써야 좋을지 망설이게 된다. 작업을 하다가 실수로 작업의 일부를 수정해야 할 때 이러한 도전은 더 커지게 된다. 첫 도면을 그릴 때나 무엇을 수정할 때 이러한 도전을 극복하기 위해서는 그 도구를 자신이 사용하기 편한 상태가 되도록 자기 것으로 만드는 시도가 있기 마련이고 이때 종종 이 도구의 원래 사용법과는 상관없는 방향으로 흐른다. 결국 이와 같은 도구의 불완전한 사용 경험을 통해 우리는 무엇인가를 새로 깨닫게 된다.[27]

위와 같은 표현 도구의 특성을 잘 설명할 수 있는 것이 연필이다. 연필은 엄청나게 다양한 성질의 표시를 도면에 할 수 있는데, 그릴 때 연필이 향하는 방향과 압력의 정도에 따라 아주 정교하게 반응하기 때문이다. 이런 특성으로 종이 위에 손의 매우 섬세한 움직임을 옮길 수 있다. 연필을 써보면 Sennett가 언급하는 '원하는 방식과 그대로 맞아떨어지지 않음'을 쉽게 체험할 수 있다. 도면 작도하는 사람은 이것을 경험하면서 스스로 연필을 다르게 쥐어가면서 꾸준히 개선시키려는 노력을 할 것이고, 그에 따라 다른 흑연의 연필을 바꿔보거나 종이도 바꿔볼 것이다. 여러 시도 후 연필의 성질을 더욱 이해하게 되고 자연스럽게 연필이 아닌 다른 도구는 어떤 효과일지에 대해서도 생각하게 된다. 표현 도구를 이리저리 써보면서, 우리는 도면에 나타낼 우리 아이디어에 대해 이모저모를 따져보는 경험을 갖게 되고 자연스럽게 아이디어의 표현에 대해서 더 좋은 방법을 궁리하게 되는 것이다.

　　　　Sennett가 언급하고 있는 도면작업 중에 '수정'에 관한 것도 여기서는 남다른 의미를 갖는다. '도면작업'을 설계 아이디어의 구상과 표현이라고 가정하면 디자이너의 만족스럽지 않은 도면작업은 미완의 결과로 볼 수 있을 것이다. 이 경우 새로 다시 그리거나 아니면 이미 작업된 것에 '수정'을 가해야 한다. 수정을 하는 경우 과연 '어떤 부분'이 의도한 대로 나타나지 않는지 찾아서 보완하기 위해 덧그려보거나 다른 방법으로 표시하여 그 효과를 검증하게 된다. 디자이너는 이 과정을 거치면서 자신의 도면작업과 그 이면에 관해 더 깊이 있게 파악하게 되고 보완될 부분이 표현의 잘못인지 아니면 아이디어의 내용에서 오는 것인지, 혹은 전부 다 때문인지에 대해 깨닫게 된다. 결국 도면과 설계 아이디어 간의 관계에 관해 깊이 있는 파악으로 효과적인 아이디어로 발전시키거나 아이디어에 따라 도면 표현으로 어떻게 반응을 보여야 하는지에 대해 더 알게 되는 효과를 얻는다. 결론적으로 디자이너는 도면을 더 마음에 들게 수정하는 과정을 통해 가보지 않은 영역을 가보게 되는 것과 같으며 구사할 수 있는 도면의 기능을 이전보다 발전시키게 된다.

이러한 인식론적 관점에서 본 표현 도구의 기능은 손으로 작업해야만 하는 '도면작업'이 디지털 기술로 대체될 때 초래될 결과에 대해 우리가 심각하게 고민해야 하는 지점이다. 우선 컴퓨터에 의한 작업에는 '도면작업'을 통해 형성해가는 건축설계 과정의 중요한 기초 요소들이 있지 않다는 점이다. 컴퓨터 작업은 도면작업을 통해 자연스럽게 체험되는, 몸에서 오는 감각을 전혀 전제로 하지 않는다. 마우스의 움직임은 손에 쥔 연필과 비교해서 상당히 단순하고 거친 행위이며 그에 따라 작업 자체에 신체의 감각이 동원된 피드백을 필요로 하지 않는다. 설령 압력에 반응하는 전자펜과 태블릿의 활용은 단순 마우스보다는 개선된 것 같지만 여전히 종이 위 연필이 가져다줄 수 있는 풍부한 재질감과 섬세한 촉감에 비교될 수 없다. 뿐만 아니라 컴퓨터 작업은 항상 눈과 손의 움직임이 서로 다른 갈래로 작동되어야 한다. 손은 마우스패드나 데스크 위에서 움직이지만 눈은 모니터에 고정되어 있다. 이와는 다르게 도면작업에서 눈은 지속적으로 필기구 잡은 손을 따라가거나 혹은 손이 가는 방향을 미리 안내하면서 서로 한 몸이 되도록 한다. 이쯤 되면 우리가 주변에서 흔히 듣는 '컴퓨터는 건축에서 연필과 같은 도구일 뿐'이라는 주장이 얼마나 잘못된 것인지 알 수 있다. 오히려 우리가 던져야 할 타당한 질문은 컴퓨터가 정말로 '연필'이 하는 역할을 대체하기를 원하는 것인지, 아니면 우리의 사고 체계를 완전히 뒤집어놓는 혁신의 도구로써 새로운 건축으로 우리를 리드하는 역할을 기대할 것인지에 대한 것이다.

즐거움과 기쁨

도면작업을 한다는 것은 상당히 즐거운 일이다. 우리는 세상에 거의 모든 어린아이들이 그림 그리는 놀이에 쉽게 빠져드는 것을 잘 안다. 우리 모두가 왜 이 행위로 인해 즐거움을 얻게 되는 것인지 묻는 일은 거의 없지만 도대체 무엇이 우리를 그렇게 즐겁게 하는 것인지 아는 일은 중요하다고 본다. 그리기에 숙련된 경우 잘 다듬어진 자신의 실력을 연습 삼아 시험해보는 것 자체가 즐거움이기도 하다. 하지만 초보자에게도 분명 그리는 행위에 충동적으로 빠져들게 하는 그 무엇인가가 분명 있는 것이다. 누군가에게 연필과 종이를 주면 의식적이건 무의식적이건 간에 그는 무엇인가를 끼적이기 시작할 것이다.[28] 사실은 이때 어떤 의미심장한 일이 벌어지는 것이다.

　　　　그리는 작업에 의해 일어나는 현상 중 하나로 추정되는 것은 평소 우리 일상으로 인해 흩어져 있는 신체와 인지기능 간 서로의 결합이 일어나고, 이것을 통해 어떤 치유가 일어난다는 가설이다. 마치 연주자가 악기를 다루듯이 눈과 머리 그리고 손에 의한 감각이 서로 조화롭게 연동되어 무엇인가를 만들어낼 때 감각 기관들과 머릿속 사고의 세계가 합체되어 평온과 만족감을 주는 효과와 같다. 시각적 감흥을 우선시해온 서양문화의 기준으로 볼 때 그리는 행위는 시각과 몸의 감각을 혼연일체가 되도록 결합함으로써 단순 시각적 전달을 넘어, 보다 효과적으로 실제 세계를 체험하게 하는 효과가 있다는 것에 의미를 둘 필요가 있다. 이로써 도면을 그리는 사람은 그렇지 않은 사람보다 좀 더 몸의 감각 기관들과 인지기능이 서로 일체된 순수 자연에 가까운 상태를 체험의 중심에 둘 수 있는 것이다.

　　　　즐거움의 원천이 되는 또 다른 가능한 이유로 볼 수 있는 것은 그리는 행위 자체가 추상적인 것을 다루기 때문이다. 그린다는 것은 머릿속 아이디어와 실제 재료, 도구를 함께 다루는 일이다. 우선 머릿속 생각과 아이디어는 어디까지나 추상적 범주의 것이고 이때 이것들이 다루어지는 소재가 된다. 동시에, 머릿속에서는 실제 세계에서의 재료의 쓰임새, 특성을 파악하려는 찰나의 과정들을 통해 체험되고 습득되는 갖가지 것들을 정리하여 머릿속 정보가 되도록 다시 추상화하는 작업을 거치게 된다. 이러한 주어진 현실 세계와 사고에 의한 습득 간의 조화는 인간에게 원초적인 만족감을 안겨줄 수밖에 없는데, 그 이유는 우리가 인지하는 외부세계를 편히 이해시키고 불안감에 대한 변수를 덜어주는 데 기여하기 때문이다. 만약 도면의 내용이 이 세상에 아직 존재하지 않는 것이라면 추상적 사고만으로 어떤 것을 손에 쥐듯이 재현되는 쾌감으로 다가오는 것이다. 즉, 도면은 작은 건축으로도 볼 수 있는데, 그 이유는 도면작업은 사고와 감성의 표현인 동시에 재료, 도구를 다루면서 생명력 없는 물질의 세계에 어떤 의미로 가득 채우는 작업이기 때문이다.

어쨌든 간에 도면작업은 우리의 마음속 어딘가가 관여하고 있고 깊숙한 본능적인 욕구를 충족시키는 힘이 있다. 어떤 작가들은 이것을 **우주기원**(cosmopoiesis) 또는 세상 만들기라고 표현하기도 한다. 이러한 '세상 만들기'는 인간이 발견해가는 세상에 대해 알아가므로 가능한 것이고 '사고에 의한 실험'[29]에 의해 원하는 것을 기준으로 다른 가능성을 찾는 과정이거나 또는 '만약에 그렇다면?'의 단순 질문에 대한 답을 찾는 과정이라고 여겨진다. 이것은 세상의 모습을 발견해가는 과정이거나 지금 눈앞에 펼쳐진 현실에 대해 의문을 갖고 상상에 의한 다른 세계를 대입해가며 따져가는 과정이기도 한 것이다. 이러한 창의적 상상력은 인간이 누리는 모든 행위에 존재하는 것은 물론 가장 본능적인 능력이기도 하다. 무엇인가를 그려보는 것은 이러한 상상을 그 자리에서 만들어보는 일이고 인간이 원초적으로 보유하고 있는 전반적인 능력이 순간 발휘되는 것이기도 하다.

도면은 건축 담론의 틀을 제공한다

우리는 사회에서 건축에 대한 담론을 가능하게 하는 것이 도면의 핵심적인 역할임을 알아보았다. 열린사회에서 다른 창의성을 바탕으로 한 영역들도 마찬가지겠지만 이러한 건축 담론이 존재하지 않는다면 사회·문화적 관점으로써 그 존재 의미도 미미할 것이다. 창의적 영역은 사람들의 관여와 참여가 없다면 극히 사적인 일에 그칠 것이기 때문이다. 건축 담론은 크게 다음 두 가지 방향의 논의에 속한다. 하나는 건축 스스로의 내면을 고찰하는 측면의 '건축은 무엇인가?'에 관한 것으로 건축의 목적이나 목표, 건축의 원형, 사람과의 상대성 등에 대한 질문이다. 건축가는 이러한 담론에 흔히 주거(집)나 건축의 상징성을 제시한다(그림 2.27, 2.28). 다른 하나는 건축이 갖는 사회 또는 문화 전반에 갖는 역할에 관한 논의다. 건축이 누구를 위해 어떻게 사회나 제도를 대변하며 그 의무는 어디까지인가에 관한 것이다. 위 두 가지 질문은 서로 뚜렷이 구별되는 성격의 것은 아니다. 예를 들어, 누구든 건축이 무엇을 나타내는지에 대한 기본 생각을 바탕으로 건축이 대변하는 사회에 대한 생각도 하게 될 것이기 때문이다(그림 2.29).

　　건축 담론이 시간과 장소에 따라 우리 사회에서 활발히

진전되기 위해서는 건축 도면에서 소통의 방법이 되는 '기호법'이 핵심 역할을 한다. 이러한 사례는 르네상스 시대 건축에서 입증된 도면 방식에 잘 나타난다. 또한 도면 방식의 한계에 대해서는 당시 건축가들에 의해 드러내지는 않았는데, 그 이유는 당시 건축적 창의성을 과시하고 현장에서의 시공을 위해서는 당시의 도면법에 많이 의지해야 했기 때문이다. 그런데 점차 설계 방법에 대한 생각이 발전함에 따라 도면 기호법에 대한 한계를 생각하게 되었고 도면 방식에서도 새로운 아이디어를 수용하도록 일정 부분의 발전을 기내하게 되었다. 이것의 주목할 만한 사례로 투시도를 건축 프레젠테이션에 사용하게 된 것이다. 투시도법에 대해 많은 관련 글을 남겼던 알베르티(Alberti)에 따르면 정교한 비례를 실현시키는 것을 중요시 여기는 건

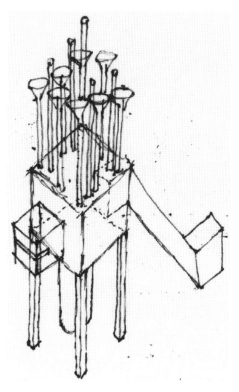

그림 2.27 John Hejduk: Lancaster-Hanover Mask(1980-9=82)에 나오는 '과부의 주택'. 헤이덕(John Hejduk)의 주장에 따르면 이 주택에 사는 사람은 사회적 원형(social archetype)의 하나이다. 배우자의 죽음에 따라 여성의 사회적 지휘가 변하며, 상실감·외로움·불완전 상태를 의미한다. 형태는 그러한 사회적 지휘를 상징하는 의미를 담고 있다.

※ 이미지 제공: John Hejduk, fonds Collection Centre Candaien d'Architecture/Candadian Centre for Architecture, Montreal

그림 2.28 Raimund Abraham, 마지막 집(The Last House, 1983). 마지막 집인 이유는? 마지막으로 살아 있는 사람의 집이라서? 아니면 집이 더 이상 필요 없으므로? 누군가의 땅에 지은 마지막 집인가? 디자인한 건축가는 이 집이 마지막으로 설계할 집이라는 사실을 아는 걸까? 어떤 이유에서든 그려진 집은 좋은한 문제를 담고 있고 각기 다른 해석이 가능하다.

※ 이미지 제공: Annette Brunsvig Sorensen

그림 2.29 Philip Johnson & John Burgee 설계, Sony Tower(이전에는 AT&T 빌딩이었음. c.1984). 이 건물에 나타난 필립 존슨(Philip Johnson)의 디자인은 모더니즘 건축 전통에 도전하듯 도시 스카이라인에 강한 형태를 창출하여 건축주 회사의 구별되는 이미지를 나타내는 의도를 갖는다.

※ 이미지 제공: David Shankbone 사진

축가는 도면 방식 중 투시도를 사용해서는 안 된다고도 했다.[30] 하지만 이후 불레(Etienne-Louis Boullée)와 같은 계몽주의 건축가의 경우 투시도를 통해서만 성취할 수 있었던 거대한 스케일에 의한 심리적 효과에 기댄 건축적 아이디어를 표현하기도 했다(그림 2.30). 투시도법에 의한 도면을 당시로써는 최신 아이디어로써 사용할 수밖에 없었던 것이다. 이러한 과정은 역사적으로 볼 때 반복되었다. 건축 담론을 뒷받침하는 새 도면법이 수면 위로 떠오른 후 제구실을 못하다가 새로

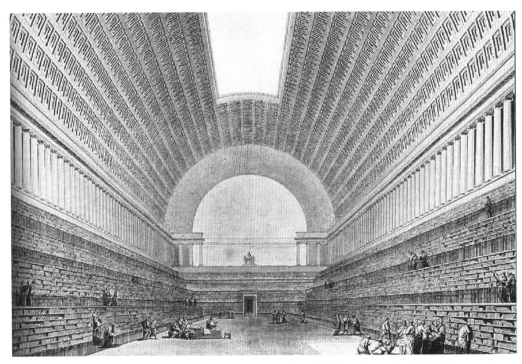

그림 2.30 Etienne-Louis Boullée, 프랑스 국립도서관 계획안(1785). 건축가 불레(Etienne-Louis Boullée)의 아이디어는 도면을 보고 있는 청중을 향해 강한 감성적 호소를 하고 있다. 공간의 압도적인 스케일감은 그가 즐겨 사용한 도구다. 이러한 아이디어를 나타내는 데 투시도는 반드시 필요한 도법이었다.

운 아이디어의 발상에 의해 다시 수면 위로 선보이는 일이 그것이다.

도면과 그 기호법은 건축 아이디어의 소통을 위해 반드시 필요한 수단인 동시에 수면 위로 드러나지 않은 아이디어의 가정이나 개념을 제언하기도 한다. 따라서 건축 담론에서 도면과 그 기호법에 대해서 면밀히 관찰하는 것은 중요한 의미가 있다(그림 2.31). 도면 내용 자체가 사용된 도면 기호법의 특성을 보여주기도 한다. 설계의 중요한 단서가 되는 생각하지 못했던 어떤 아이디어나 가정이 특정 방식으로 무엇인가를 도면화하는 가운데 자연스럽게 떠오를 수 있는 것이다. 즉, 도면법과 건축적 사고는 매우 친근한 관계를 유지하게 되고 도면법에 도전이 되는 발상은 곧 건축적 사고를 확장하

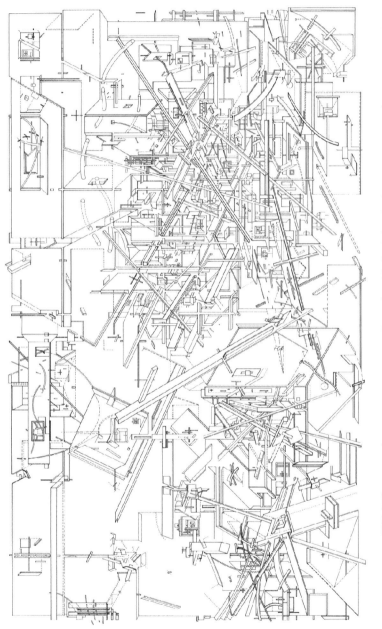

그림 2.31 Daniel Libeskind, 세어나감(Leakage), Micromegas series(1979). 건축가 리베스킨드(Daniel Libeskind)는 엑소노메트릭 도법을 응용하고 탐구하면서 혼돈 속의 공간을 나타내고 있다. 멀어지더라도 크기가 줄어들지 않는 엑소노메트릭 도법 속에서 작은 물체는 작게 나타내는 단순한 방법으로 보는 사람들이 자연스럽게 기대하는 공간의 깊이감을 역이용함으로써 의도적인 혼돈을 자아내고 있다. 도면의 기울임을 활용하여 그 기울임의 특성을 보여주고 있다.

※ 이미지 제공: 세어나감(Leakage), Micromegas series, Daniel Libeskind, 1979

그림 2.32 Vladimir Krinsky, 공동체를 위한 집(Communal House, 1920), 뉴욕 현대미술관 소장. 큐비즘의 시각적 언어를 사용한 건축 도면으로써 공간적 이해에 모호함을 주며 전형적인 도면과 건축 간의 관계를 와해시키고 있다.

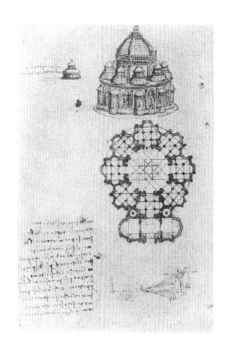

그림 2.33 레오나르도 다빈치, 중앙집중형 교회 평면들(1488). 여러 개의 중앙집중형 계획안 중 하나다.

는 방법이 되기도 한다(그림 2.32). 또한 제시된 건축적 아이디어가 현실화될 수 없는 성격의 것일 때 제시된 도면은 건축 그 자체가 되기도 한다. 이렇게 지어질 수 없는 '종이 위의 건축(paper architecture)'은 지금까지의 우리 건축 담론에 중요한 역할을 담당해온 것은 사실이다. 일례로, 디노크라테스가 아토스산 절벽에 부조로 그려 기록한 도시의 모습(비트르비우스의 기록)이나 레오나르도 다빈치의 중앙집중형 교회 설계안들(그림 2.33), 불레의 지어지지 않은(또는 지어질 수 없는) 프로젝트들(그림 2.30), 미스 반 데로에가 흑연으로 묘사한 유리 고층건물 안(그림 1.4) 그리고 논란의 불씨를 키웠던 20세기 후반 건축가인 죤 헤이덕(John Hejduk)의 작품(그림 2.34) 등은 지금까

그림 2.34 John Hejduk, '수확하는 사람의 집'(1980-1982). 사회적 지위로써 '수확하는 사람'이 이미 언급되었던 '과부'만큼 명확한지 의심이 있지만, 그 의미로 '어질다'와 '사악하다'의 두 뜻을 동시에 나타내고 있다. 죤 헤이덕(John Hejduk)은 이 두 가지 사이에서의 모호함을 표현하고 있다. 형태는 풍차를 닮았는데, 위협적으로 생긴 풍차의 날개와 내부에 간직하고 있는 시계추로써 일종의 '고문실'을 묘사한다.

※ 이미지 제공: 죤 헤이덕, 캐나다 건축재단 센터, 몬트리올

지 우리가 아는 건축에 지대한 영향을 준 작업들로써 종이 위의 건축의 역사적 기록이기도 하다.

도면에 의해 구축된 건축실무

건축 도면은 건축가의 아이디어를 시공자에게 전달하고 시공자와 건축가가 서로 소통하는 주된 도구다. 여기서 아이디어를 주도하는 건축가의 권위는 이론적 원리가 현장에서의 실용 지식보다 상위에 있음을 전제로 하는 인문주의 중심의 사고에서 비롯된다. 르네상스 시대 건축가의 주요 임무는 건축의 형태를 결정짓는 일이었던 것이 사실이고 당시 도면에는 그 내용만 담겨 있었다(그림 2.35). 이러한 도면의 내용에는 다음 두 가지 실질적인 조건에 영향을 받았는데, 그 첫 번째는 건축가가 건축 시공 현장의 마스터에게 거의 모든 문제를 맡기는 당시 건축실무 전통의 일상이었다. 두 번째는 일반 대중이 인정하는 건축 형태는 고전의 전통이 기준이었고 이러한 생각의 기준은 건축가이자 인문학자였던 알베르티의 영향 때문이었다. 따라서 르네상스 시대 건축가들은 건축 시공이나 기술에 깊이 관여할 필요가 없었던 것이 사실이고 자신이 주장하는 건축 형태에 대한 기본적인 입장에 대해서도 열심히 방어하고 입증할 필요가 없었다.

알베르티가 활동하던 시기 이후 건축과 건물의 형태가 제법 많이 바뀌었지만, 디자인(설계, 계획)과 시공 업역 간의 명확한 구분은 지금까지도 대체로 지켜지고 있는 것이 사실이고 그에 따라 도면이 갖는 아이디어(계획안) 전달 수단으로써의 역할도 유지되었다. 이러한 알베르티 건축론에 근거한 건축가의 역할 전통 속에서도

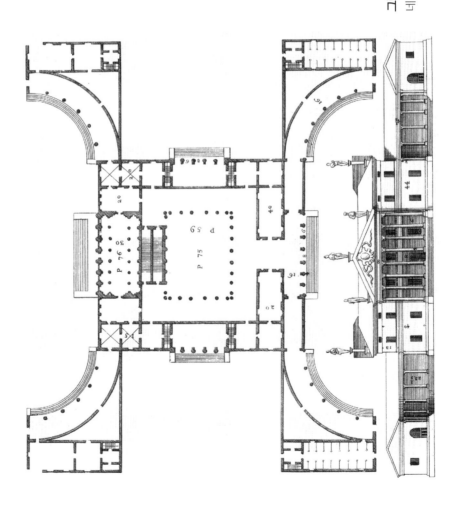

그림 2.35 Andrea Palladio, Plate LVIII, 건축에 대한 네 권의 책 중 2권(Villa Mocenico)

※ 이미지 제공: 1965 Dover Publications, Inc

건축 시공의 문제는 점점 복잡해졌고, 건축가는 자신의 새로운 아이디어의 실현을 위해서 보다 진지한 태도로 시공의 과정에 관심을 가질 수밖에 없게 된다. 과거 고전주의 개념의 건축 세계는 17세기 이후 그 생명력을 잃게 되었고, 그 이후 건축에서는 과연 어떤 형태를 건축이 취해야 할 것인지가 최대 관심사가 된다. 따라서 알베르티 시대가 아닌 지금의 현대 건축가들은 다음 두 가지 문제에 대해 책임져야 했다. 우선 이 시대 건축가들은 주장하는 형태에 대한 것과 그것을 어떻게 지을 것인지에 대해서 많은 사람들에게 충분히 설득할 수 있어야 했다. 건축가들이 공식적으로 제시하는 도면에는 이렇듯 충분한 형태 주장의 가이드가 되거나 논쟁의 불씨가 될 수 있는 내용을 담게 되었고, 건축가에게는 건축 시공의 문제를 중심으로 더불어 항상 고민해야 하는 것이 된 것이다.

　　　건축 도면에 보이는 도식화된 내용들은 겉으로 보기에 르네상스 시대의 것과 크게 달라 보이지는 않는다. 2차원상의 표현 방식부터 그대로다. 정투영법에 의한 형태의 묘사는 수학적 기반을 갖고 있는데, 실시도면(시공도면)으로 현장에서 쓰일 때 그 작도법의 원리가 미치는 영향은 미미하다. 그리고 현대의 건축가들은 도면화된 보다 복잡한 형태들을 주로 다루게 된 것이 사실이다. 그러나 실제 지어진 건축 형태의 대체적인 결과는 비교적 단순한 순수 기하학에 기반한 형태들이라고 할 수 있다(그림 2.36). 아마도 이런 이유에서 단순 정투영법에 의한 지금의 건축 도면들이 아직도 문제없이 쓰이고 있는 이유일 것이다. 한편으로는 공사의 내용을 설명하는 전에 없던 실시도면들이 나타나 발전하게 되었다. 도면들 중 단면도는 실내공간의 입면을 나타내기 위해 주로 쓰였고(그림 2.37), 중요한 역할을 했다. 과거에 단면도에서 도면 기호법 중 포세(Poché, 채우기)로

그림 2.36 현대 건축들의 군집을 보면 대체로 단순 기하학에 기반한 형태들임을 알 수 있다. 맨해튼 항공사진 모습

※ 이미지 제공: Eric Drost의 사진

처리함으로써 자세한 정보를 나타내지 않았다면, 점차 상세한 구성 부위들을 나타낼 필요가 있게 되었다. 뿐만 아니라 도면은 점차 상세한 설명과 치수를 갖게 되었다. 이에 따라 점점 서술이 필요한 내용이 도면에서 많이 차지하게 된다. 요즘 시공도면은 법적 효력을 갖는 도서 역할을 하게 되었고 지정된 기호법과 범례들에 의해 빈틈없이 내용이 완성되어야 하므로 그 어떤 허점이나 모호함은 철저히 배제된다.

지금 시대에 건축가가 실시도면에 표현의 의욕을 내보이는 경우는 흔하지 않지만 전혀 없는 것만은 아니다. 모든 표현 언

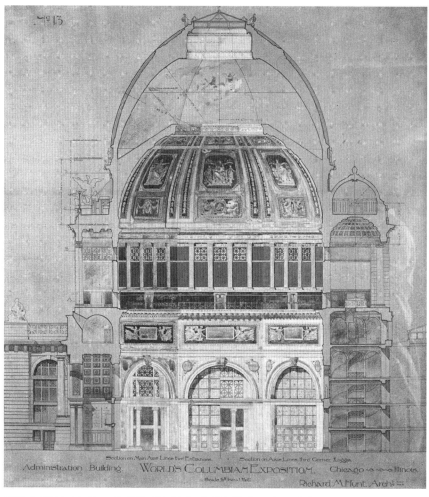

그림 2.37 R. M. Hunt의 콜롬비아 국제 전시회 행정동 건물 단면도의 모습. 19세기 말 보자르(Beaux-Arts) 건축교육을 받은 건축가인 Hunt는 자신의 설계를 석공과 목수들이 시공을 책임져줄 것을 기준으로 하여 건축 도면에 구조를 나타낼 부분을 포셰(Poché, 채우기)로 처리하고 있다. 그에 따라 도면은 실내 공간의 모습을 주로 나타내는 것에 그 역할을 두었다.

※ 이미지 제공: 미국건축가협회 재단

어가 그렇듯이 이러한 의도를 갖는 도면은 의미론적(기호의 의미)으로나 구문론(단어들의 조합에 의한 어법)적으로 기대되는 역할을 하지만 그것들을 기반으로 허용되는 '시적인' 표현으로 그 이상의 성과를 내기도 한다. 건축가 글렌 머켓(Glenn Murcutt)의 시공도면을 보면

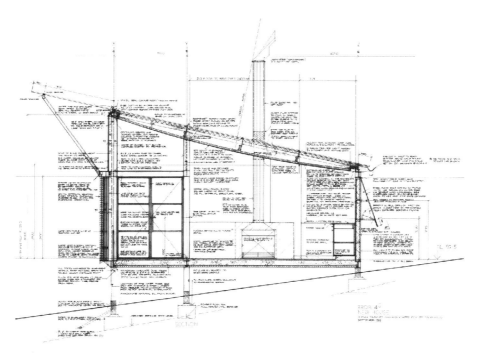

그림 2.38 Glenn Murcutt의 Simpson-Lee 주택 단면도(1989-1694). Hunt의 작업(그림 2.37) 과는 달리 현대 건축가 글렌 머켓(Glenn Murcutt)은 시공의 상세 부위들을 자세히 나타내면서 시공의 가능성에 대해 생각하게 한다. 도면과 함께 나타나야 하는 각종 설명들이 배려 깊게 배치 되어 도면 전반에 구성미 넘치는 아름다움으로 혼돈 없이 명확한 정보들을 전달한다.

섬세하게 구성된 치수와 설명들이 작업의 전반적인 짜임새를 나타 낸다. 도면은 항상 건물의 강한 첫인상과 형태를 전달해주는 동시에 상당히 많은 정보를 함께 제공해준다. 이렇게 섬세하게 작도된 도면 작업을 통해서 실현하고 싶은 형태의 진지하고 깊이 있는 노력을 명 확하고 효율적으로 전달되도록 한다(그림 2.38).

도면의 역할에 대한 여러 관점도 건축가가 설계 초기에 어떻게 아이디어를 만들어가는가에 대해서는 큰 이견이 없다. 건축 가는 항상 그렇듯이 작업 초기에는 머릿속에서 아이디어와 스케치 사이를 오갈 수밖에 없고 아이디어가 명확하지 않은 단계를 거친다.

건축가는 이 상태에서 건축주나 협업자들에게 자신의 아이디어를 제대로 전달할 필요가 있고 동시에 자신의 아이디어가 계속 발전되도록 유인할 필요를 느낀다. 이런 맥락 속에서 '도면'의 역할은 건축가의 초기 단계 아이디어에 대해 상호 간에 같은 내용이 되도록 상상하면서 합의를 이루도록 소통하는 것이다. 이때 도면은 건축가의 사적인 사고로부터 공적인 존재로 땅을 딛고 일어설 건축물이 되도록 하는 매개체로써의 역할과 모습을 나타낸다(그림 2.39, 2.40, 2.41).

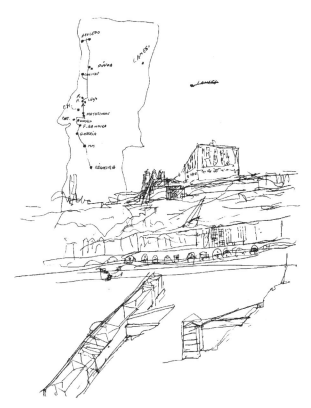

그림 2.39 Alvaro Siza의 포르토를 위한 스케치(sketch of Porto, 1988). 이 그림은 프로젝트 성격상 갖는 대지의 다양한 스케일감을 설명한다. 국가 내에서 대지가 갖는 위치와 도시 내에서 차지하는 성격 그리고 주변 맥락에서 본 대지를 한꺼번에 보여주고 있다. 설계할 프로젝트의 아이디어를 여러 스케일에서 쌓아가고 있음을 보여준다.

※ 이미지 제공: Alvaro Siza

그림 2.40 Le Corbusier, 빌라 설계제안에 관해 Mme. Meyer에게 보낸 글과 편지. 르꼬르뷔제 (Le Corbusier)가 건축주에게 자신의 생각을 전달하기 위해 각각의 아이디어에 맞는 표현 도구를 사용한 글과 그림으로 나타내고 있다.

그림 2.41 Steve Holl, Knut Hamsun Center 건물의 콘셉트 스케치(1994). 수채화 기법을 쓰는 여러 이유가 있지만(그림 2.25), 이 수채화 스케치에서는 공간 아이디어의 개방적인 성격, 가능성을 탐구하려는 의욕 그리고 건축주의 참여로 아이디어를 발전시키고자 하는 의도를 표현하고 있다.

※ 이미지 제공: Steve Holl

개인 영역의 풍부한 상상력을 기반으로 어느 정도의 모호함 속에 시작된 건축가의 아이디어는 시공도면으로 진전되어가는 과정에서 여러 업역의 험난한 현실 속 사람들의 손을 거치면서 결국 대부분은 관례적인 내용으로 축소되어 도면에 남게 된다. 이런 가운데에서도 도면을 중심으로 소통이 일어나는 전통을 유지하면서 건축가가 설계에 관련된 내용의 중심에서 조정하는 역할을 해왔다. 프로젝트의 시작 단계에서는 논쟁을 불러일으킬 내용의 도면이더라도 건축주와 여러 협업 관계에 있는 사람들과의 관계를 쌓아가는 도구가 되고 이 과정에서 상호 간의 신뢰가 큰 역할을 한다. 그리고 전체 프로젝트 진행 과정에서 프로젝트 관련자들에게 건축가는 언제, 어떤 정보가 제공될지를 조정하는 역할을 하게 된다. 설계를 발전시키거나 필요시 정보를 공유할 때, 외주 업체들의 작업을 반영할 때 그리고 건축주에게 작업의 진전을 보고하는 등 전체 과정에서 모든 정보와 진척 사항을 조정하고 관리하는 역할을 한다. 건축가는 이 과정에서 모든 과정에 등장하는 정보들을 관리하고 점검하게 된다. 이런 입장에서, 건축가는 전체 과정을 중앙에서 총괄하는 안목을 갖는 유일한 존재이기도 하다. 시공을 위해 도면이 입찰될 때도 건축가만이 전체 내용을 숙지하게 된다. 경험이 쌓인 건축가는 이때 어떤 정보는 포함시키고 어떤 것은 포함시키지 않는 것이 프로젝트의 설계 실현을 위해 유리한지도 파악하게 된다. 이와 같이 프로젝트 진전의 각 단계별로 건축가는 도면을 통해서 정보의 전달을 조정·총괄하게 되고 이것을 이용해 설계 실현을 위한 최상의 결과에 도달되도록 역할을 하게 된다.

건축 생산에서, 지난 500년 동안의 거대한 변화와 발전에도 불구하고 이와 같은 도면 정보를 총괄하는 건축가의 역할 덕분에 과거 시대의 건축가나 지금이나 설계 작업 전반의 저작권과 주도권을 건축가가 쥐고 있을 수 있었다. 그러나 이면에는 건축가의 실질적 역할의 거대한 변화를 감추고 있는 것이 사실이다. 사실 많은 건축가들이 주장하기를 예나 지금이나 건축가의 총괄자로서의 역할은 조금도 변화가 없는데, 그 이유는 어떤 형태가 '왜' 그렇게 생겨야 하는지의 판단을 건축가가 제공하기 때문이라고 말한다. 하지만 분명한 것은 '왜'를 판단하는 조건들조차 과거 시대와는 견줄 수 없을 만큼 다른 세상에 우리가 살고 있다는 것이다. 흔히 기술적인 영역을 이유로 건축가가 갖는 설계주도권의 권위가 종종 도전받기도 한다.

그리고 우리는 과거 시대와 달리 건축가의 미학적 판단도 지식이 아닌 주관적 주장이라 믿는 시대에 더 익숙하다. 하지만 다른 한편으로는 건축에는 그 어떤 높은 가치가 있다는 믿음이 대중들 사이에 있는 것이 사실이고 따라서 사회는 건축가에게 그것을 제시하는 역할을 어느 정도 해줄 것을 기대하고 있는 것이다. 동시에, 건축가로서는 중앙에서 총괄하는 역할을 고집만 할 것이 아니라 바뀐 세상에 걸맞은 실무적으로 합당한 역할 분담에 대한 제안을 제시해야 한다. 지금은 하나의 건축물이 완성되려면 점차 여러 업역 간의 협업이 심화되고 있고 때에 따라서는 복잡한 체계의 많은 수의 인원이 관여하게 되는 환경에 놓여 있다. 이럴 때일수록 모든 것을 지휘하고 총괄하며 행정적으로 이끌어주는 역할이 중요시되고 있고, 자연스레 지금의 건축가들은 이런 역할에 익숙한 환경이다. 뿐만 아니라 법적 테두리 안에서 건축주의 이권을 보호하기 위해 건축가의 위치가 필요하기도 하다. 일반적으로 건축가가 시공업자보다 우월한 지휘권을 갖는 이유가 바로 서로 간에 시공도서 및 도면을 매개로 형성된 계약 관계 때문이다. 그리고 많은 경우 건축가와 협업하는 전문 분야는 대게 건축가에 의해 하도급을 준 경우라서 또한 그러하다. 이러한 구조는 건축가의 설계의도를 제대로 구현하는 데 필요할 뿐만 아니라, 설계에 중요한 하자가 있을 경우 건축주를 법적 테두리 안에서 보호하는 기능도 부여된다. 즉, 건축가가 건축의 구현에서 중앙에서 총괄하게 된 이유는 과거 시대 '형태'에 대한 지식과 그것을 구사할 권한 때문이기보다는 우리 사회 건축 생산 공정의 구조가 자연스럽게 그렇게 형성되었기 때문이다.

　　　　세월이 지날수록 복잡해지는 건축의 기술적 요구와 예전과는 다른 건축 문제 전반에 일어나고 변화에 의해 도면 중심의 건축 생산 방식은 빠르게 그 한계가 다가오고 있다. 그리고 이에 적응하기 위한 여러 시도들이 있었다. 1980년대에는 캐드(CAD)의 등장으로 도면 작도가 쉽고 빨라짐으로써 더 많은 내용과 자세한 상세 설계를 용이하게 할 수 있었다. 이러한 장점은 당시만 해도 정성이 깃든 장인정신으로 높여 보던 건축 도면의 전통적 가치를 과감히 포기해가며 인정한 것이다. 그리고 설계와 시공의 뚜렷한 구분에서 오는 많은 비효율을 없애기 위한 새로운 설계와 시공을 엮는 발주 방식들이 실무 현장에 등장하기도 했다. 이런 방식이 등장할수록 건축가가 모든 공정의 중앙 총괄자로서의 역할에 의미가 약해져 설계 품질의 유기적인 관리에 불리한 측면이 등장하기도 했다. 실제로 건축이 완성되기 위한 공정 중에서 건축가로서의 지성이나 판단력에 의존하기보다 실질적 기능만을 중요시하는 풍토로 차츰 옮겨감에 따라 전통적 개념의 건축가의 역할에 수정이 필요한 시대를 맞이하게 된 것이다. 새로운 디지털 기술을 비롯한 기술의 발달로 건축 생산 시스템 전반에 변화가 오고 있다. 바로 BIM과 전산화 설계 기법이 그것이며, 건축가들 스스로 실무 현장에서 자신들의 변화된 새로운 역할을 접하는 실정이다.

결론

지금까지 살펴본 '건축'과 '도면' 사이에 전통적으로 형성되어 있는 밀접한 관계성에 대해서 단순 옛 것의 향수에 취해 있는 노스탤지어아를 추구하는 관점으로 얕봐서는 안 될 것이다. 지금의 디지털 기술은 건축 생산의 현장에서 새롭고 매혹적인 지평을 지금 이 순간에도 새롭게 열어가고 있다. 그리고 누가 뭐라 해도 이것에 의한 건축실무의 새로운 모습은 지금도 스스로의 기준을 바꿔가고 있는 중인 것은 확실하고, 건축가 개개인이 스스로 판단할 문제이기도 하다. 설계 과정을 디지털 기법으로 처리한다고 해도 '도면'의 역할과 의미는 종종 강조되었다. 하지만 여기서 핵심은 계획 단계에서의 도면, 즉 '표현' 작업과 그 의미가 설계 과정에 계속 빛을 발하게 될 것인지, 아니면 디지털 기법이 그 대부분의 역할을 대신하게 될 것이다. 이미 언급되었듯이 사람이 디지털 도구를 사용하여 설계할 때 인지, 사고의 방식이 도면작업 때와는 판이하게 다르게 작동한다는 점도 고려할 부분이다. 즉, 그것들에 의해 도면을 대처한다는 것은 우리가 전통적으로 익숙해 있는 '건축'의 개념을 새로 정의해야 할지도 모르는 일이다. 아이디어를 형태로 발전시키는 도구와 과정이 바뀐다는 것은 건축에 대한 아이디어 자체의 변화를 의미한다. 우리의 사고 속 형태를 컴퓨터에 의해 끄집어내는 일은 머릿속 사고가 눈과 손에 의한 도면작업을 통해서 감각적으로 느껴지는 가운데 형상화되는 과정과 같을 수 없기 때문이다. 즉, 인간의 신체적 경험의 연속선상에 시각, 촉각과 같은 감각기관을 매개로 하여 형성되는 건축의 물리적 성질을 내포한 아이디어는 앞으로 구현되기 어렵게 된다. 마지막으로, 우리에게 익숙한 전문가로서 '건축가'의 정체성, 역할 범위 등도 새로 정의 내려져야 하는 중요한 문제다.

　　　　이 일에 대해 다음 두 가지 방향으로 갈 수 있다고 본다. 우선 건축이 '도면'에 존재한다고 믿는 사람들은 앞으로의 바꿔어가는 설계 공정 속에서도 디지털 기술이 도면의 기능과 역할을 견고하게 받쳐주는 방향으로 발전하도록 하여, 기존 도면의 경험과 역할을 앞으로의 건축에서도 이어나가게 하는 것이다. 그다음 관점으로, 디지털 기법의 확장성에 역점을 둔 경우인데, 건축에서의 '시뮬레이션'에 더 큰 역할과 의미를 부여하고 건축에서 어떤 새로운 길을 가게 되는지 지켜보는 일이다. 아마도 우리는 위 두 가지 방향 모두의 가능성을 함께 열어놓음으로써 더욱 폭 넓은 건축의 세계를 추구해야 한다고 믿는다.

미주

1 Wittenstein(1922, no.4.1212).

2 Frascari(2007, p.3).

3 Bovelet(2010, p.78).

4 Evans(1995, p.165).

5 서양음악에서 음정은 반음단위로 구별된다. 예를 들어, F와 F# 사이에는 음정이 없는 것과 같다. 비슷하게, 그 어떤 음의 길이도 정해진 박자를 나눈 것에 불과하다.

6 Bovelet(2010, p.75).

7 Bovelet(2010).

8 "대중은 도면에 나타나는 건축 아이디어에 대해서 찬반 논의가 가능하고 오로지 이것을 근거로 설계 결과를 판단할 수 있다(Bovelet, 2010, p.80)."

9 Michel De Certeau에 따르면, 지난 4세기 동안 모든 과학 업적들은 자체적인 기호법으로 이루어진 언어를 생산해냈고 이것을 통해 우리 사회 전반의 물질과 형태들을 변화시킨 업적을 무시할 수 없다(Fitzsimons, 2010, p.14 중에서).

10 "건축 도면을 이해하기 위해 건축을 순수한 과학적 프로세스의 '언어학적 부산물'로 해석해야만 하는 것은 아닐 것이다. 특히 건축 도면이 언어적 특성을 갖고 우리의 아이디어를 소통하게 한다는 측면이 있다 하더라도 그렇다(Fitzsimons, 2010, p.14 중에서)."

11 Evans(1995, p.38).

12 "도면에서의 투사법은 평면도, 입면도, 단면도의 이면에 존재하는 공간을 상상하기 위해서 필요했던 선택적이고도 특별한 기법이었다(Evans, 1995, p.118)."

13 Evans(1995, p.1210).

14 Kant(1929, 198(A163/B203)).

15 Evans, *The Projective Cast: Architecture and Its Three Geometries*(1995).

16 "기하학 원형들은 선명하게 이해할 수 있기 때문에 아름답다(Le Corbusier, 1986, p.23)."

17 (Husserl, 1970, p.26).

18 Plato(1965, p.71), *Timaeus* 20.

19 C. Wright Mills의 저서 Pallasmaa(2009, p.92) 중에서.

20 Sennett(2008. p.38).

21 Sennett(2008. p.110).

22 Merleau-Ponty(1962, p.98 ff.).

23 Pallasmaa에서 Henri Matisse가 한 말(2009, p.92).

24 Levin(1993).

25 Pallasmaa(2009, p.15).

26 Juhani Pallasmaa의 따르면, 손에 의한 감촉은 무의식으로 느끼는 시각적 자극이며 여러 느낌으로 와 닿는 물건의 성질을 정의 내리게 된다. 이것은 손에 의한 감촉 속에 감춰진 내용으로 무엇인가를 그릴 때 우리 머릿속에 저장되었던 기억이 동원되어 작동한다(2009, p.102).

27 Sennett(2008. p.194-195).

28 Juhani Pallasmaa에 따르면, 무엇인가를 건드려보는 것은 무의식의 시각화 작용이며 이 보이지 않는 경험은 앞에 놓인 대상의 특성을 우선 감각적으로 파악하는 일이다. 이것은 촉감으로 경험되는 보이지 않는 성분이며 무엇인가의 특성을 파악하는 단계의 시작이고 그리는 행위의 배경이 되는 기억을 제공한다.

29 Frascari(2007, p.4).

30 Alberti(1966).

3.
빌딩 정보 모델링

빌딩 정보 모델링

미국기술표준협회(National Institute of Standards and Technology)의 2004년 연구에 따르면 정보 소통의 실패로 인해 미국 내 건물주들에게 매년 연 158억 달러 정도의 손해를 끼치고 있다고 분석했다.[1] 이 보고서는 그동안 건물주들이 챙겼어야 할 비용 낭비를 구체적인 숫자로 보여준 것이었다. 이 백서는 같은 해 주요건물소유주연협회에 의해 출간되었고, 컴퓨터에 의한 정보의 디지털화로 낭비를 막을 수 있음을 알리게 된다.[2] 이 연구에 의해서 당시에는 시작 단계에 불과했던 디지털기술에 의한 빌딩 정보 모델링(BIM, Building Information Modeling) 기법이 시공도면의 질을 향상시킬 뿐만 아니라 건물의 일생에 해당하는 운용 정보를 모두 디지털화된 통합된 정보로 관리할 수 있다는 비전을 보여줬다. 당시로써는 큰 혁신이었고 이 기법의 위력이 많은 파장을 일으켰다. 당시 문제가 되던 쟁점이 바로 정보의 관리에 관한 것이었는데, BIM의 개념 자체가 건물 정보의 운용에 중점을 둔 것이기 때문이다.

BIM은 컴퓨터의 디지털기술로 건물의 성능을 가상으로

재현할 수 있게 한다. 여기서 '성능'에 해당하는 것은 건물이 환경으로부터 노출된 우리가 인지하고 있는 모든 변수들이 해당되는데, 기후에 관한 사항, 물리적 요구 조건들, 건물의 용도, 건물 운용이나 시공에 필요한 예산, 법규 사항, 사용자에 의한 영향 그리고 AECOO 업계[3] 내의 협회 요구 사항 등이 해당된다고 보면 된다. 건축 프로젝트와 연관된 모든 관련 영역의 관점에서 이 '성능'을 관찰할 수 있는데, 프로젝트를 개시한 건축주의 관점에서 시작하여 건물을 설계한 건축가와 시공에 임하는 시공자는 물론이고, 향후 사용자뿐만 아니라 프로젝트와 간접적으로 연관된 일반 대중들도 BIM에 의해 재현될 성능에 대한 관찰이 가능하다. 건축물의 성능에 대해 미리 시뮬레이션을 통해 경험해봄으로써 건축 프로젝트 전반에 대해 일정한 성능 평가 기준을 근거로 관찰하게 된다. 건축을 평가한다는 광범위한 노력 중에서 특히 정량적인 기준에 의해 구별되는 성능에 대해 자연스레 집중하게 되는데, 이에 해당되는 부분은 기술적 성능지표들과 예산과 관련되어 산출되는 결과들이라고 볼 수 있다. 이러한 평가 방식에서 그 밖의 건축에 대한 평가 요소들은 관심을 불러일으키기 쉽지 않다. 건축의 질적인 요소들, 주관적으로 평가될 수밖에 없는 부분들 그리고 지금까지 전통적으로 건축을 평가하는 데 중심에 있었던 디자인 효과에 호소하는 부분들이 그것들이다. 실제로 건축의 '성능' 지표를 중심으로 평가함에 따라 건축의 설계와 디자인 효과에 대한 부분에 비중을 줄인다는 것은 '설계'의 관점에 대한 중대한 발상의 전환을 의미하는 것이다. 그리고 이러한 발상의 전환은 BIM의 등장 이전부터 꿈틀거리기 시작한 것 또한 사실이다.

도면의 한계와 BIM의 기원

우리가 일반적으로 생각하는 건축 도면은 르네상스 시대에 세워진 건축의 형태와 실무적 특성에서 기반한다. 당시 건축가는 형태를 고안해주고 결정만 해주면 현장의 시공자들이 그들의 방식으로 알아서 지어준다는 것을 전제로 사고하였다. 즉, 건축 형태의 모습과 치수 그리고 전통적인 상세부의 장식이 어떤 모습인지를 알려주는 역할이었다(그림 3.1). 결과적으로, 모든 건축 도면은 '형태'가 어떻게 생겼는지를 설명하기 위해 고안된 것이었고 그 형태들 또한 일정한 범주 내의 것이었다.[4]

건축물이 점점 기술집약적 생산물이 되어감에 따라 도면에서 형태의 지정에 관한 것과는 별개의 시공 관련 정보들의 비중이 높아지고 있다. 19세기 중반에 접어들면서 일부 유형의 건축에서는 시공에서 필요로 하는 모든 정보들이 도면상에 표기되는 것을 기대하게 되었다. 이러한 기대는 빠르게 진전되어 20세기 중반 이후부터는 적극적으로 요구되기 시작했고, 결국 도면집을 완성하기 위해서는 분야별 다양한 외주 전문가들이 협업해야 하는 환경으로 발전한 것이다. 시공 분야만 하더라도 세부적인 역할 분담에 따라 각종 전문적인 외주 도움으로 하청되어 작업이 이루어지고 있다. 이러한 작업환경에 따라 건축 도면을 포함하는 제공된 도서를 통해 형태에 관한 정보보다는 시공과 연관된 다른 정보들의 역할이 중요해졌다. 자연스럽게 건축 도면은 다루어야 할 내용이 많아지게 되었고 각종 정보를 기술하는 노트와 시방에 관한 것들의 비중이 확대되었다. 이러한 상황에서 방대한 양의 정보를 실수 없이 효과적으로 다루는 것이 건축가의 주요 임무로 부각되었는데, 사실상 여러 사무실에서 협

그림 **3.1** Andrea Palladio의 Plate XV, **건축 4권**(Temple of Nerva Trajanus) 중 제4권

※ 이미지 제공: 1965 Dover Publications, Inc

업해야만 하는 요즘의 실무 환경에서 이 역할은 중요하면서도 어려운 일이다. 즉, 프로젝트의 규모와는 상관없이 이 일을 완벽하게 처리한다는 것이 거의 불가능에 가깝다는 것은 그 누구도 쉽게 이해할 만한 문제였다. 이후 업계 전반에 거쳐 전반적인 시공도면의 질은 점차 낮아진 것이 사실이고, 그에 따른 추가 작업 및 정보의 제공, 오류에 의한 수정 요구 등에 의해 잦은 공사 기간의 연장을 초래하였고 이것은 바로 건축주에게 비용 증가로 돌아왔다.

건축주들은 건축 산업 전반에 점점 더 잦아지는 이러한 문제들이 불완전한 시공도면이 초래한 수정 요구 등 단순 비용 증가 문제를 넘어서, 건축물을 갖기 위한 전체 비용과 완공 시점에 대한 예측 불허의 문제에 대해 심각한 위협을 느끼기 시작한 것이다. 뿐만 아니라 건축주가 정확히 기대했던 상세 사항들을 온전히 얻게 될지에 대한 기대치도 낮아지게 되었다. 그러나 대부분의 건축주는 그뿐만 아닌 자신이 소유하게 될 건물이 생애주기 동안 정상적으로 기능하기 위한 전체 비용에 대해 보다 정확한 정보를 필요로 한다(건물의 시공과 소유 비용 전체 중 70~75%는 건물의 운용 및 유지 관리에 쓰인다). 앞에 거론된 여러 가지 불확실성은 점차 건축 프로젝트 자체를 어렵고 위험 부담이 큰 투자로 여기게 되었다. 이러한 문제에 대해 점차 대형 건축주들을 중심으로 산업계 전반에 건축 도면 정보 등에 관해 개선책을 요구하게 되었고, 건물 소유에 대한 비용 예측을 정확히 할 대책을 산업계에 요구하게 되었다.

불완전하나 우리가 편의상 'BIM'으로 불리는 건축 소프트웨어 기술은 이제 건축 산업계 전반과 대학 건축교육에서 통상적으로 다루는 도구가 되었다. 미국을 포함해서 BIM 기술은 전 세계 거의 모든 산업화된 국가들에서 빠르게 확산되고 있고, 미국의 2009

년 통계에 따르면 전체 미국 건축사사무소의 48%와 반 이상의 미국 내 시공회사들이 BIM을 활용 중이고 지금도 그 비중은 확대되고 있는 중이다.[5] 그러나 BIM 활용의 깊이는 각 사무실과 프로젝트 성격에 따라 많은 차이를 보인다. 크고 복잡한 성격의 건축 프로젝트일수록 BIM의 깊이 있는 기능을 활용하는 추세다. 2010년 통계에 따르면 규모상 상위 300개 건축/엔지니어링 사무소의 83%는 BIM를 사용 중이었다.[6] 비록 많은 건축가들과 건축학과 학생들이 이 소프트웨어 기술을 활용하고 있긴 하지만 여전히 많은 수가 이 기술의 잠재력과 건축가의 새로운 환경에서의 새 역할을 포함한 그 본격적인 의미, 잠재력 등을 이해하고 활용하고 있는 것은 아니다. 따라서 BIM에 대해서 이것의 기초적인 기능에서부터 최신 건축 산업에 전반적으로 영향을 미칠 역할까지 차분히 짚고 넘어가는 것은 우리에게 분명히 필요한 일이다.

BIM의 구성

BIM 활용의 기본적인 목적은 건물의 생애주기 내내 관여하고 있는 여러 업역과 전문 분야들의 필요한 정보들을 종합하여 사업적 관점에서 손쉽게 활용될 수 있도록 하는 일이다. BIM은 건축가의 설계 도구라기보다 이런 이유들 때문에 BIM이 사용해야 하는 이유가 설명된다. BIM은 또한 'BIM은 건축 모델링 기술로써 건축 모델을 분석하고 관련 프로세스와 정보들을 생산, 소통하기 위한 도구'[7]로 정의 내려지기도 한다. 이러한 맥락에서 건축 모델은 컴퓨터 데이터베이스 기반으로써 일련의 건물 정보를 담게 된다. 이 건물 정보는 상호

소통되는 형식을 유지하므로 컴퓨터들 간에 정보의 저장뿐만 아닌 데이터 처리를 가능하게 한다.[8] 건물의 생애주기 동안 관련된 정보가 유기적으로 연동되는 환경을 구축하기 위해서는 건물 정보들이 각기 다른 일을 맡은 다양한 집단들에 의해서 공유되어야 한다. 관여되는 집단들은 맡은 용역에 따라 설계, 엔지니어링, 건축주(발주 및 관리), 공사비 산정, 시공부재 조립, 시공부재 생산, 허가 관청, 임대 업무, 시설 관리 등을 들 수 있다. 하나의 건물 모델에 이 많은 사람들이 필요로 하는 많고 다양한 정보들을 담아낸다는 것이 이색해 보이는데, 사실 그럴 필요도 없다. 각 집단들은 각자가 맡은 부위의 모델을 만들어 집단들 간에 서로 공유하는데, 이것을 **연합 모델**(federated model)이라고 부르기도 한다(그림 3.2). 즉, 각 집단들이 맡은 부위들을 모델링하여 하나의 연합된 모델을 만들면 각자가 전체 구성과 정

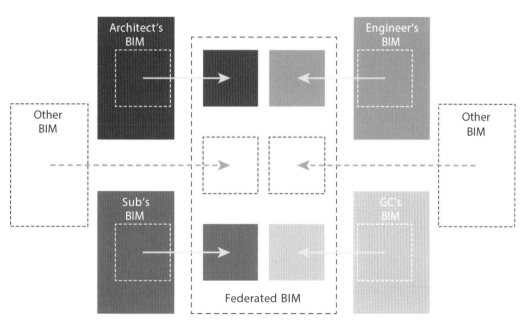

그림 3.2 연합 BIM 모델의 개념도

※ 이미지 제공: 저자

보를 파악할 수 있게 되는 것이다. 각 집단들의 맡은 일에 따라 업무에 각기 다른 소프트웨어를 쓰게 된다. 그럼에도 BIM과 연관된 소프트웨어를 활용하여 서로 정보를 공유할 수 있어야 하고 **상호운용(interoperability)**으로 불리는 이 기능이 성공적인 BIM 체제에서 상당히 중요한 역할을 한다. 그러나 쉽지는 않은 일이다.

BIM에서 건물 모델은 **개체(ojects)**들로 구성된다. 각 개체들은 벽이나 문과 같은 건물의 단일 구성 부위를 나타낸다. 이런 맥락에서 볼 때 하나의 '개체'는 컴퓨터 내에 하나의 신호로써 '기하학적 형태와 관련 정보 및 규칙'을 담게 된다.[9] 기하학적 형태는 개체의 모습이 어떤지 알려주게 되고 규칙에 관한 정보는 해당 개체가 지니고 있는 지식들, 개체들 간의 관계와 구성 부위들에 관한 규정 그리고 다양한 맥락에서 이 개체가 어떻게 표시되어야 하는지 등이 해당된다. 개체에 실린 많은 정보들은 사용자에 의해 입력된다. 이런 정보들을 **변수(parameters)**라고 하고 이 정보들을 담고 있는 개체를 파라메트릭(parametric)이라고 한다. 이렇게 지식을 담은 개체는 때로는 정보의 수정을 제한하여 현실세계에 더 잘 적용되도록 할 수도 있다. 예를 들어, '문'의 경우 기준이 되는 폭의 치수만으로 수정되도록 지정할 수 있다. 이 사례를 더 자세히 설명하면 문의 개체 변수는 문짝과 프레임 치수, 시공 정보, 재료, 비용 등의 정보를 포함한다 (그림 3.3). 개체가 이미 지니고 있는 정보의 지식에 의해 문짝과 프레임의 치수가 고정되고 문짝 한쪽이 프레임 한쪽과 항상 접해 있게 되며 다른 쪽은 회전을 허락하게 된다. 뿐만 아니라 벽면에 문이 자리할 수 있는 개구부를 마련하게 한다. 이 개체의 기하학적 변수에 의해 공간에서 차지할 문 전체의 치수를 항상 표시하는 것은 물론이다. 이렇듯 건물 모델은 이러한 파라메트릭 개체들로 구성되므로 모

Geometric description

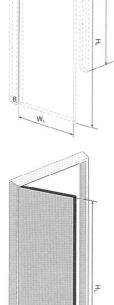

Rules

$W_F = W_L$

$H_F = H_L$

Frame and leaf coincide at AB

Leaf rotates around AB

Data

$H_L = 5'.8''$

$W_L = 3'.0''$

Frame material = Wood/Pine

Leaf construction = Solid core wood

Leaf finish material = Birch

그림 3.3 A 단순화하여 나타낸 BIM 문 개체. 각 개체들은 기하학적 정보, 규칙, 정보 등을 담고 있다.

※ 이미지 제공: 저자

델 전체를 파라메트릭 모델이라고도 부른다.

'BIM 플랫폼'으로 불리는 소프트웨어는 건물 모델을 만들고 여러 형식으로 나타낼 수 있는 기능을 갖는다. 모델을 시각화하거나 도면 방식, 각종 표나 그래프 그리고 디지털 데이터 등의 형식이 가능하다. 형식을 막론하고 건물 모델 전체나 일부분을 지정하여 화면에 표시하는 것을 **모델뷰**(model view)라고 부른다. 모든 모델뷰는 모델 속에 있는 정보를 기반으로 'BIM 플랫폼'에 의해 생성된다. 정보의 표시는 일정한 소프트웨어에 의해 이루어지므로 다양한 모델뷰를 만들더라도 정보는 일정하게 표시된다. 이 기능만으로도 기존에 상당히 큰 도면집에서 흔히 발생하는 문제가 바로 해결된다. 같은 부위의 시공 정보에 대해 수많은 도면들에 나타내는 정보를 쉽게 일치시킬 수 있는 것이다. 건축가들은 대게 BIM 플랫폼 중에서 특정한 종류를 주로 쓴다. 이것은 수없이 많은 건축 관련 업역들과 전문분야들이 사용하는 BIM과 구별되기 위함이고 건축가의 업무인 설계와 도면 생성에 맞춰져 있기 때문이다.

건물 모델이 파라메트릭 개체들에 의해 구성되어 있다는 것은 몇 개의 중요한 의미를 지닌다. 첫 번째로, 하나의 개체는 무수히 많은 건물 구성 부위들을 만들어낼 수 있다. 하나의 변수를 조정하면 하나의 창문 개체는 다양한 치수와 재료의 창문들로 분류될 수 있는 것이다(그림 3.4). 그런데 BIM 플랫폼을 사용하면 여기에 직접 수많은 기본적인 개체 정보들을 포함시키지 않아도 되고, 따라서 건축가가 해당 개체의 많은 옵션들을 직접 입력하지 않아도 된다. 두 번째, 변수 정보를 활용하여 알고 싶은 다른 정보를 구할 수 있다. 예를 들어, 공간의 치수를 활용하여 그 체적을 쉽게 구할 수 있다. 사용된 재료의 양 또한 특정 재료(치수와 크기 정보와 함께)의 적용

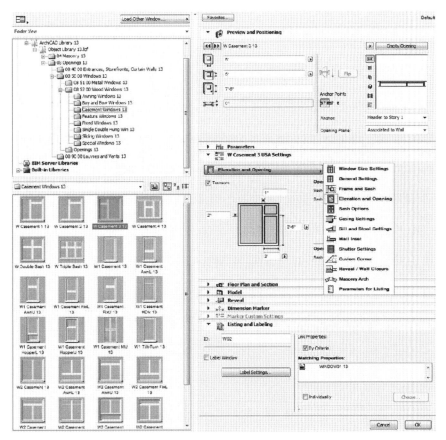

그림 3.4 이 화면 모습은 BIM 창문 파라메트릭을 설명하고 있다. 다양한 파라메트릭상의
변수를 선택할 때마다 하나의 개체 안에 많은 수의 창문 종류가 있음을 나타낸다.

※ 이미지 제공: 저자

기록에 의해 쉽게 알 수 있다. 다른 파라메트릭 정보에 의해 유용한
다른 파라메트릭이 또한 만들어질 수도 있는 것이다. 일례로 알베르
티의 건축을 지금 기술로 재현한다면 방의 길이나 기둥의 높이 등의
파라메트릭에 의해 결부되어 있는 다른 부위들(방의 너비, 기둥의 지
름 등)의 비례를 자동 생성할 수 있다. 세 번째로, 개체 정보의 활용
에 의해 건축가가 도면 적용을 위한 지루한 반복작업이나 그에 따른
오류 발생을 근본적으로 차단할 수 있다. 이를테면 모델에 계단 하나

를 집어넣으면 건축가는 이 계단의 복잡한 모습을 도면마다 작도할 필요가 없어진다. 계단의 개체 정보에 의해 스스로의 모습을 지정된 모델뷰에 따라 자동으로 생성시키기 때문이다. 기존 건축 도면의 세계에서는 각각 평면과 단면에서 정확히 계단의 모습을 나타냈어야 했고 수정할 때마다 그에 따른 오류와 상충되는 정보도 그대로 드러나는 환경이었다. 그러나 BIM에서는 위 두 가지 도면의 모습은 하나의 개체로부터 생성되므로 서로 상충되거나 틀린 정보가 표시될 수 없게 된다. 기존 도면의 세계에서는 기본적으로 수행했던 '문'의 개수를 세는 지루한 업무도 필요 없게 되고 그 대신 문의 특정 변수만 지정하면 자동으로 전체 상황을 표시하게 된다.

BIM을 건축사사무소에서만 사용하더라도 앞에서 언급한 장점들을 충분히 만끽할 수 있다. 매우 유용한 것들임을 알 수 있는데, 그것은 BIM 장점의 시작에 불과하다. 건물의 생애주기 동안 관련된 정보가 유기적으로 연동되는 환경을 구축하기 위해서는 다양한 범주에 속한 사람, 집단들이 건물 데이터를 다룰 수 있게 해야 한다. 그리고 BIM의 주요 정보가 집단에서 집단으로 쉽게 전달될 수 있어야 한다. 그런데 동시에, 이 부분이 성공적인 BIM 적용 전반에 가장 큰 걸림돌이 되고 있음도 나타나고 있다.

BIM의 '상호운용'에 대하여

건축물의 설계 업무와 시공 업무를 담당하는 사람들은 서로 다른 종류의 정보를 주로 다루게 된다. 하나의 동일한 건물 구성 부위인 '조명기구'만 보더라도 한 프로젝트 설계팀 내에 맡은 역할에 따라 각기 다른 정보에 관심을 갖는 것과 같은 이치다. 즉, 건축가는 조명기구의 형태와 위치에 대해서, 조명디자이너는 조명기구의 출력을, 건축주는 전기 소모량에 대해서, 전력설계 엔지니어는 전력 요구 사항을, 전기 기술자는 제품 생산 회사와 비용을, 시설 관리 담당은 사용 전구 규격과 수명에 대해 주된 관심을 보일 것이다. 이들은 정보를 주고받으며 일부가 다른 사람에게 전달될 수도 있지만 모두가 모든 정보를 필요로 하지 않는다. 건물의 설계와 생애주기에서 단계별로 특정 정보를 추려 그것을 필요로 하는 사람에게 전달하는 과정에서 일부의 정보가 새로 덧붙여져야 할 때도 있다. 지금까지 이 일은 정보의 흐름에 따른 선형적인 과정이 아니었다. 실제로는 상당히 복잡한 요구 사항과 정보들을 다양한 영역의 일을 맡은 사람마다 각기 다른 시기에 전달되어야 하는 정보들인 것이다. 일이 진척되며 흐르기 시작하는 정보를 각자에게 필요한 내용으로 각자 필요한 시기에 사용할 수 있어야 하는 동시에, 각자의 역할을 하게 되면서 그 정보가 다시 반대로 흘러 활용될 수 있어야 한다.

　　　　이러한 정보의 원활한 소통과 흡수에 가장 큰 걸림돌로 항상 작용하는 것은 각 정보가 서로 다른 형태를 취하기 때문이다. 과거에는 모든 것들을 사람에 의해 지면에 도면과 글로 나타내야 하는 것들이었고 이 일은 항상 상당한 시간을 잡아먹으면서 실수가 쉽게 나타날 수 있는 업무였다. 그러나 컴퓨터 기술이 등장하면서 정보를 요구하는 집단에 맞춰 그것을 가공하여 전달할 수 있었다. 그리고 이 정보는 다시 지면이나 컴퓨터상에서 표시되어 사람이 읽을 수 있도록 제공되었다. 그런데 이 과정을 자동화하기 위해서는 각기 다른 영역에 있는 사람들이 한 가지 통일된 디지털 포맷과 형식을 사용해야 가능했다. 이것은 지금까지의 업무 전통을 넘어서야 가능한 일이었고 일상의 업무에서 특정한 소프트웨어를 사용해야 한다는 것은 사실상 어마어마한 변화였다. BIM의 건축물 생애주기 전체에 성공적인 실현을 위해서는 이렇듯 '상호운용(interoperability)'이 전제되어야 하는 것이다.

'상호운용'을 실현시킨다는 것은 사실 상당히 복잡한 일이다. 항상 그렇듯이 사람들에게 이미 익숙한 일의 방식을 바꾸는 것이 어렵다는 게 당연할 터인데, 이 경우 건축 산업 종사자 전반뿐만 아니라 컴퓨터 소프트웨어 개발자들의 고정관념에도 변화가 필요한 일인 것이다. 그리고 상호운용이라는 실현을 위해 누가 먼저 나서서 새로운 도구 개발과 일상의 업무에서 손을 떼고 새 도구의 활용에 나서야 하는지에 대해 닭이 먼저냐 계란이 먼저냐와 같은 서로 간의 책임전가의 상황 또한 쉽게 상상되는 어려운 상황이다. 상호운용이라는 큰 목표에 대해서 반감을 갖은 사람들은 없는 게 현실이지만 동시에 누구든지 단기 이익에 별 도움이 안 되는 '검증' 안 된 방식에 선뜻 나선다는 것은 쉽지 않은 모험이기 때문이다.

상호운용을 실현시키기 위해 다음 두 가지 접근 방식이 존재한다. 파일 기반 상호교류와 연합모델 활용의 두 방식이다. 연합모델을 모델 저장고(model repositories[10])라고도 한다. 각 방식은 각기 다른 필요에 의해 고안되었다. 파일 기반 상호교류 방식은 상세한 모델 데이터를 한 플랫폼에서 다른 플랫폼으로 옮겨야 하는 것을 전제하여 고안되었는데, 가급적 많은 모델 정보와 지식들을 유지하는 것을 또한 전제로 한다. 사용자들마다 상세한 설계나 시공에 관련된 데이터를 공유하게 된다. 모델 저장고 방식은 프로젝트 진행상의 모든 정보를 담은 상태로 건물 구성의 주요 시스템들을 나타내어 서로 상충되는 부분은 없는지 상호 검증이 수시로 가능하고 업무 진척 상황이 바로 반영된다. 각 영역별 프로젝트 팀별로 개별 BIM 모델을 만들어 생성하는 데이터들이 한곳에 축적되는데, 모든 데이터들이 나타나지는 않고 맡은 영역에 관한 정보를 중심으로 표시된다. 일이 진전됨에 따라 추가적인 정보를 모델 개체에 계속 축적하게 된다.

파일 기반 상호 교류 방식은 각각의 BIM 플랫폼들이 서로 간에 호환되는 포멧으로 중간 과정을 포함한 결과물들을 주고받는 것을 의미한다. 관련 산업계 전체가 이 방식으로 작동되려면 호환되는 포맷은 '개방된 표준' 형식이어야 하는데, 그것은 누구에게든 무료로 제공되어야 한다. 현재 몇 가지 제공되는 포맷이 이에 해당된다. 가장 많이 쓰이는 방식은 IFC(industry foundation classes, 산업 기반 등급)와 CIS/2로 불리는 철강 산업 분야에서 고안되어 전문적으로 쓰이는 방식이 있다. IFC는 가장 일반적인 표준 방식으로 원칙적으로는 건물과 관련된 모든 데이터를 수용할 수 있다. 하지만 IFC 활용에 제약도 없지는 않다. 유연한 호환성을 갖기 위해 IFC는 다양한 방식으로 시공관련 정보를 받아들인다. 따라서 각 집단 간 공유와 소통을 위해서는 일종의 규칙이 필요한데(일례로 건축가와 구조기술사 간의 소통), 이 규칙을 MVD(model view definition, 모델뷰 규정)라고 부른다. MVD는 한 부위의 시공 정보를 각각의 BIM 플랫폼에서 어떠한 설명으로 IFC 파일 형식으로 전환하여 다른 플랫폼으로 전달할지를 알려준다. 어떤 정보의 경우 IFC파일 입/출력 엔진에 의해 표준화된 방식에 의해 자동으로 진행된다. 하지만 경우에 따라서는 전문 영역 기술을 기반으로 특별히 제작된 MVD가 사용되기도 한다. 따라서 점차 각 분야별로 특화된 영역의 개입이 많아짐에 따라 IFC 방식이 때로는 일반 건축가들이 전혀 이해할 수 없는 복잡하고 어려운 내용으로 돌변해 있기도 하다. 이 문제를 보완하기 위해서는 표준 등

록된 파일 포맷을 각각의 플랫폼이 동시에 사용하는 일인데, 이를 위해서는 특정 소프트웨어의 개발이 필요할 때고 있고 이에 따라 소프트웨어 라이센스 계약이 필요하기도 하다. 이 경우 실제 사용자들은 의도치 않게 소프트웨어 개발자가 부여하는 기능에 의존하는 구조가 만들어지기도 한다.

유럽 일부 국가(예를 들어, 노르웨이와 핀란드)에서는 상당히 실질적인 IFC 기준을 제정하기도 한다. 하지만 미국의 경우 공공투자에 의한 국가적 표준 제정이 충분하지 않은 상황이고 BIM 상호운용의 실질적인 실현에 아직 많은 장애요소가 있는 게 사실인데, 그 이유는 이렇듯 기술적 제약들이 아직 많이 남아 있고 이 기술의 사용이 모두에게 일률 적용되고 있지 않기 때문이다. 그러나 많은 설계 사무소들과 시공업체들은 많은 난관에도 불구하고 점점 많은 수가 BIM 활용을 늘려가고 있는 것이 현실이다. 건물 생애주기 내내 BIM을 통해 정보의 소통과 활용으로 극대화된 효과를 얻기 위해서는 각 집단 간에 접근 가능한 온라인 데이터를 활용하여 시간과 장소에 구애받지 않고 실시간 협업이 가능한 환경이 만들어질 때이다.

건물의 시공 단계에서부터 BIM 정보 흐름의 마지막 수혜자는 시설 관리를 주관하는 건축주 그룹(시설 운용 및 유지 관리팀)이다. 이 단계에서는 완전 재래식 정보로 전환되어 쓰이거나 유지관리 전산화 시스템(CMMS, computerized maintenance management systems)으로 활용되는 등 다양하게 나타난다. 이 부분을 위해 자체 제작된 IFC MVD가 쓰이는데, 이것을 시공발주처 건물 정보 교환(COBie, construction owners building information exchange)[11]이라고 부른다.

미국철강시공협회(AISC, the american institute of steel construction)의 경우 파일 정보가 호환되게 하기 위해서 자신들을 위한 특별한 포맷을 개발했는데, 이를 통해 철골구조의 생산 방식을 통일시키고 있고 철골구조의 설계와 시방, 상세설계, 조립, 재단, 유통 그리고 현장 설치 등을 다루고 있다. CIS/2로 불리는 이 포맷을 통해 구조생산 업체들이 상세 제작도를 디지털 모델 완전히 대처하고 있고 엔지니어들을 대신해 지루한 작업인 도면내용 점검작업까지 해내고 있다. 이 과정을 거친 모델은 철골구조 조립을 위한 정보가 되며 오류 발생의 원인부터 차단하는 효과가 있다.

정보로써의 건축

사실상 건축의 중심은 항상 '정보'로 귀결됨을 우리는 안다. 알베르티의 건축 세계에서 핵심 역할을 하는 모든 도면들은 건축가가 만든 정보를 시공자에게 전달하기 위한 시스템이라고 할 수 있다. 당시에는 이런 개념으로 생각하지 않았던 것도 사실이다. 그 이유로써 당시 지어진 건물은 설계안이 복제된 산물로 봤다.[12] 현장에 나가 있는 시공자(장인)들은 바로 건축가들의 손놀림에 의해 움직이는 도구들로 생각되었고 도면이 현실에서의 실제 재료로 복제되어 실현되는 것으로 간주되었다. 그런 믿음은 곧 건축물은 건축가의 창작물 밖에 없었다. 지금에 와서는 이런 믿음이 얼마나 현실성이 있는지 모르겠으나 실제 지난 수백 년 동안의 전통 속 관행은 그러했다. 그러나 이제는 거대한 정보의 집합체인 건축이 여러 영역의 전문가들에 의한 협업에 의해서만 훌륭해질 수 있다고 믿게 되었고, 건축가가 순수 작가로서의 창작의 원천이라는 생각보다는 거대한 오케스트라를 이끄는 작곡가, 지휘자와 같은 역할에 더 가깝다는 것이 동의할 만한 주장이 되었다. 동시에, 건축가의 진짜 능력은 기대했던 결과를 얼마나 창작해낼 수 있느냐라기보다 재능 있고 전문화된 협업자들로부터 그 역할을 얼마나 효과적으로 끄집어낼 능력이 되는지로 점차 옮겨가고 있는 것이다.

건축물을 정보 관리의 개념으로 이해하려는 노력은 점점 결과 중심의 사고에서 절차, 즉 프로세스 중심으로 옮겨가고 있다. 어떤 프로세스가 하나의 아이디어에 의해 주도된다는 것이며, 이때 그 아이디어는 오히려 의도적으로 구하려 할 때 그 의미가 반감된다는 것이다. 건축물의 정보 관리는 어떤 정보를 관리하느냐가 관건이지만 실제 정보의 내용은 관리 기법 차원에서 큰 의미는 없다. 이때 어떤 디자인인지의 문제에 대해서는 아무 제약이 없는 것으로 보이지만, 성능성을 기반으로 하는 BIM임을 전제한다면 전적으로 그렇다고만 볼 수 없다. 전산화될 수 있는 데이터 형식으로 BIM의 성능성에 기여하는 방법에는 두 가지가 있다. 첫 번째로 설계와 디자인에 대한 다양한 측면의 정량적 평가를 가능하게 한다. 두 번째, 정보를 자동으로 전달하는 체계를 갖춤으로써 기존에 정보를 전달하는 과정에서 발생하는 비효율을 없앨 수 있다. 이 두 번째 장점에 의해 BIM은 기존의 '도면'에 기반을 두었던 건축설계 실무 업무 전반에 대해서 전에 없던 새로운 구조 위에 일어서게 하는 결정적 계기가 되었다.

2장에서 이미 지적했듯이 건축가가 전통적으로 건축 창작의 저자로서의 위치는 이론적인 이유뿐만 아니라 전체 관련 정보의 관리자로서 실질적인 역할 관점에서도 그러했다. 지금까지는 누가 어떤 정보를 어떤 형식으로 제공받을 것인지를 실제 건축가의 권한으로 결정되었고, 유일하게 건축가가 전반적인 내용을 바탕으로 전체 정보를 관장했다. 이 역할에 의해 건축가만이 가질 수 있는 권한도 행사할 수 있었다. 이것은 건축의 일이 점점 복잡해짐에 따라 강조되었고 르네상스 시대 알베르티 방식의 건축가가 갖는 권한과 역할과도 맞아 떨어지는 개념이었다.

　　　건축 프로젝트에서 첫 아이디어나 기본 개념을 세우는 일은 프로젝트 전체에서 건축가의 역할을 감안할 때 중요하다. 일반적으로 건축주는 건축가나 설계사무소를 고용하여 건축가의 요구를 반영한 프로젝트의 첫 아이디어나 개념 설계를 제공받는다. 이 과정이 마무리되면 건축 관련 기술 분야 전문가들에게 필요한 용역을 부여하여 도움을 받게 된다. 실제로 그 어떤 외주 용역으로 인한 관계들이 형성되기 이전에 건축주는 건축가와 가장 먼저 신뢰 관계를 맺게 된다. 시공업체도 경우에 따라 이 단계에서 건축주에게 시공 문제에 관한 컨설턴트 역할을 할 수도 있다. 그러나 건축가에 의해 고용된 전문 견적인에 의해 시공 비용에 대한 객관적인 정보를 제공받음으로써, 계획/설계와 시공 업무 간의 뚜렷한 구분을 유지하는 경우가 더 흔한 경우다. 이렇듯이 지금도 건축가는 건축주를 위해 일을 관장하는 최고의 권한을 갖는 것이 자연스러운 일인 것이다.

　　　건축 프로젝트의 기본적인 업무 5단계인 개념 설계, 기본 설계, 실시 설계, 입찰 및 발주, 시공 감리 업무 등 모두는 '도면'에 의한 정보 전달에 기반한다. 공통적으로 작업의 시작과 마무리 그리고 작업의 진전을 결정짓는 것은 발전시키고 더해지는 정보에 의해 이루어지며 일반적인 내용에서 구체적인 내용으로 발전하는 공통점을 갖는다. 각 단계별로 정보의 취합은 점증적으로 일어나는 특징을 갖으며 어떤 가정에 의해서나 가능한 갑작스러운 진전은 추후 나타날 수 있는 오류를 방지하기 위해 되도록 피하게 된다. 따라서 건축가들은 개념 설계 단계의 도면에 나타난 정보보다 실제로는 훨씬 많은 내용을 이미 알고 있는 것이 당연하다. 시작 단계에서 많은 정보를 의도적으로 표시해두지 않는 이유는 작업이 진전되면서 바뀌게 될 정보를 미리 시간을 써가며 표시해두는 것은 일종의 시간, 노력의 낭비이기 때문이다. 그리고 기존 도면 시스템에서는 이런 예비로 쌓아둘 정보를 저장할 방법이 없기 때문에 더욱 그렇다. 그 대신 이런 정보의 기록은 다른 매체를 통해 기록했다가 필요할 때 꺼내어 활용되는데, 이러한 과정에서 손길을 거치면서 정보의 오류나 실수가 발생할 수 있는 구조다(그림 3.5). 이 과정에서 가장 큰 영향은 실제로 설계 단계에서 시공으로 이동할 때 생기는데, 시공에서 계약의 내용

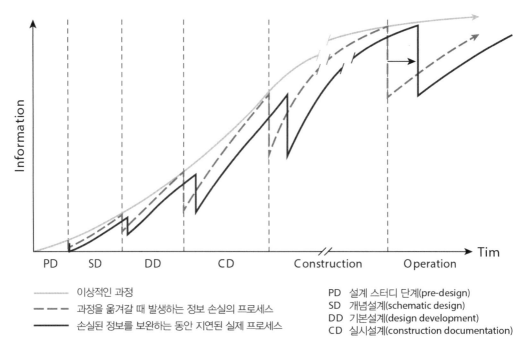

그림 3.5 이 다이어그램은 설계와 시공 공정으로 옮겨가는 동안 손실된 정보의 양을 나타낸다. 대체적인 커브는 다음 공정으로 이동하는 동안 정보의 손실이 없는 이상적인 상황을 보여준다.

※ 이미지 제공: 저자

은 전적으로 도면에 나타난 정보에 의해야 하기 때문이다.

　　　　도면을 기반으로 진행되는 프로젝트에 비해 BIM 기반으로 진행되면 각 공정과 단계별로 축적되는 정보들에서 정보의 손실에 의한 비효율을 원천적으로 예방할 수 있다. 이렇게 되면, 프로젝트 시작 단계부터 이미 예측되거나 알고 있는 정보를 예전과 달리 바로 올려놓을 수 있게 된다. 이 환경에서는 선택적으로 필요 정보를 열람하는 것이 자연스럽게 이루어지기 때문이다. 그리고 정보의 수정도 손쉽고 빠르게 이루어질 수 있다. 만약 중간 과정에서 과거 개념 설계 단계의 정보가 필요하면 바로 불필요한 정보들을 가리고 그 상태로 돌아갈 수 있기 때문이다. 즉, 설계 프로젝트의 기본적인 5단계 의미가 희미해지고 있다. BIM 기반 프로젝트에서는 어떤 과정에서든 항상 개괄적인 것에서 상세한 정보의 순서로 진행되지 않는다. 프로젝트 진행 중에 어느 부위에서는 상세한 정보가 있을 수도 있고 다른 부위에서는 정보가 아예 없거나 적을 수도 있다. 설계 프로젝트의 기본 5단계의 틀은 관련 전문 분야에게 익숙한 일의 방식이므로 갑자기 바뀌기는 어렵지만 그 벽을 허무는 일은 이미 일어나고 있다.[13]

　　　　프로젝트 초기 단계부터 상당량의 정보를 갖출 수 있다는 것은 건축주의 입장에서 BIM 활용의 큰 강점이다. 이러한 정보들은 사용하고자 하는 방법으로 분석되어 건축주에게 도면 중심의 프로젝트보다 훨씬 상세하게 프로젝트의 범위와 미래를 예측할 수 있게 해준다. 컴퓨터의 도움에 의해 분석과 비교가 수월해짐에 따라 기대하는 건물 내 프로그램의 종류별로, 건물의 설계안의 방향별로, 건물의 사용 에너지의 선택에 따라 총비용별로 그리고 공사 기간별 비교 등을 미리 살펴볼 수 있다. 설계 방향에 대한 결정들을 미리 내리면 내릴수록 건축주로서는 비용을 절감할 수 있는데, 결정이 늦어질

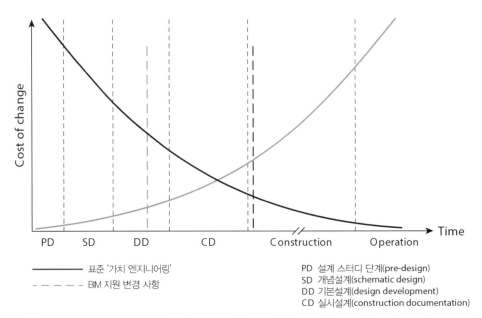

그림 3.6 프로젝트 진행 중 수정이나 정정은 추가 비용을 발생시키고 먼 안목의 부재에서 비롯된다. 전통적인 방식에서는 항상 충분하지 않은 정보를 바탕으로 수정 사항을 나중에 발생하게 한다. BIM 방식으로 진행할 경우 필요 정보를 진행 중 미리 접할 수 있으므로 수정을 하더라도 더 효과적으로 할 수 있고 비용 발생 또한 최소화할 수 있다.

※ 이미지 제공: 저자

수록 적용하는 데 비용이 많아지기 때문이다(그림 3.6). 이러한 빠른 예측에 의한 건축주에 의한 빠른 결정은 건축 프로젝트의 전반적인 성능, 비용 절감, 건축 목적의 부합성 등에 유리해지고 전체적으로 경제성을 높게 된다.

디지털 정보만으로 설계와 시공 공정들이 연동되어 순조롭게 일이 진행되는 미래를 쉽게 떠올리게 되지만 실제로는 여러 가지 이유에 의해서 현실화에 어려움을 겪고 있다. 이 중 일부는 기술적인 문제들로 시간이 지나면 해결될 것으로 보인다. 다른 부분은 사람들의 일상에 배어 있는 관습, 업무 문화에서 비롯되는 것들로써, 이것들을 떨쳐내기는 생각보다 쉽지 않다. 또 다른 일부는 법규의 테두리 안에 갇혀 있기도 하다. 다른 일부의 문제들은 경제성에 대한 이유이기도 하다. 시장원리에 의해 혁신이 가속화되기를 기대하는 부분이다. 사설 단체이나 회사들이 무료로 제공될 기술표준 개발에 투자한다는 것은 이기는 게임을 진작 포기한 것과 같을 것이다. 기술 표준의 혜택은 누구에게든 가게 되지만 개발 비용은 고스란히 도맡아야 하기 때문이다. 이와 같은 공공재는 역사적으로 공공이 투자하여 만들어진 것이 일반적이다(주요 고속도로, 인터넷망 등). 특히 BIM이 그런 것에 해당됨을 알 수 있다.

이러한 과도기에 있는 지금으로써는 일반 도면들이 건축실무에서 여전히 필요한 역할들을 해낼 것이고 BIM 플랫폼은 필요 도면들을 효율적으로 생산하는 데 중요한 일을 할 것이다. 그런데 바로 이 '도면'들은 BIM에서 모델뷰의 한 커트들일 것이고 전통적 의미로 작도된 도면과는 다를 것이 분명하다. 컴퓨터는 3차원 정보의 물체에 대해서 쉽게 평면, 단면, 입면도와 같은 투영도를 자동으로 만들어낼 수 있지만 이러한 도면들은 원래 단순 투영도 그 이상의 의미를 갖고 있기 때문이다. 즉, 전통 도면에서 자연스럽게 통용되는 선 굵기의 역할만 하더라도 소프트웨어 개발자에게는 상당히 구현해내기 힘든 것이 사실이다. 간단한 사례로, 도면상에서 선굵기의 조절로 사물의 깊이를 나타내고자 할 때 BIM에서는 투영된 그림 위에 추가로 수동적인 작업을 덧붙여줘야 가능하다. 마찬가지로 단순한 평면도에서도 보는 상하의 위치에 따라 달라지는 단순한 평면작도에서의 기호법들도 자동 산출되는 BIM 도면에서는 간단한 작업이 아니다. 이 같은 상황들로 미루어볼 때 실무도면은 사람들 간에 정보를 소통하기 위한 하나의 기호법임을 알 수 있다. BIM의 기본은 존재하는 모든 정보를 컴퓨터 데이터화하여, 컴퓨터 간에 유통되도록 한 것이다. 비록 BIM 소프트웨어의 겉모습은 도면을 중심으로 정보들을 전달하는 것처럼 보이지만 이것이 컴퓨터 본연의 소통 언어는 아니다. BIM 기술의 원리 측면에서 보면 도면을 생성하는 작업은 형태를 봐야만 파악하는 인간을 위한 부수적인 작업에 불과하다. BIM상에서 모델뷰만 하더라도 소프트웨어 구조에 더 유리한 방식들이 있다. 기하학적 원리의 투영도, 렌더링, 3D 프린트 그리고 수치화된 데이터 등이 그것이다. BIM의 진가는 건물에 대한 그 어떤 데이터라도 산출해낼 수 있는 것이므로, 우리에게 익숙해 있지 않은 이 부분에 대해 더 익숙해지고 과거와 다른 접근법을 갖는다면 앞으로 큰 이점을 얻게 될 것이다. 사실상 다른 신기술 분야가 모두 비슷하지만 결국 사용하려는 사람들에게 달린 것이다.

협업 체계

건축에서 설계와 시공 분야는 언제나 긴밀한 협업의 틀 내에서 공존해왔다. 건축의 설계와 기술이 복잡해지면서 전문적 기술의 요구가 커졌고 그 누구의 절대적 지식에만 의존할 수 없는 구조로 발전해가고 있다. 도면 중심의 실무에서는 협업 체계에서 비롯된 구조가 아니다. 모든 정보의 중심에 있는 건축가에 의해 대상에 따라 필요한 정보를 선별해서 전달해줬기 때문이다. 이때 건축가는 설계 내용을 강력한 권한으로 소유하고 있었지만 정보의 전달 과정에 시간적 지연은 필수적이었고 그 과정에서 잦은 오류들을 피할 수 없었다. BIM에서는 도면 정보와 텍스트들을 전산화된 데이터로 주고받게 되면서 협업 체계에 전혀 다른 환경을 제공하게 되었다. 정보들을 동시에 실시간으로 공유하게 되었으며 중간 과정이 필요 없게 되었다. 이러한 환경은 한 프로젝트에 연관된 여러 분야의 종사자들 스스로가 자신의 주어진 역할을 좀 더 능동적으로 살펴보게 되는 과거와 전혀 다른 협업 체계를 경험하게 한다.

새로운 환경에서 우선 모든 관련 종사자들이 과거보다 더욱 평준화된 고급 정보를 기반으로 작업하게 되고 프로젝트 팀의 구조 또한 상호 대등성이 자연스럽게 강조된다. 주된 시공용역을 맡은 업체의 주도하에서 일이 진행되며 수시로 업데이트되는 시공 및 가격 정보들로 각종 참여 업체들이 자신들의 일 진행에 도움을 받게 된다. 과거 중앙에 있는 건축가의 도면을 통해 접할 수 있던 정보들을 이제는 투명하고 빠르게 서로에게 공유할 수 있게 된 것이다. 단순한 팀 구조를 보더라도 그 안에서 정보 소통의 주도권을 갖는 리더나 코디가 있기 마련이다. 그런데 BIM 체계에서는 더 이상 건축가가 이 모든 정보를 소유하고 나눠주는 역할을 하지 않으므로 건축가가 아닌 다른 몇몇 사람이 자연스럽게 그 역할을 맡게 된다. 프로젝트 운영에서 몇몇의 '리더'가 등장하게 되는데, 그들은 건축주, 시공자, 시공관리자 그리고 건축가이다. 설계안 결정은 여러 주체들이 협의에 의해서 결정하는 게 더 자연스럽게 되는데, 모두가 실시간의 필요 정보를 보고 있기 때문이다. 이것은 전통적으로 형성되어온 설계와 시공 간의 관계를 근간에서부터 다시 생각하게 하는 요소로 작용한다. 즉, 이 둘 간의 간극이 상당량 사라지게 됨을 의미한다.[14]

위와 같은 프로젝트 진행구조라면 시공에 관한 계약의 내용부터 다르게 접근해야 한다. 전통적인 시공에 관한 계약 체결 과정에서 항상 건축주의 금전적 이익을 보존해주기 위해 시공사들 간에 경쟁입찰을 기본으로 하며, 이때 시공자들은 당연히 설계 단계에서 제외되어 있어야 했다. 하지만 차츰 그 틀도 바뀌게 되었는데, 최근 새로 등장하고 있는 발주 방식을 보면 설계자와 시공자[15] 간의 긴밀한 협업을 가능하게 하는 구조를 볼 수 있게 되었고, 이것은 단순 가격심사에 의한 경쟁입찰보다는 건축주에게 가장 유리한 프로젝트의 결과와 공기(공사 기간)를 제공하기 위한 방법으로 여겨지고 있다. 사실 BIM은 설계 업무, 시공 분야 그리고 건축주 간에 이전보다 긴밀한 협업을 가능하게 하고 이를 통해 더욱 신뢰할 수 있는 예산과 일정 안에서 프로젝트를 성사시키는 효과를 제공하고 있다. 따라서 건축주는 프로젝트 구상을 확실하게 추진할 수 있게 된다. 새로운 건축 프로젝트 발주 방식인 통합 프로젝트 발주(IPD, integrated project delivery)[16]를 통해서 프로젝트 운용의 주요 주체들을 서로 통합시키고 작업 범위를 명확히 하여 협업 체계를 만들어 시작한다. 이러한 운용 방식을 통해 프로젝트의 주요 역할자들이 지닌 지식을 빠르게 공유하면서 설계 단계에서부터 건축주가 요구하는 건물 용도, 예산, 시간적 요구 사항에 즉각적으로 대응할 수 있게 된다.

　　　지금 이 책이 쓰이고 있는 현 시점만 보더라도 미국 내 완전한 통합 프로젝트 발주(IPD) 방식을 구현한 사례는 거의 드물다. 그러나 역할자들 간의 유기적인 실시간 협업 체계에 대해서는 산업 전반이 점차 익숙해지고 있다. 이러한 설계 및 시공 간의 유기적이고도 통합적인 진행은 프로젝트의 규모가 매우 크고 복잡할 때 그 효과가 크고 장점을 파악하기 쉽다. 이러한 프로젝트에서 종전에 도면에 의존했던 많은 업무들이 디지털 정보 공유로 많이 처리되고 있다. 해당되는 업무는 설계 결과의 상호 점검, 스케줄링, 제작도면 작성, 결과물의 시각화 작업 그리고 조립 공정 등의 공정이다.

건축실무에 미치는 영향

전통적으로 건축설계 실무는 개인작업 또는 작은 작업실 환경에서 주로 행해졌다. 이런 업역의 형태는 건축가 1인이 갖는 주관적 입장이 가장 중요한 업무의 원동력이었음을 나타낸다. 마치 미국의 전설적인 건축가 프랭크 로이드 라이트(Frank Lloyd Wright) 아래에서 묵묵히 일을 배우던 루이스 설리반(Louis Sullivan)을 떠올리게 된다. 이러한 위계질서 속의 실무에서는 모든 것을 섭렵한 마스터, 제자 그리고 제도사(draftment)의 뚜렷한 체계가 있었고, 이 조직은 단 한 사람의 비전을 실현시키기 위한 것이었다. 물론 건축 산업 체계의 범위 내에서 일을 완수하기 위한 방법이 그러했다. 건축실무에서 비교적 최근까지 한 건축가를 중심에 세우는 우리에게 익숙한 깊은 전통은 유지되었다. 이러한 전체 건축실무에서 '마스터'로서의 건축가는 존중의 대상이었고 건축주나 시공자가 인정하는 권위가 있었다. 그러나 요즘의 변화된 협업체제에서는 건축가에 대한 권위와 존중은 자연스럽게 반감되게 되었고 BIM의 적응은 이 현상을 가속화시키고 있다.

20세기 초반 프로젝트가 커지고 시공이 복잡해지면서 설계 조직의 규모가 커지게 되었고 건축실무 내에서도 다양한 서비스가 필요하게 되었다.[17] 이러한 큰 조직에서 일하는 사람들은 더욱 전문화가 이루어졌고, 차츰 큰 사무소의 작업 원리가 1인의 '마스터'가 갖는 주관에 의존하는 구조를 유지하기 어렵게 된다. 또한 큰 사무소의 모든 개별 직원들이 '마스터' 곁에서 일을 일일이 전수받는다는 것은 불가능하기도 했다. 뿐만 아니라 단 한 사람의 마스터 건축가가 모든 디자인을 주도하기에는 프로젝트 성격 자체가 여러 역할자들 간의 협업 체계에 의존하게 되어 난해해졌으며, 실제 프로젝트의 복합도에 따라 다양한 요소들에 의해 설계가 영향을 받는 상황을 거부할 수 없는 환경이 온 것이다. 설계 조직의 규모 변화에 따른 변화와 더불어 프로젝트의 복잡도가 심화되면서 전체 실무 운영도 변해야 했다. 이런 실무 환경에서는 일을 맡은 사람의 지위를 막론하고 점차 정해진 규정과 절차에 의한 결정을 내릴 수밖에 없게 되었고 자연스럽게 설계 역할 자체가 분화되고 값으로 매겨지는 용역의 성격이 짙어지게 되었다. 따라서 점차 사무소의 조직 자체가 디자인 아이디어를 실현하는 능력의 주요 요소가 되어갔다. 종종 효율적인 조직일수록 추구하는 것에 유리하다고 여기게 되었다. 이것은 전반적인 건축 관련 산업이 분화되고 복잡해지는 상황과 함께 움직이게 되었는데, 더욱 고도의 기술적 정보를 건축가가 제공할 필요가 생기면서 크고 조직화된 사무소에게 유리한 환경이 자연스레 제공되었다. 다양한 시장의 확대와 더욱더 건축 산업 자체가 공업화되어감에 따라 전문화되어 맞춤형 용역을 제공하는 설계 조직이 등장하게 된 것이다.

건축 현대사 전체를 비추어볼 때 건축설계 실무에 BIM이 초래하고 있는 변화는 일찍이 겪어보지 못한 대변혁이 틀림없다. 정보의 생산을 위한 건축설계 실무 조직이라는 것은 도면 작성을 목표로 삼던 건축설계 실무 조직과 당연히 다를 수밖에 없는 것이다.[18] 전통적 개념의 도면 중심의 실무 프로세스는 선명한 실무 단계의 공정들과 그 구분이 명확했다. 하지만 BIM 중심의 실무 프로세스는 공정을 뚜렷이 구분하는 업무 기준을 생각하기 쉽지 않다.[19] 도면 중심의 실무에서는 '설계자'와 '도면 작성자' 간의 어렵지 않은 구분이 가능했는데, 특히 기본 설계 단계를 마치고 시공도면 공정으로 넘어갈 때의 뚜렷한 구분이 그것이었다. 설령 다수의 설계사무소들이 자신들은 그런 인력의 구분이 존재하지 않는다고 주장하더라도 엄연히 실무 인력 운용의 입장에서는 인력 수급의 효율을 위해 당연히 염두에 두어야 하는 구분이었다. 그와 반대로, BIM 기반 실무에서는 프로젝트의 전반적인 내용을 설계 작업자 모두가 깊이 있게 이해해야만 작업의 진전을 가져올 수 있게 되어 있다. 그리고 이렇듯 설계 실무의 내용이 뚜렷한 공정상의 구분이 없어짐에 따라 오히려 건축가는 프로젝트의 진전에 따라 일어나는 세세한 사항들을 더욱 주의 깊게 파악하는 효과도 얻는다. 초기의 설계안으로써의 '모형'이 시공 단계의 모형으로 발전해간다는 것은 여러 협업지들에 의한 정보와 결과물의 수정이 가해지는 것을 파악하는 과정이기 때문이다. BIM 기반 업무를 가장 이상적으로 활용하기 위해서는 건축가가 프로젝트 모형의 초기에서부터 마지막까지 발전되어가는 시공 관련 정보를 모두 소화하고 충분히 이해할 때이다. 이것은 곧 훌륭한 건축가로서 필요한 자질이 도면 중심의 실무와 BIM 중심의 실무일 때 서로 다르다는 것을 의미한다.

효과적인 BIM 중심의 실무 운영을 위해서는 다음과 같은 업무들에서 새로운 시각의 접근이 필요한데, 이들은 BIM 진행 공정의 이해, 프로젝트 인력 배분과 스케줄링, 건축주 및 외주 용역 간의 계약문제, 컴퓨터 소프트웨어와 기자재의 활용도, 팀 교육, 비용 청구 그리고 마케팅 업무 등이라고 볼 수 있다. 예를 들면, BIM에 의한 실무에서는 프로젝트 초기에 도면 중심의 업무 때보다 더 많은 일 처리가 일어난다(그림 3.7). 이것은 곧 평소보다 많은 업무 비용이 초기에 필요함을 의미한다. 또한 BIM 덕분에 설계사무소가 이전보다 훨씬 많은 프로젝트 관련 정보를 기반으로 운영된다. 즉, 작업의 진전 내용에 대해서 상당히 상세한 사항을 제공받게 된다. BIM에 의해 방대하게 누적된 과거의 데이터로 되돌아가 분석하면 시공 비용,

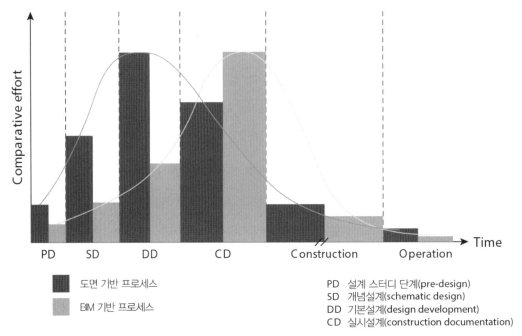

그림 3.7 BIM 실무에서 설계자와 건축주가 프로젝트 초기에 주요 결정들을 내리기 위해서는 설계자가 초기 단계에 도면 중심 실무 때보다 더 많은 업무를 진전시켜야 가능하다. BIM 실무에서는 이전 방식의 실무와 비교해서 실시도면작업 시기 전 단계에 전반적으로 더 많은 업무 처리가 필요하며 실시도면작업 업무는 대폭 줄어들게 된다.

※ 이미지 제공: 저자

내부 소요 비용, 수익, 스케줄링 등에 영향을 미친 주요 요인들을 찾아볼 수 있다.

프로젝트 관리 측면에서 BIM 프로젝트는 기존 방식과 비교해 상당히 달라진다. 프로젝트 매니저는 도면 중심 작업 때의 관리와는 달리 시공의 과정을 더 인지하고 있어야 하고 오가는 정보들을 잘 파악하고 있어야 하므로 BIM 플랫폼을 능숙히 다룰 수 있어야 하고 관련된 정보 파악을 위한 도구들도 쓸 줄 알아야 한다. 우선 BIM 프로젝트가 시작되기 위해서는 해당 설계사무소에게 주어진 명확한 역할과 작업 범위에 따라 일단 BIM 체계가 맞춰져 구성되어야 한다. 최종적으로 어떤 정보들을 BIM에서 포함시킬 것인지, 그리고 어떻게 활용할 것인지에 따라 그 구성은 달라질 수 있다. 이러한 요구 사항들은 프로젝트마다 얼마든지 달라질 수 있으므로 건축 BIM은 프로젝트별로 그 프로젝트가 목표로 하는 것에 따라 맞춰 구성되어야 한다. 이와 더불어 건축주가 요구하는 정보에 따라서 또한 프로젝트별 BIM 구성 내용이 정해질 수도 있다. 이러한 프로젝트별 맞춤형 구성의 정도는 설계사무소가 과연 어느 정도 BIM 운용의 일관성을 유지할 것인지, 어느 정도의 품질 관리에 역점을 둘 것인지, 또한 프로젝트 후에 어느 정도의 정보 분석 활용에 비중을 둘 것인지에 따라 결정된다. 대부분의 사무소들은 프로젝트의 성격별로 일정 형식을 저장시킨 BIM 템플릿을 준비하여 활용하고 있다.

BIM 프로젝트 팀 구성원들이 담당할 업무를 나누는 일은 여러 사람들에게 작업할 도면파일을 맡기는 일과 같이 간단하지는 않다. 건축설계사무소 내에서는 여러 팀원들이 대게 하나의 BIM을 공유한다. 서로 간에 간섭을 피하기 위해 팀원들은 각자가 맡은 프로젝트 모델의 일정 부위를 작업하도록 범위를 정하여, 대게는 다른 사람이 맡은 부분을 함부로 수정할 수 없도록 한다. BIM 플랫폼을 기반으로 하는 작업을 통해 이러한 기능의 이점을 얻을 수 있다. 개개인의 작업 효율을 극대화시킬 수 있도록 BIM을 운용하는 일은 BIM 기반 프로젝트 운용의 꽃이라 할 수 있다. 이때 중요한 역할을 하는 것이 'BIM 서버'인데, 이것은 정해진 컴퓨터 내에서 BIM 모델을 작동시키는 소프트웨어로써 팀원 작업들의 운용과 일관된 데이터의 유지 등 중요한 역할을 맡는다.[20]

밀도 있는 협업체제를 전제로 작동되는 BIM 프로젝트의 성격상 팀원들이 감당해야 하는 역할도 주목할 만하다. 기술적 측면으로는 팀원들 각자가 정보를 소통하는 기능에 익숙해야 하고 BIM 정보 소통의 원리를 파악해놓을 필요가 있다. 인간적 측면을 보자면 팀원 각자가 프로젝트 전체 중 차지하는 역할에 더욱 깨어 있어야 하고 협업체제가 자연스러울 정도로 익숙해져 있어야 한다. 하지만 이것은 우리가 전통적으로 쉽게 머릿속에 떠올리던 '영웅적인 창조자'로서 한 건축가의 이미지와는 매우 다르다는 것에 주목할 필요가 있다. 최근 시대의 흐름에 따라 이러한 고정관념이 현실과 다르다는 것을 자주 체험하면서도 이러한 관념은 건축가들에 의해 지금까지 지나치게 잘 보존되어온 편이다. 설계자의 창의적 사고가 지금도 가끔 빛을 발할 때가 있지만, 더 중요한 프로젝트 팀원들의 역할 분담에 의해서 결국 대부분의 일이 완성되고 있는 것이다. BIM 체제에서 '건축가'들에게 다가온 가장 큰 도전은 아마도 이러한 밀도 있는 협업체제 속에서 어떻게 앞으로도 건축가가 창의적 역할을 주도할 수 있겠느냐는 문제일 것이다.

　　앞으로 큰 변화를 예고하고 있는 건축가의 실무 환경과 갖춰야 할 지식 등등의 문제들은 바로 디지털, 컴퓨터 기술의 활용과 긴밀히 관련되어 있다.

　　요즘 대부분의 설계사무소들은 지금 당장의 필요 업무를 수행하는 데 불편을 느끼지 않을 수준으로 BIM 소프트웨어를 원형대로 잘 활용하고 있다. 소프트웨어를 그때그때 필요에 따라 수정하며 쓰지 못할 경우, 이미 알려진 그 소프트웨어의 역할에 따라 활용 내용과 방식이 결정될 것이다. 즉, 건축가들은 자신의 일을 수행하는 데 스스로 완전히 장악하지 못한 도구의 범위 안에 머물게 된다는 것을 의미한다. 그렇다면 과연 한 '건축가'로서, 이 한계를 극복하기 위해 디지털 기술의 어느 범위까지 능통해야 하는 것인지에 대한 의문이 생긴다. 디자인에 대한 이해와 그것을 수행하기 위한 도구로써의 또 다른 영역을 분리해서 습득해야 하는 것인지? 디자인과 설계의 성공적인 수행을 위해 어디까지 도구에 대한 이해와 능력을 갖고 있어야 할지? 건축가가 하는 일의 완벽을 기하기 위해 컴퓨터 프로그램을 스스로 코딩하여 개발할 수 있어야 할까? 실제로 업계의 어떤 설계사무소는 컴퓨터 프로그래머를 고용하여 BIM 소프트웨어를 자신들의 입맛에 맞게 수정하고 다른 몇 개의 소프트웨어를 연계시키거나 보완하여 보다 효과적인 프로젝트 팀 간의 소통을 꾀하는 사례도 나타나고 있다. 또한 사무소에 건축가든 아니든 프로그래머가 상주하면서 BIM을 수정해가며 사용하는 곳도 실제로 존재하기 시작했다. 이런 업무만 맡아 해결해주는 개별 컨설턴트들도 요즘 나타나고 있다. 이렇듯 BIM의 작동에 깊숙이 관여하여 그것을 새로운 수요에 맞게 수정해가면서 활용한다는 것은 설계 업무가 어떤 소프트웨어의 작동 범위 내에서만 일이 이루어지는 입장이 아닌, 건축가의 요구에 따라 완벽하게 지배하고 있는 도구에 의해 새로운 건축설계의 세계에 당당히 걸어 들어가고 있다는 것으로 해석할 수도 있다.

전통적인 도면에 의한 프로젝트 진행에서 감당하기 어려웠던 자료의 처리와 정리에 대한 대안으로 BIM 방식은 업계의 새로운 기준으로 자리매김하고 있다. 종전에는 복잡도와 자료의 양에 의해 쉽사리 처리하기 어려웠던 많은 큰 프로젝트들도 BIM에 의해 효율화된 시공과 정보의 관리로 다룰 수 있는 프로젝트의 범위도 점차 넓어지고 있다. 이와 함께, 종전과 다른 범위로 건축적 상상력과 표현도 BIM과 전산화 설계 기법에 의해 그 범위가 확장되고 있다. 그런데 이것을 위해서는 건축가가 디지털 기술을 수월하게 정복한 상태여야 의미가 있으며, 단순 표현의 도구로써만이 아닌 창작의 도구로써 활용될 때 설계의 내용과 지어질 것의 범위가 비로소 확장되는 결과를 얻게 될 것이다. 현재 수준에서 BIM 활용의 한계는 이러한 부분에서 나타나고 있고 시간이 지날수록 개선될 것이지만, 그 근본적인 한계는 완전히 없어지지 않을 것이다. 건축가의 상상력과 창의성을 미리 예측하여 수용할 수 있는 소프트웨어는 개발될 수 없을 것이기 때문이다. 이것의 한계는 오로지 건축가 스스로 소프트웨어의 작동을 완벽하게 스스로 고안해내기 전에는 불가능하다. 점차 소프트웨어 프로그래밍이 건축을 구성하는 일부가 되고 있다는 현실이 허구는 아닐 것이다. 소프트웨어 프로그래밍을 한다는 것 자체가 건축설계 프로세스가 된다는 부분은 4장에서 더 다룰 것이다.

BIM 체제는 건축가가 수행하는 실무의 범위와 내용에 거대한 변화가 서서히 들이닥칠 것을 예고하고 있다. 이제 도면과 시방서에 의존하던 업무 체제가 아닌 건축가의 업무 성과가 바로 데이터베이스로 입력되는 환경인 것이다. 그리고 데이터베이스화된 정보는 건물을 단순히 짓기 위한 목적으로 쓰이는 것만이 아니다. 설계 단계에서부터 건축물의 다양한 영역에서의 성능을 사전에 예측 가능하게 하므로 건축주가 기대하는 것을 실현하는 데 더 확고한 믿음을 제공하게 된다. 뿐만 아니라 계획과 설계 그리고 시공 과정에서 누적된 각종 데이터들이 건축주에게 제공됨으로써 프로젝트가 완공되어 건축주에게 인계된 후에도 건축주의 건물 운용에 이점을 제공하게 된다.[21] 모델을 통해 건물의 성능을 예측한 데이터는 실제 건물의 데이터와 비교될 수 있으며 이를 통해 제대로 성능을 발휘하지 못하는 정확한 원인을 찾아 일부분을 개선시키거나 또는 오류가 설계에서 비롯되었는지 등을 파악할 수 있게 된다. 결론적으로 BIM 데이터베이스는 건축주에게 건물 그 이상의 가치를 제공한다. 건축사사무소에서는 이러한 건물 생애주기 정보를 바탕으로 건축주를 위한 다양한 추가 용역을 개발하여 제공하고 있기도 하다.

BIM 체제는 또한 지리적으로 서로 원거리에 떨어져 있는 프로젝트팀이라도 전산 정보 소통을 기반으로 전혀 지장 없이 협업할 수 있게 한다. 이것은 곧 설계사무소에게 용역을 줄 수 있는 잠재적인 건축주는 전 세계에 퍼져 있을 수 있음을 의미하고 프로젝트팀에 기여할 수 있는 외주 업체 또한 전 세계 어디서든지 능력만 인정받으면 함께할 수 있음을 뜻한다. 이러한 이유로, 설계사무소들은 이미 글로벌 무대에서 경쟁하고 있음을 뜻한다. 하지만 글로벌화됨으로써 설계사무소가 바로 얻는 장점은 주로 큰 프로젝트에서 체감된다. 그 이유는 대형 프로젝트가 필요로 하는 특수 전문 외주 용역을 찾는 데 BIM 체제에서 훨씬 용이하기 때문이다. 그리고 최근 설계 실무의 경향은 전산상으로 소통이 잘 될 때 훨씬 효율적인 협업이 가능하다는 것에 누구나 동의하는 추세다. 이른바 '빅룸(big room)'에 프로젝트의 여러 설계팀을 대표하는 담당자가 한곳에서 작업하는 것이 상당히 효율적이라는 평가다.[22]

이같이 글로벌화된 실무에서 설계사무소가 일부 용역을 외주 주는 문제도 새로운 문제로 등장한다. 전통적인 캐드(CAD) 기반의 대형 프로젝트의 경우 해외 밤, 낮이 다른 시간대를 이용하여 인건비가 싼 캐드인력을 고용하여 급하면 하룻밤이라도 필요 도면들을 생산해낼 수 있었다. 캐드 작업은 제대로 된 레이어와 펜세팅만 상호 합의하면 2차원 도면을 정리만 하는 단순 용역이기 때문이다. 하지만 BIM 체제에서는 외주를 줄 경우 3차원 모형을 작업하는 그 누구라도 중요한 설계상의 결정을 내리는 작업이므로 이전과는 전혀 다른 양상이 된다. 모든 설계사무소가 자체적으로 상세설계의 기준을 마련하여 수시로 모든 작업을 그에 맞추고 있는 이유도 이 때문이다. 따라서 BIM 외주 작업을 하는 사무소는 발주처가 제시하는 복잡한 설계 기준을 항상 염두에 두어야 하고, 설령 제시된 설계 기준을 따른다 하더라도 어떤 조립 부위든 작업자의 의지에 따라 다른 방식이 되어 결국 나중에 복잡한 문제를 초래할 우려도 있다. 이러한 여러 가능성과 3차원 모델의 일관성 유지 문제 때문에 BIM 프로젝트에서는 설계 업무의 일부를 섣불리 외주 처리하기 어려운 점이 있다. 그런데 이런 문제들을 해결하더라도 BIM 프로젝트는 일부를 외주 처리하는 것이 결국에는 비효율적일 가능성이 크다. 그 이유는 이미 알다시피 BIM 체제의 가장 큰 효율성은 바로 설계자가 직접 설계 내용과 시공에 관해 빈틈없는 이해로 충실히 모델에 반영시키는 원리이기 때문이다.

BIM 체제에서는 사무소 운영, 인력 관리 문제에서도 프로젝트 팀원 간의 긴밀한 협업이 가능한 구조를 전제로 하므로 이전과는 다른 경영 전략도 요구된다. 이러한 환경에서는 건축가의 업무와 역할의 범위가 프로젝트 특성에 따라 상당히 유동적인 특성도 나타난다.[23] 따라서 프로젝트 팀원 구성도 다양해질 개연성이 높아졌고 목표로 하는 것도 다양해짐에 따라 각각의 프로젝트마다 그것을 맞춤형으로 새롭게 합의해야 하기도 하다. 설계사무소 업무 범위는 프로젝트 마다 정해진 계약의 범위뿐만 아닌 작업팀의 구성에 따라 종전보다 훨씬 유연하게 다양해지고 있다. 따라서 종전 기준에 의한 사무소의 용역비 산출에도 새로운 산정 방식이 요구되고 있다. 다행히 지금까지 진행되어온 BIM 프로젝트의 성과와 데이터를 들여다봄으로써 새로운 기준을 산정하는 데 도움이 되고 있다.

건축설계사무소 비즈니스 모델에 일어나고 있는 또 다

른 변화는 전통적인 설계와 시공 간의 구분이 희미해지고 있는 일이다. 흥미롭게도 건축주들은 전통적인 설계-시공 업무 방식이었던 설계-입찰-시공사 선정 발주 방식보다는 BIM에 근거한 새로운 형태의 이점을 일반적으로 선호하고 있다는 점이다. 새로운 형태의 프로젝트 진행에서 공통적으로 가장 눈에 띄는 사항은 설계 단계에서 시공사가 관여한다는 점이다. 시공의 용이성과 시공 비용 등이 설계 단계에서 실시간으로 건축주에게 제공됨으로써 건축주는 보다 확실한 결정을 신속히 내릴 수 있고, 계획안이 추후 전달되어 적용되는 과정에서 초래될 수 있는 딜레이나 오차를 최소화할 수 있다. 시공사가 시공이 시작되기 전에 계획안에 따른 상세한 정보를 건축주에게 전달할 수 있게 됨에 따라 건축주는 무엇보다도 예산 지출에 관한 중요한 결정을 확신을 갖고 내릴 수 있는 장점이 된다. 건축가의 관점에서 보면 설계 단계에 시공사가 관여하는 형태에서 BIM 체제는 자연스럽게 기존 설계도서보다 상세하고 많은 시공 정보가 수록되므로, 만약 추후 완성 후 문제가 발생할 경우 책임소지가 설계자에게 있는 것인지 시공자에게 있는지의 불확실성이 문제점으로 지적되기도 한다.

BIM에서 설계-시공의 공정들에 대해 들여다보면 그 구분 역시 더더욱 역시 불명확해진다. BIM의 전산 데이터를 바탕으로 전산 제작(CNC, computer numerically controlled) 장비들이 건축가 또는 다른 설계자들이 고안해낸 부위들을 직접 생산할 수 있기 때문이다. 이 방식은 점차 그 경제성 때문에 설계자들이 점점 더 취하고 있는 방식인데 데이터를 바로 부품 조립, 시공 현장에 적용하여 바로 생산하게 하는 일은 더욱 보편화될 전망이다.

이러한 정보 중심의 설계는 큰 사무소와 작은 사무소들이 갖고 있는 실무에 대한 범위와 일감에 대한 고정관념을 바꿔놓고 있다. BIM으로 가능한 새 작업 방식에 의해 작은 사무소들이 큰 프로젝트에 도전할 수 있게 되었고 큰 사무소들은 기술적 세부 사항들에 예전과 달리 많은 관심을 기울일 수 있게 된다. 그리고 큰 사무소는 직접 고용한 프로그래머들로 소프트웨어를 수정하여 필요한 설계 업무에 더욱 집중하거나 프로젝트별 개성에 맞춰 작업 수행의 공정을 맞춤형으로 조정하여 진행시킬 수도 있다. 자연스럽게 큰 사무소에서는 그들이 보유한 많은 데이터를 보다 유용하게 활용할 수 있기도 하다. 큰 사무소가 갖고 있는 여력으로 과거의 작업 결과들을 데이터화할 수 있기 때문이다. 이러한 데이터들을 통한 새로운 발견을 바탕으로 프로젝트 운영의 효율성을 지속적으로 높여갈 수 있고 또한 건축주들에게 그들의 판단에 데이터로 확신을 줌으로써 빠른 결정을 도울 수 있다.[24] 이러한 큰 사무소들은 새로운 방식들에 대한 도전이 가능하고 그것을 통해 업무 효율과 능력의 향상을 꾀하게 된다. 이렇게 향상된 업무 효율을 바탕으로 큰 사무소들은 종전에 경제적 타당성의 이유로 다루지 않았던 작은 프로젝트도 다룰 수 있게 되고, 크고 작은 사무소들의 일감에 경계 또한 희미해지게 된다.

결론

건축가의 업무가 BIM 체제로 전환되면서 업무의 환경, 범위 그리고 전통적 개념의 건축가 업역조차 빠르게 바뀌고 있다. 건축가의 업무 성과로 설계, 디자인을 내세우던 것이 '건물 데이터'로 바뀌고 있고, 건물 설계에 국한되지 않고 건축주가 소유할 건물의 생애주기 전반에 관한 정보를 제공하는 전문가로 탈바꿈 하고 있는 것이다. BIM은 건축주가 중요한 결정을 내려야 하는 이른 시기에 뚜렷한 데이터를 미리 제공해줄 뿐 아니라 이를 통해 비용 부담이 적을 때 결정 사항의 수정을 가능하게 한다. 또한 BIM은 설계와 시공에 관한 정보를 건물 관리에 활용할 수 있는 가능성을 열어준다. 그러나 중요한 것은 이 모든 이점을 건축가 혼자 제공할 수 있는 것은 아니다. 이런 일들이 일어나려면 건축가가 각종 설계 엔지니어들과 시공자와의 긴밀한 협업을 통해서만 가능하기 때문이다. 효과적인 협업이 이루어진다는 것은 디루는 모든 정보가 상호 투명하게 유지되고 모든 프로젝트 팀 간에 제한 없이 공개되는 환경을 의미한다. 건축가가 지녔던 전통적인 정보의 '총괄 관리자'의 역할에서 물러나게 되었고 프로젝트 전체의 상황을 유일하게 종합하여 파악하던 위치도 의미 없게 되었다. 이렇듯 건추가가 프로젝트 중앙에서 지휘하던 역할은 미약해졌고 그 역할의 범위조차 프로젝트에 따라 다르게 정해질 수 있는 환경이 도래했다.

이러한 건축가를 둘러싼 새로운 실무 환경은 건축가의 '사고방식'에 특별한 변화를 요구하고 있다. 이러한 데이터 중심으로 돌아가는 밀도 높은 협업 체계에서는 '**링구아 프랑카**(lingua franca, 모국어가 다른 사람들끼리의 소통 수단)'로 통하는 것은 바로 '성능'이다. 협업 설계 환경에서는 성능평가의 기준이 곧 설계 목표로 통하기 때문이다. 또한 프로젝트 성과의 평가 측면에서 정량적 기준이 우선시되는 환경이기도 하다. 건축가 다른 설계팀이 납득할 만한 뚜렷한 요소를 제공하지 못할 경우 이것이 설계가 도달해야 하는 목적지가 된다. 이러한 이유로 건축가에게 수치화된 성능성을 추구하는 '사고방식'의 전환이 심각하게 요구되는 동시에 시뮬레이션 방식의 설계를 모두가 기대하고 있다.

미주

1　Gallaher *et al.(2004)*.

2　Constructon Users Roundatable(2004).

3　AECOO(건축, 공학기술, 시공, 건물 소유와 운용).

4　본문 2장 '기하학' 참조.

5　McGraw-Hill Construction(2009).

6　Building Design and Construction(2010).

7　Eastman, Teicholz, Sacks, and Liston(2011, p.16).

8　숫자 '5'의 이미지(예를 들어, jpeg 형식)는 컴퓨터들 간에 소통될 수 없는 형식의 정보다. 5의 이미지로써의 표현에 불과하기 때문이다. 이와 반대로 5의 이진법 표현인 101은 소통 가능하게 된다.

9　Eastman *et al.*(2011, p.17)..

10　Eastman *et al.*(2011, p.99 ff.).

11　www.wbdg.org/resources/cobie.php 참조.

12　Carpo(2011, p.26 ff.).

13　현행 AIA 기준 계약문서에 따르면 '프로젝트 진전의 정도(LOD, level of development)' 개념은 계약상 정해진 공정마다 어느 정도의 정보가 제공되었는지에 따라 정의 내려지고 있다.

14　설계자가 전산수치 조절도구(CNC, computer numerically controlled tools)를 통해서 시공 과정에 참여할 수 있게 된다. 이 부분은 4장에서 다룰 것이다.

15　건설 관리－시공자(CMGC, construction manager-general contractor) 방식 및 건설 관리 리스크(construction manager at-risk), 디자인빌드(design-build)와 통합프로젝트발주(IPD) 방식 등을 포함한다.

16　IPD 원리에 대한 자세한 해설은 미국건축사협회(AIA)의 AIA 켈리포니아협의회 2007 자료를 참고하기를 바란다.

17　Cuff(1991, p.46).

18　이미 지적했듯이 BIM으로 생산된 '도면'은 정보의 모습일 뿐 전통적 개념의 도면일 수 없다.

19　계약상의 조건에 맞추기 위해서 또는 익숙한 실무 단계에 비추어 일을 진전시키기 위해 BIM 중심의 실무를 하면서도 전통적인 설계 공정을 따르는 일이 종종 있으나 이것은 불필요한 과정이고 시간, 노력의 낭비에 해당된다. 요즘 건축주－건축사 간의 계약문서에는 이러한 변화에 대응하여 새로운 개념인 '프로젝트 진전의 정도'를 업무 공정의 기준으로 삼고 있다.

20　BIM 서버에 대한 추가 정보는 Eastman(2011, p.136) 참조.

21 건축주에게 제공될 이러한 기능들은 현재 널리 활용되지 못하고 있다. 그 이유는 건축주 측이 필요로 하는 그들에게 익숙한 방식의 정보 제공 요구 사항 때문이다. 건축주에게 BIM 데이터를 그대로 제공할 때 발생될 수 있는 건축사/건축주(계약자) 간의 리스크 관리에 관한 문제는 새로 떠오르고 있는 풀어야 할 문제다.

22 Finau and Lee(n.d.).

23 Ibbitson(2013).

24 Negro(2012).

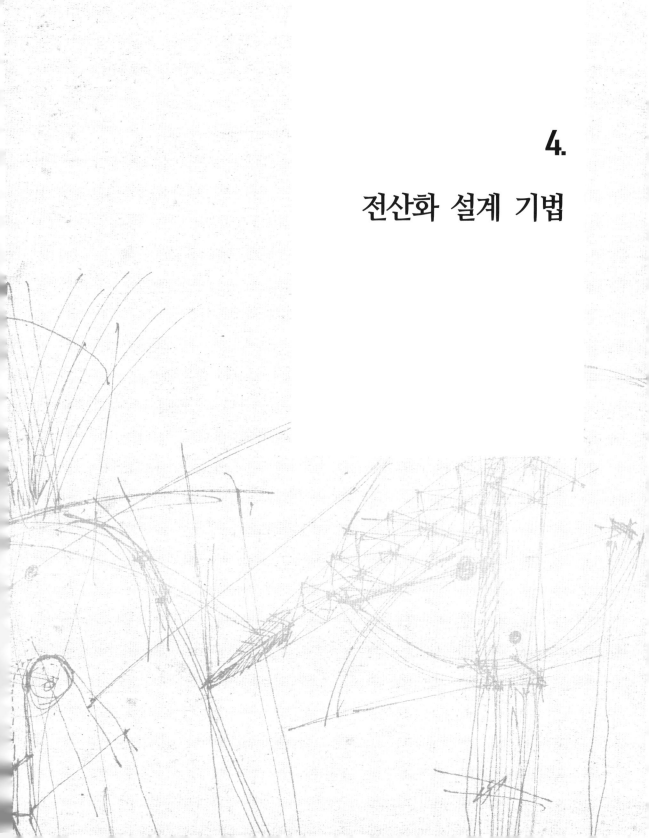

4.

전산화 설계 기법

전산화 설계 기법

결국 창의적 주체는 알고리즘의 설계자와
그것의 결과를 해석할 수 있는 자일 것이다.

Peter Weibel [1]

BIM 체제는 건축설계의 성과를 결과 중심에서 설계/시공에서의 과
정과 프로세스 중심으로 그 무게 중심을 옮겨놓았다. 설계의 목표치
에 대한 성능 평가 기준을 우선시하게 됨에 따른 자연스러운 결과라
고 볼 수 있다. 이 변화는 설계되는 건물의 형태에 어느 정도 영향을
주겠지만 원론적으로 볼 때 건축가가 상상하는 형태는 무엇이든
BIM 체제에서 시공 가능하다.[2] 하나의 도구로써, BIM은 어떤 형태를
결정하느냐에 영향을 받지 않지만 성능에는 영향을 주게 된다. 그러
나 반대로 전산화 설계 기법(computational design)은 어떤 형태를 만
들어내느냐에 직접 연관되어 있다. 어떤 기법으로 전산화 설계가 이
루어지는지, 그것은 시각화 및 분석 방식 그리고 심지어는 시공 방식
까지 결정짓게 된다. '전산화 기법'(단순 '컴퓨터화', '전산화'가 아닌)

의 핵심은 설계 과정에서 새로운 데이터가 생성되는 것이며 단순 기존 데이터들의 관리나 저장을 의미하지 않는다.[3] 건축에 이 기법이 사용된다는 것은 기하학적 물체들로 형성된 디지털 모델을 다루는 것이다. 이 물체들의 모습은 프로그램에 의해 컴퓨터가 생성된다. 일반적인 BIM 물체들은 각기 고유한 기하학적 정의를 이미 갖고 있는 것과는 달리, 전산화 설계 기법으로 생성된 물체의 기하학적 정의는 그것을 생성시킨 프로그램 속에 존재하게 된다. BIM이 수많은 종류의 정보를 저장하고 수정하며 관리하는 역할이 크지만 '전산화 설계 기법'의 중점 기능은 모델을 구성할 형태의 생성과 분석이다. 따라서 전산화 설계 기법 플랫폼은 일반적인 BIM 도구들보다 훨씬 깊이 있는 3차원 기하학적 정보를 나타낸다.[4]

물리적 특성을 디지털 정보로 모델화하는 기술이 건축에서의 전산화 설계 기법을 작동시키는 원리다. 작은 스케일의 작업에서는 CAD-CAM(computer-aided design/computer-aided manufacturing, 캐드 활용 제작 기법) 기술이나 3D 프린팅으로 적용된다. CAD-CAM은 설계자의 컴퓨터가 전산제어 공작기계(CNC, computer numerically constrolled fabrication machinary, 그림 4.1, 4.2)를 바로 작동시킨다. 3D 프린팅은 특수소재를 얇은 막으로 반복적으로 입혀서 형상을 얻는 작업이다(그림 4.3, 4.4). 더 큰 스케일 작업에서는 컴퓨터 모델을 사용해서 실제 크기의 형판을 제작하거나 외부의 전문 제작자가 필요로 하는 정보를 제공하여 생산을 맡기게 된다. 현재 관련 기술들은 나날이 개발되고 있는 중이고 콘크리트 재료를 3D 프린팅 기법으로 쓰듯이 점차 대형 스케일의 물리적 형태들을 디지털 정보로부터 직접 시공할 수 있게 될 것이다.[5]

그림 4.1 CNC 플라즈마 커터는 약 5mm(1/4인치) 두께의 강철판을 자를 수 있다.

※ 이미지 제공: Devaes/CC BY-SA 3.0

그림 4.2 파이프와 배관을 제작할 때 CNC 파이프 커터/굴곡기를 사용하여 시공 현장에서 바로 조립하는 데 문제가 없을 오차 이내로 제작 가능하다.

※ 이미지 제공: Steve Brown Photography/CC BY-SA 3.0

그림 4.3 3D 프린팅으로 플라스틱 종류의 재료를 반복해서 입혀서 형태를 얻는 방식으로 상당히 복잡한 3차원 형태를 제작할 수 있다.

※ 이미지 제공: Ben Osteen/CC BY 2.0

그림 4.4 3D 프린팅으로 제작된 플루트

※ 이미지 제공: Jeanbaptisteparis/CC BY 2.0

전산화 설계 기법은 시공 가능한 건물 형태의 범위도 빠르게 확장시키고 있다. 지난 수십 년은 건축가의 모험정신을 바탕으로 복합적인 곡면으로 형성된 넘실대는 건축 형태로 설계와 시공의 기교가 어디까지 갈 수 있는지를 보여줬다(그림 4.5, 4.6). 따라서 대게 전산화 설계 기법이란 말이 쓰일 때마다 새롭고 복합적인 곡면 구성의 건물이 머릿속에 떠오르기 마련이었고 흔히 이것들은 건축가의 특이한 형태적 탐구 그 이상은 별 의미를 나타내지 않았다. 결코 새로울 것이 없다는 거센 반론[6] 속에서도 전산화 설계 기법은 건축설계의 완전히 새로운 접근이라는 주장과 믿음이 세간에 많은 글과 주장으로 나타나고 있는 것도 사실이다. 전산화 설계 기법 프로세스를 통해 새롭고 기대하지 않았던 긍정적 효과를 얻을 수 있다는 경험자들의 주장이 이어지고 있다.

그림 4.5, 4.6 Gehry Partners LLC의 Experience Music Project(c. 2000). 외부 상세 부위와 실내 모습. 이 프로젝트는 전산제어 공작기계의 초기 적용 사례로써 철강구조와 외피 패널들을 제작한 것을 보여준다. CNC 플라즈마 커터로 철재 부위를 자르고 CNC 가변압력롤러로 재료를 정확히 구부려 원하는 형태로 조립한다.

거대한 데이터에 의한 계산과 분석, 무작위 선택, 회귀공식 등을 통해 얻어지는 전산화 설계 기법의 효과로 인간이 접근해보지 못한 '사고'의 방향을 제시한다. 전산화 설계 기법이 제공하는 '아이디어 제조기'로써의 기능은 인간의 상상력을 초월하는 환경에서 무엇이 가능한지, 그리고 인간 상상력의 한계를 깨닫게 하는 계기가 된다.[7]

여기서 거론되고 있는 건축에 대한 관점은 단순 '전산화 설계 기법'에 국한되지 않는다. 역사적으로 새로운 건축 형태에 대한 담론이 설득력을 갖추는 경우는 건축이 생산되는 환경 또는 인식에 변화가 있거나 새로운 형태 추구와 탐구가 목표인 건축을 시도할 때로 본다(그림 4.7). 그런 관점에서 언뜻 보기에 '전산화 설계 기법'은

그림 4.7 바르샤바의 골든테라스 쇼핑몰(Golden Terraces Shopping Mall in Warsaw)

※ 이미지 제공: Mateusz Wlodarczyk/GFDL

형태 탐구라는 미명으로 일어나고 있는 컴퓨터 게임 정도의 별 볼일 없는 시도로 보일 수도 있다. 그러나 이것을 의도에 충실하게 활용한다면 건축 형태 본질에 대해 탐구할 수 있는 가공할 만한 힘을 지닌 창작 도구가 됨을 알 수 있다. 전산화 설계 기법을 활용 중인 사용자

그림 4.8 ICD/ITKE 스튜트가르트대학의 빌더파빌리온(Bilder Pavilion, 2010). 파빌리온의 전체 모습

※ 이미지 제공: ICD/ITKE University of Stuttgart

그림 4.9 CD/ITKE 스튜트가르트대학의 빌더파빌리온(Bilder Pavilion, 2010). 파빌리온의 실내 모습

※ 이미지 제공: ICD/ITKE University of Stuttgart

그림 4.10 CD/ITKE 스튜트가르트대학의 빌더파빌리온(Bilder Pavilion, 2010). 파빌리온 내부 합판재료를 서로 얽히게 조립한 상세 모습

※ 이미지 제공: ICD/ITKE University of Stuttgart

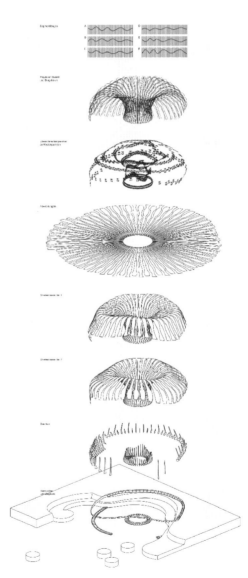

그림 4.11 CD/ITKE 스튜트가르트대학의 빌더파빌리온(Bilder Pavilion, 2010). 합판 재료의 기하학적 특성을 이용해 만든 파빌리온의 형태. 합판 재료의 성질이 설계 프로세스에 활용된 사례

※ 이미지 제공: ICD/ITKE University of Stuttgart

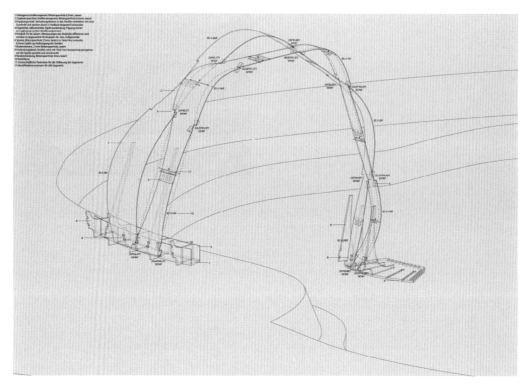

그림 4.12 CD/ITKE 스튜트가르트 대학의 빌더파빌리온(Bilder Pavilion, 2010). 한 쌍의 합판 부재가 어떻게 얽혀 조립되는지 보여주는 개념도

※ 이미지 제공: ICD/ITKE University of Stuttgart

들은 이미 새로운 방식으로 도출된 설계, 시각적 표현물 그리고 분석 데이터 등을 얻고 있을 뿐만 아니라 데이터를 직접 컴퓨터 공작기계로 보내 생산물을 바로 만들어내고 있기도 하다. 이러한 접근은 설계와 시공에서 항상 전통적인 장애 요소였던 장소, 재료 공급, 시공법, 난해한 형태 조립에 대한 문제 등을 동시에 해결하는 모습을 보여주기도 한다(그림 4.8, 4.9, 4.10, 4,11, 4.12). 뿐만 아니라 이 기술의 실질적 적용에 대한 건설 산업 분야에 새로운 건물 형태에 대한 접근 및 시공 방법 등은 나날이 축적되고 있는 중이다(그림 4.13, 4.14).

전산화 설계 기법은 크게 세 가지로 구분된다. 컴퓨터상

그림 **4.13** SHoP Architects, Barclays Center(c. 2012). Detail

※ 이미지 제공: David Kutz

그림 **4.14** SHoP Architects, Barclays Center(c. 2012). Façade detail

※ 이미지 제공: David Kutz

에서 어떻게 형태를 만들어내고 가공하는지 그 방법에 따른 구분이다. 첫 번째는 디자이너가 형태를 한 번에 하나씩 직접 구상해내는 방식이다. 직관적인 그래픽 도구를 활용하여 설계자가 직접 복합적인 계산식에 의해 산출되는 모양을 생성하는 것이다. 이 방식은 설계자가 대체로 이미 인지하고 있는 복합적인 형태를 설명 및 분석하고 생산해내는 데 유리하게 쓰인다. 이 방식에서의 단점은 모양을 편집하기 어렵고 수정을 가하기 쉽지 않다는 점이다. 설계자가 직접 관여된 모든 형태를 하나하나 손봐야 하기 때문이다. 따라서 이 방식은 형태의 변형에 따른 탐구가 효율적이지 못하고 손이 많이 가게 된다. 또한 모양 탐구 프로세스의 전반이 설계자의 의도에 얽매여 있다는 점도 단점이 될 수 있다. 디자이너나 설계자가 어떤 프로세스에 의해서 철저한 기준에 의해 디자인을 진전시키는 것이 아니라면 모니터 상에 비춰지는 순간순간의 단순한 매혹적 모습에 빠져 그 안에 갇혀 있을 수도 있게 된다. 이 같은 방식의 선례가 많지 않은데다가 논리적인 디자인 프로세스를 기반으로 하지 않으므로 생성된 결과에 대해 건축 형태로 바로 인정되기 어렵고 그 비평을 피하기도 쉽지 않다. 이 방식에 의한 또 다른 한계는 만들어진 형태가 단 하나의 개체라는 점이다. 언뜻 들으면 자연스러운 일 같으나 실제 고효율의 전산화 설계 기법은 설계를 구성하는 한 단위를 구성하는 필요 모델들을 하나의 파라메트릭 모델에 담고 있기 때문이다.

바로 앞에서 설명한 고효율의 전산화 설계 기법이 바로 전산화 설계 기법의 두 번째인데 **파라메트릭 디자인**(parametric design)이 바로 그것이다. 여기서 어떤 물체의 모양은 파라미터라 불리는 일련의 값들로 나타나게 되고 모양의 특성은 알고리즘이라고 불리는 전산화 프로세스에 의해 정의 내려진다. 디자이너의 역할이 새 형태를 단순 보여주는 것에서 새 형태에 대한 개체적 특성을 수치화된 값의 관계로 정의하는 것으로 바뀜을 뜻한다. 전통적 방식의 형태 만들기와 파라메트릭 디자인 간 차이의 핵심은 전통 방식이 '톱ー다운' 방식(디자이너가 형태를 먼저 구상하는 프로세스)이라면 파라메트릭 디자인은 '바텀ー업' 방식, 즉 추상적 관계에서부터 시작하여 형태를 얻어내는 프로세스로 이해하는 것이다.

> 기존에 존재하던 도구들이 그랬듯이 디자이너가 디자인 해법을 바로 만들어내는 것이 아니라 파라메트릭 디자인의 개념은 디자이너가 구성 부위들 간의 상호 관계를 설정해가면서 디자인을 진전시키고 결과치를 검토하면서 다시 그 관계들을 수정하는 과정이다.[8]

파라메트릭 디자이너는 처음에 설정값들을 처음에 정하게 되고 최종 모양을 갖게 될 이들 간의 알고리즘을 써 내려가는 컴퓨터 프로그래머라고도 볼 수 있다. 이 과정에서 선택된 설정값과 관계들은 만들어질 모양으로써 갖춰야 할 디자이너가 생각하는 조건들이기도 하다. 컴퓨터는 이 조건들을 기반으로 모양을 산출하여 결과치를 제공하는 것이다. 이렇듯 전산화 설계 기법에서 디자인 결과와 컴퓨터 정보 사이에서 그 해석을 맡아주는 역할이 점차 중요해지고 있다. 디자이너는 일단 어떤 모양이 형성되면 그것의 성능과 외형적 만족도를 시뮬레이션을 통해 평가하게 된다. 이때 디자이너는 다른 설정값과 파라메터들을 대입시키거나 알고리즘 구조를 수정하여 산출되는 모양을 결과를 조절한다. 키보드를 통해 직접 조절된 수치를 입력하거나, 화면에 보이는 기점들을 마우스로 옮겨서 또는 화면

양 끝의 그래픽 슬라이더를 움직이거나 아니면 프로그램 스크립트를 입력해서 값을 조절하게 된다. 파라메트릭 디자인에서 결과의 수정을 용이하게 하려면 개략적인 모델로 시작하여 설정값과 상호 관계의 범위를 좁혀서 시작하게 되고 좀 더 세부적인 결과를 위해서 그 범위를 키워가게 된다. 대개의 경우 파라메트릭 디자이너는 '상호 관계의 설정에 집중하여 충분히 완성시킨 후 국지적인 부분이나 상세 부위로 관심을 옮겨가는 전략[9]을 기본으로 사용하게 된다.

세 번째 전산화 설계 기법은 바로 **알고리즘 디자인** (algorithmic design)으로 불리는 특별한 방식이다. 일반적인 파라메트릭 디자인 방식에서는 하나의 알고리즘을 기반으로 단일 형태나 모양을 산출해낸다. 그러나 알고리즘 디자인에서는 회귀 공식에 의해 알고리즘을 여러 번 반복하여 다수의 형태를 산출해낸다. 이 방식에서는 한 번의 알고리즘 프로세스가 그다음에 일어날 프로세스의 입력 데이터가 되어 이 과정이 반복해서 일어나는 것이다(그림 4.15).

알고리즘 디자인 방식은 다음 세 가지 구성 원리로 형성된다.

1. 사용 재료의 상세한 정보와 사용될 시공 및 조립 방식, 시스템의 공간적 확장을 가능하게 할 기하학적 정보 등을 포함하는 파라메트릭 정보가 필요하다.

2. 제안된 디자인이 성능 기준에 도달하는 빈도를 활용하여 평가하는 분석 프로세스가 필요하다. 디자이너는 에너지 성능 기준과 같이 원하는 성능을 충족시키기 위해 특정 평가 기준을 정한 후 각 평가 기준에 의해 평가와 분석을 전담하는 프로그램이 따로 가동시키고 이것들은 파라메트릭 모델과 연동된다.

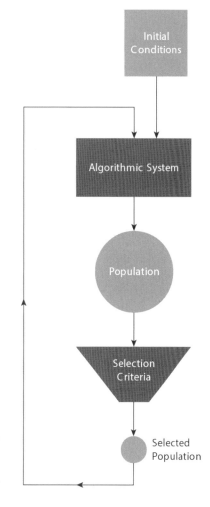

그림 4.15 회귀 알고리즘 시스템을 나타내는 다이어그램

※ 이미지 제공: 저자

3. 파라메트릭 정보에 의해 전산화 기법으로 구현된 가상의 개체들이 생성된다.[10]

알고리즘 디자인 방식은 파라메트릭 방식과 비슷한 프로세스로 시작된다. 디자이너의 작업은 알고리즘 시스템에 집중하게 되고 생성될 개체를 직접 다루지 않는다. 디자이너는 건물을 구성할 구법의 특징(예를 들어, 프리캐스트 콘크리트 패널 방식과 같은)을

나타내는 알고리즘을 작성하게 되고 건물로써 갖춰야 할 성능 기준 등을 그 안에 포함하게 된다. 각각의 알고리즘을 거쳐 산출된 형태들에 대해 성능을 검토하여 원하는 결과를 선택하게 된다. 이 결과는 다음 산출될 알고리즘의 입력값이 되며 이 과정은 보통 수천 번에 거쳐 반복된다.

알고리즘 디자인은 '**집단사고**(population thinking)' 방식을 건축설계에 선보이고 있다. 완벽하고 독창적인 하나의 잘 고안된 디자인을 추구하기보다는 여기서는 집단의 결과를 가능한 수많은 디자인 결과로 도출시켜 그중에서 유용한 디자인을 선택하여 최종 결과로 발전시킨다(그림 4.16). 완성도 높은 알고리즘에서는 설계자가 원하는 조건에 가까워질수록 회귀 방식에 의한 디자인 수정의 정도가 작아지는 지점에 도달하게 되고 결국 하나의 결과를 도출하게 된다. 이때 이 상태를 **안정화**(stability)라고 부른다. '안정화'에 도달한 형태를 설계자는 예측하지 못한다. 이것을 **생성물**(emergent)이라고도 하는 이유는 주어진 설계의 조건들의 조합에 의해 자동 생성된 결과이기 때문이다.

알고리즘 디자인 방식과 자연 생태계 진화론의 자연도태 이론과 분명한 유사점을 갖는다. 컴퓨터 프로그램 코드에 의해 생성되는 건축 형태라면 유전자 코드에 의해 만들어지는 생명체로 볼 수 있는 것이다. 한 집단 내 수많은 형태들이 시범적으로 도출되어 선택되는 과정은 생태계의 자연도태 과정과 유사하다. 자연 개체들과 같이 알고리즘 디자인으로 생성되는 개체들 또한 조건에 맞도록 진화된 것이다. 여기서 흥미로운 것은 두 경우 모두 최종 형태가 우선시된 과정이라기보다 선택의 과정을 거친 후 얻어진 부산물이라는 것이다.

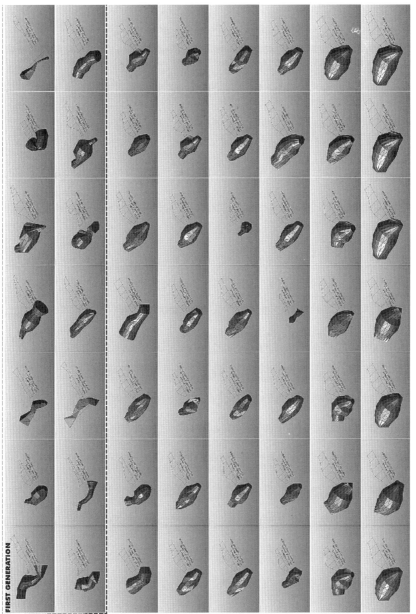

그림 4.16 John Lock에 의한 갈라파고스 프로젝트의 공간 디자인을 설명하는 개체들 모습. 여러 번의 형태 수정에 의해 얻어진 결과다.

※ 이미지 제공: John Locke

제4 기하학

전산화 설계 기법은 사람의 기하학에 대한 사고를 컴퓨터 정보화하는 것에 기반한다. 하지만 이 과정에서 컴퓨터가 사람의 사고방식과는 매우 다르게 진행하기 때문에 건축에서의 기하학이 컴퓨터의 방식으로 전환되어야 한다. 즉, 건축 기하학에서 새로운 장이 시작됨을 의미하는데, 이것을 에반스(Evans)에 의해 정의 내린 제3 기하학에 이은 제4 기하학이라고 볼 수 있다. 이것은 이 책의 1장에서 논했던 '표현'의 논리와는 전혀 다른 관점이고 이 새로운 기하학을 컴퓨터의 세상에 적합한 '가상' 기하학으로 봐야 한다.

　　　　　인간이 인지하는 기하학은 개념에 기반한다. 유클리드가 세운 기하학 이론은 '자명한 이치', 즉 Axiom이라 불리는 일련의 개념들에서부터 시작된다. 이것은 예를 들어, '전체가 일부보다 크다' 식의 우리가 직관적으로 맞다고 판단하는 생각들이다(Common Notion 5).[11] 이러한 개념들은 전 세계 보편적이다. 어떤 상황에서도 옳은 판단이다. 개념적 의미들 간의 관계를 연구하고 넓은 영역에 적용되는 논리를 시작으로 구체적인 상황에 대입해가며 이 논리를 발전시켜왔다. 그리고 기하학에서 우리는 기본 형태를 기본적 개념으로 여겼다. 이를테면 거칠게 대충 그려진 원을 보고 '원'을 형성하는 개념을 우리는 머릿속에 떠올린다. 그런데 컴퓨터의 사고 프로세스에서는 '개념'을 사용하지 않는다. 정량화된 정보로 연산을 할 뿐이다.[12] 컴퓨터가 기하학적 원리를 구현하게 하려면 인간이 갖고 있는 기본 형태 '개념'을 인간이 지어낸 프로그램을 통해 컴퓨터가 기본 형태를 구현해내도록 명령해야 한다. 보통 컴퓨터가 어떤 모양을 '출력(plot)'한다는 것은 컴퓨터가 연산을 통해 일련의 좌표들을 통해 형태로 읽히도록 표현한다는 의미다.[13] 컴퓨터가 나타내는 '형태'는 컴퓨터 연산 작업에 의해 얻어진 결과치이고 그것은 개념이 아닌 기능성에 의해 도출된 값일 뿐이다. 전산화 기하학의 전문가인 Bruce Naylor에 따르면 "전산화 프로세스는 수학의 구축과 같다"라고 한다. 즉, "전산화 기법에서 기하에 쓰이는 치수나 값은 수학적 논리에 의해 정의되기보다는 성능과 정확도에 의해 결정된다"라고 주장한다.[14]

가상기하학에서는 유클리드 기하학에서와 같이 보편성으로 증명되지 않는다. 항상 특수한 조건을 진제로 의미를 가질 뿐이다. 수학적 논리가 구현되려면 '개념'을 기반으로 주어진 조건들이 보편적으로 옳은 값이어야 하고 특수한 조건이나 값 내에서만 작동되는 성질이어서는 안 되기 때문이다. 컴퓨터는 이렇듯 아직 한계가 있다. 컴퓨터는 단순히 수리적 연산을 매우 빠르게 하는 도구일 뿐이다. 전산 기하학자 Naylor가 말하는 정확도는 또한 다음과 같은 한계를 갖는다. 즉, 컴퓨터가 개념에 해당하는 것에 대응하기 위해서는 수리적 연산에 의존할 수밖에 없는데, 이 값은 결국 근사치일 수밖에 없다는 것이다. 이 근사치도 희망하는 값에 근접하도록 조절이 가능하지만, 정확도를 높이려면 컴퓨터 연산에 많은 시간을 투입해야 한다. 그리고 형태적 단순성은 전산화 기법에 별 의미를 부여하지 않는다. 어떤 연산작용에 의해 '구'를 구현해낼 경우 거의 같은 연산작용으로 현란하게 휘어 있는 기하학적 형태도 쉽게 만들어낼 수 있기 때문이다.[15]

기하학적 형태에 대한 전통적인 '표현'에 의한 접근이 '시뮬레이션'으로 대체되면서 다음 두 가지 일이 일어난다. 첫 번째는 전통적 개념의 기하학에 대한 인식론적 기능이 적용되지 않는다. 기하학은 더 이상 세상을 판단하는 수단이 아니며 이것이 우리의 머릿속 사고를 바깥세상과 연결해주지 않는다. 두 번째로 기하학의 구현 과정은 불투명하다. 그것은 빌리거나 지어낸 알고리즘을 작동시킨 후 결과를 기다리는 과정이기 때문이다. 이 중간 과정은 완전히 외부와 단절된 외계의 일과 같다.

모든 전통적 기하학에 의한 접근 방식은 그것이 개념적 차원이거나 물리적 차원이지만 전산화 기법에 의한 기하학은 가상의 차원일 수밖에 없다. 이러한 가상의 개체는 머릿속 개념 또는 물리적으로 탄생시킨 기하학적 개체와 근본 태생에서부터 다른 것이다. 이것들은 오로지 컴퓨터 속에서만 존재할 뿐이고 인간의 경험, 인식 밖에서 잉태된다. 인간의 사고작용으로는 가상의 개체를 인식할 수 없다. 오로지 인식할 수 있는 표현물(예를 들어, 화면에 비춰진 형상, 3D 모형 등)을 컴퓨터가 재현해주어야 우리는 인식 가능한 것이다.

컴퓨터 학자들은 기하학 형태를 컴퓨터가 구현하는 과정을 새로 착안해냈다. 컴퓨터로 기하학 형태를 구현한다는 이 방식은 '표현'에 견줄 만한 프로세스인데 여러 가지 기법을 동원하여 작은 조각들을 연결하여 전체 형태로 만들어가는 것이다. 이 과정에서 어느 정도로 정확한 형태를 구현할 것인지를 조절 가능하다. 작은 조각들의 수와 복잡도에 따라 연산에 필요한 많은 시간이 필요한 점이 단점이라면 단점이다. 조각의 수가 무한대에 가깝도록 많아질수록 연산의 정확도가 더 필요하게 되고 시간도 많이 소요된다. 따라서 실제 현장의 작업에서는 도달할 수 있는 적당한 근사치를 설정하고 이를 활용하게 된다. 인간 스스로 이러한 연산을 처리할 능력은 없다고 볼 수 있다. 매우 복잡한 형태를 이 방식을 써서 구현할 경우 정밀도에 약간의 손해가 있더라도 오래 걸릴 연산 속도를 조절하여 큰 장애요소가 되지 않게 활용할 수 있다.

컴퓨터가 구현한 개체에 대해 우리가 일상적인 명칭인 '형태'로 지칭하기 이전에, 우선 용어 정의의 확장이 필요하다. 일반적 개념에 따르면 형태라는 것은 우리가 갖고 있는 어떤 모양에 대한 관념과 그것의 이상적인 구성 방식을 상호 연결 짓는 상태일 것이다. 형태는 사고 속에 존재하는 것이다. 사실 플라토는 '형태'와 '아이디어'를 어느 정도 상호 호환 가능한 용어로 여겼다. 우리의 인식 속에 있는 개체들은 '형태'를 흉내 내긴 하지만 완벽하지 않은 개념의 구성일 뿐이다. 그런데 기하학의 세계에서 '이상적' 형태들은 항상 고도로 대칭이기도 해서 머릿속에 쉽게 인식되는 특징을 지닌다(그림 4.17). 이러한 특성은 전산화 기법에서 생성되는 형태에는 적용되지 않는다. 그러나 우리가 유클리드 기하학에 의해 지배되는 사고를 하는 중에도 그 이외의 방식이 있을 수 있다는 것은 인정해야 한다(그림 4.18).

기하학에 존재하는 여러 수학적 논리는 공간에 펼쳐져 보이기 전에 우리가 이해하기는 힘들다. 또한 이것을 이해시키기 위

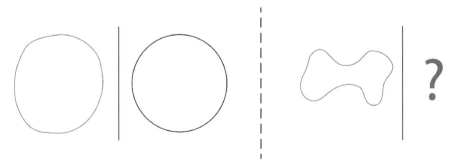

그림 4.17 이상적인 개념을 엇비슷하게라도 실제 나타낼 수 있다면 형태로 볼 수 있다(왼편). 그렇지 않다면 형태가 아닌 단순 모양일 뿐이다.

※ 이미지 제공: 저자

그림 4.18 Vlad Tenu의 최소한의 복합성(2012). 이 조형물은 우리 경험으로써는 익숙하지 않은 강력한 형태 질서를 갖고 있다. 질서의 키워드는 수학이다. 조각가는 "대칭 관계의 면들로부터 만들어진 창의적 생각의 한계를 나타내며 비슷한 원리를 적용하여 주기적인 삼중 최소 표면을 활용했다"라고 주장한다.

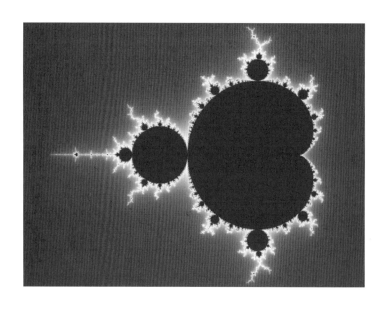

그림 4.19 Mandelbrot 세트는 제대로 표시될 때 눈으로 바로 보이는 여러 레벨의 순서를 나타낸다. 이 이미지를 나타내는 대수학 논리인 $Z_{n+1}=Z_n2+C$를 다른 형태를 통해서는 알아볼 수 없게 된다.

하여 시각적으로 나타낸 표현물을 쓰기도 한다(그림 4.19). 전산화 기법 설계는 건축 형태에 쓰일 수 있는 수학적 논리의 종류와 양을 우리에게 폭발적으로 확장시켰다. 다수의 형태가 우리에게 익숙하지 않은 모습에 생소한 것이 사실이지만 전산화 기법 설계를 통해 얻은 형태의 가능성들의 내면에는 분명한 수학적 프로세스와 논리가 존재하는 것이다. 따라서 그 형태들을 보는 우리는 생소하더라도 형태의 논리를 짐작하게 한다. 이것은 전산화 기법 설계에 의해 탄생한 형태들로부터 우리가 갖고 있는 형태에 대한 '개념'에 영향을 주는 것으로써, 형태에 대한 이해를 바로 보이는 순간 인정하고 기존과 다르게 직관적인 이해로 우리의 생각을 확장시키는 결과를 준다. 다르게 말하면 전산화 기법 설계에 의해 우리는 사전 경험에 의존하지 않는 '형태'에 대한 감상과 해석의 세계를 맛보게 한 것이다.

파라메트릭/알고리즘 디자인 방식을 통해 어떤 직관적 형태 속에 우리가 모르고 있었던 수학적 논리가 존재할 수 있다는 흥미로운 가능성을 제시한다. 만약 우리의 경험에 의해 만들어지지 않은 형태가 존재한다면 과연 어디에서 온 것일까? 이런 형태는 과연 우리에게 어떤 의미일까? 모든 직관적인 공간 형태 속에 그런 수학적 구조가 있다면 과연 우리가 찾아낼 수 있을까? 이런 구조는 유클리드 기하학의 이상적 형태가 그러하듯이 '한계－형태'를 의미하는 것일까? 프랭크 게리 설계사무소(Gehry Partners LLP)에서 설계한 뉴욕시 스푸르스가(Spruce Street) 8에 지어진 프로젝트를 보면 이런 질문들을 떠올리게 한다(그림 4.20). 최종 설계의 외부 형태를 보면 물리적 모형을 수작업으로 디지털 치수화한 결과로써 공중에 높인 일련의 점들을 컴퓨터상에서 선으로 연결시켜 대략의 외부 형태를 잡은 것이다. 서로 연관 없는 개별적인 점들로 구성된 이 디지털 모

그림 4.20, 4.21 프랭크 게리 건축사사무소(Gehry Partners LLC), 스푸르스가 (Spruce Street) 8의 모습. 실제 스케일의 외벽 일부의 모습

※ 이미지 제공: joevare/CC BY-ND 2.0

델로는 디자인을 향상시키거나 내부 특성을 분석하는 데는 별 쓸모가 없을 것이다. 빠른 분석을 가능하게 하거나 파생될 수 있는 대안을 쉽게 산출해내기 위해서는 주어진 형태 내면에 수학적 논리를 지녀야 하기 때문이다. 일반적인 파라메트릭 디자인 방식은 우선 파라메트릭을 찾아 생성하여 파라메트릭 간의 질서를 찾은 후 그것에 의해 의도된 형태의 원리를 지닌 일련의 표면 형태 가능성들을 찾아내는 과정일 것이다. 이것을 **파라메트릭화(parameterization)**라고 부른다. 이런 과정은 실제로 고된 작업이다. 왜냐하면 물리적 모형으로만 나타낼 수 있는 형태 아이디어를 수학적으로 구현하는 것이기 때문이다. 구현된 파라메트릭 모형에서는 좌표 하나하나를 움직이지 않고 모형 전체를 쉽게 수정할 수 있다. 그리고 구현된 표면들에 대한 분석을 쉽게 처리할 수 있다. 일례로, 현장의 시공을 위해서 전체 건물 표현을 시공 가능한 패널의 치수 이내로 잘게 나눠주는 작업이다. 한걸음 더 들어가서 이 패널들은 이중으로 휘어진 패널이 최소화되어 비용을 줄일 수 있도록 수정될 수 있다(그림 4.21). 여기서 수정 가능한 정도는 디자이너가 애초에 의도한 전체 형태 의도에 의해 결정되고 그 이내에서만 수정된다.

도구로 사용될 때의 전산화 기법

전산화 기법은 파라메트릭 또는 알고리즘 디자인 방식에 걸맞은 설계 도구라고 할 수 있다. 이것이 설계 결과에 미치는 영향은 도면을 사용하던 전통설계에서 어떤 표현 도구를 썼느냐의 효과와 유사하다. 전산화 설계 기법에서도 마찬가지로 건축가나 전산 프로그래머가 익숙하게 이해하고 있어야 하는 도구의 특성을 가지며 이것을 잘 활용해야 한다. 이런 성질들은 디자인 방향에 따라 더 유리할 수 있고 분명 불리할 수도 있다. 즉, 전산화 기법에도 능숙함에 따라 결과에 많은 영향을 줄 수 있으므로 이 도구를 우선 깊이 있게 이해하고 능숙하게 사용하려면 많은 훈련이 요구된다. 하지만 분명한 것은 이 디자인 도구는 전통 방식의 설계 도구나 다른 디지털 도구와는 달리 사용자의 매우 다른 사고방식을 요구한다. 전통적인 디자인 과정과는 다르게 전산 프로그래밍 과정은 우리 머릿속 사고의 매우 다른 인식기능에 의존해야 하기 때문이다. 첫 번째 고려할 사항으로 우선 전산 프로그래밍을 하기 위해서는 고유의 소통언어를 익혀야 하고 그 안에서 자유롭게 자신의 의지를 표현할 수 있어야 한다. 우리가 머릿속 아이디어를 표현할 때 쓰는 언어는 완전히 투명한 상태가 아니다. 어떤 언어든 생각을 표현하는 과정에서 또 다른 아이디어를 만들어낸다고 보기 때문이다. 하지만 컴퓨터는 아이디어를 표현하는 언어 자체를 통해 영향을 주고받지 않는다. 컴퓨터 언어는 정확한 의도만으로 구성됨에 따라 우리의 언어와 본질적으로 다른 특성을 갖는다. 이러한 특성은 지시 사항을 예외 없이 선명히 전달하는 장점이 있지만 반면에 표현하고자 하는 느낌과 사고를 항상 선명하고 직선적으로 해야만 하는 어려움이 있다. 그리고 어떤 언어에서든지 '발설'된 말에 대해서는 분명한 언어의 기본적인 역할로 인정되고 그것을 동시에 뛰어넘는 다른 방법의 의사전달은 없다. 또한 말솜씨가 뛰어난 그 누군가에 의해 뛰어난 창작력과 기지로 흐릿하고 모호한 표현으로도 분명한 의사전달이 가능하지만 컴퓨터에서는 이런 것이 일체 허락되지 않는다. 명확하지 않은 컴퓨터 언어는 흐릿한 스케치가 전달할 수 있는 내용과 다르게 작동 자체를 안 하는 것이다. 전산화 설계 기법 방식에서는 첫 시작에서부터 정확도가 생명이다. 이 부분이 전통 도면 기반의 설계나 디자인 프로세스와 전적으로 다른 부분이다. 전통 방식에서는 대게 모호함과 명확하지 않은 표현이 중요한 역할을 한다. 디자이너는 이것을 이용해 완전하지 않은 아이디어를 발전시키거나 새로운 다른 아이디어의 힌트로 삼을 수도 있다. 아이디어가 결정되어 마련되는 도면마다 새로운 가능성을 보게 하고, 각 단계들마다 과정의 발전뿐만 아닌 아이디어 탐구의 기록이 된다. 예나 지금이나 학생들에게 디자인을 지도할 때 창작의 틀 안에 갇혀 새로운 가능성을 놓치는 실수를 범하지 않도록 항상 당부한다. 도면을 기반으로 하는 디자인 프로세스에서는 흐릿한 아이디어에서 선명한 쪽으로 옮겨가게 되고 한걸음씩 진전시키는 과정에서 뚜렷해지는 디자인 결과가 어떤 의미를 주는지 계속 생각하게 된다. 하지만 컴퓨터 프로세스에서는 프로그래밍 코드에 의해 각 단계들 역시 명확해야 하며, 전체 과정에서 모호함은 일절 허락되지 않는다.

두 번째 특성으로 전산화 기법은 형태를 생성하는 도구로 본다면 불투명한 특성을 갖는다. 그 이유는 형태를 결정하는 프로그래밍 코드를 직접 수정하는 과정이라기보다 디자이너가 형태의 특성과는 거리가 있는 코드를 조작함으로써 형태를 결과로 얻는 과정이기 때문이다. 일부 알고리즘 디자이너들 중에는 사전에 만들어지는 형태의 힌트를 전혀 짐작 못 하는 이런 특성을 오히려 부각시켜 자신의 작업에 의미를 부여하는 경우도 있다.[16] 컴퓨터 코드와 생성되는 형태 간에 디자이너가 직관적으로 서로를 연관시켜 작업 가능하다는 것은 아직 확인된 것이 없다. 이 부분은 점차 더 컴퓨터 코딩을 자연스럽게 다룰 수 있는 신세대 건축가들이 앞으로 활발히 성과를 낼 때 좀 더 알게 될 것으로 본다.[17] 도면을 보면 그 결과를 머리에 떠올리듯이 또는 음악가가 악보를 보고 음악이 어떨지 상상할 수 있듯이 아마도 미래 건축가들은 컴퓨터 코드를 보면 생성될 형태를 알게 되지 않을까 싶다. 혹시 말 그대로 되지 않더라도 건축가의 일에 활용되는 인지능력은 아마도 과거 도면을 근거로 작업할 때의 것과 놀랄 만큼 달라야 하지 않나 싶다.

전산화 기법을 디자인 도구로 볼 때 잊어서는 안 될 세 번째 특성으로 '시스템 사고'를 필요로 한다는 것이다.[18] 여기서 시스템이라는 것은 각 구성 부위들 각자의 기능의 합이 아닌 각 부위들 간에 상호작용과 상호기능으로 일어나는 효과를 말한다. 건물은 당연히 하나의 시스템이다. 이를테면 창문의 상태는 냉/온방 부하를 좌지우지한다. 따라서 각 구성 부위들의 기능만을 따지기보다는 전체가 모여 상호작용할 때의 효과에 설계 목표를 둬야 한다. 그러나 전통적인 설계 방식에서는 건물 구성 부위들 전체가 모여 만들어내는 효과를 가늠해가면서 설계한다는 것은 거의 불가능한 일이었다. 구성 부위들의 종류와 숫자가 매우 많을 뿐더러 서로 간에 복잡한 연관성을 갖기 때문이다. 그러나 파라메트릭/알고리즘 디자인 방식에서는 바로 이러한 각 부위들의 연관성들이 설계 방식의 핵심이라는 점에 주목해야 한다. 원하는 성능을 갖는 하나를 찾는 작업이 아닌, 구성 부위들 간의 상호 연관성에 초점을 두고 설계해나간다는 것 자체가 전통적 설계 방식에서 필요한 '창의적 사고'와 근본적인 차이점을 나타낸다. 또한 디자인을 하는 건축가들로서도 파라메트릭/알고리즘 디자인에서 핵심인 이 특성에 대해 앞으로는 익숙해져야 하는 이유다.

이미 형성된 물체로써가 아닌 '상호 관계성'을 통해 어떤 형태를 이해한다는 것은 우리 인간이 지닌 사물의 인식 방법과는 거리가 멀다. 어떤 물체든지 그 자체로써 우리에게 인식된다. 물체로써의 물리적 상황을 우리는 우선 발견할 뿐이고 그다음 순서로 그것과 연관된 것들에 대한 발견을 하게 된다. 우선 발견된 물체는 우리의 감각기관에 의해 측량되면서 더 인식하게 된다. 눈으로 보며 손으로 만지면서 신체를 기준으로 측량하게 된다. 그리고 항상 그 물체는 물질적 특성을 갖게 된다. 물론 우리가 이러한 모든 조건을 갖추지 않은 형태를 머릿속에 떠올릴 수 있지만 그것은 우리가 지닌 물리적 경험인 재질감, 색상, 단단한 정도 등과 같은 것을 지닌 실제 물체에 대해 추상적 개념으로 전환하여 떠올린 것일 뿐이다. 따라서 함께 떠올릴 수 있는 관계성 역시 추상적 개념이고 상상에 불과하다. 예를 들어, '교집합이다'는 의미의 관계성은 한 쌍의 물체들에 대해서 언제든 적용할 수 있을 것이다. 여기서 실제 어떤 물체들인지는 무관하다. 어떤 개체들이든, 물체든 또는 개념들에 대해 교집합의 관계를 적용해볼 수 있다(그림 4.22). 파라메트릭/알고리즘 방식에서 '형태'를 이해하기 위해서 관계성에 근거한 해석으로만 가능하다는 사실은 우리가 '형태'를 이해하는 방식과는 전혀 다르다는 것이 중요하다.

또한 이 프로세스는 우리가 이해하는 공간상의 정의로부터 형태 디자인이 진행되지 않는다는 것을 의미한다. 도면이 나타나는 2차원은 공간상에 놓여 있는 것이고 3개 차원 중 2차원은 도면을 통해 대변되었다. 도면에서 갖고 있지 않은 3차원 정보는 '투사'의 개념으로 나타내거나 된 상태였고 모든 논리가 공간 내 존재의 의미를 담아 도면으로 대변되어 도면 내 세계와 실체 3차원의 공간 정보는 같은 세계를 나타낸다. 파라메트릭 모델에서도 마찬가지로 3차원 공간에 존재하는 것을 나타내지만 일반적인 개념의 '공간' 기준으로

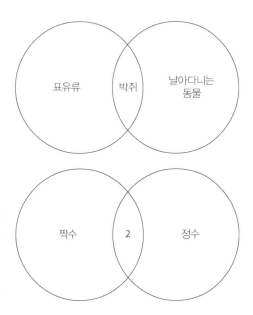

그림 4.22 교집합이라는 추상적 개념을 서로 개별적인 개체들의 집단, 예를 들어 숫자들이나 동물들 같은 집단에 적용할 수 있다.

※ 이미지 제공: 저자

해석했을 때만 그렇다. x, y, z축에 의한 3차원 좌표로 나타내지 않을 경우 파라메트릭 모델은 어떤 개체의 다양한 특성을 나타내는 일련의 변수들로 표현될 수 있는데, 어떤 것은 기하학적 특성(길이, 반지름 등)일 수도 있고 어떤 것은 재료적 특성(무게, 인장력 강도, 투명도 등)이나 추상적 정보(교차 정보, 위계좌표, 색상 정보 등) 등으로 나타날 수도 있다. 전반적인 구성이나 특징 등 파라메트릭 모델은 항상 일련의 변수값으로 주어진다. 어떤 일련의 독립된 변수들로 정의된 물체는 수학적 해석으로 가상공간의 기본값으로 해석될 수 있고 x, y, z축의 3차원 공간으로 이해될 것이다. 기하학적 형태가 온전하게 3개 축(x, y, z)의 기능으로 정의되듯이 파라메트릭 모델에 존재하는 개체는 변수값(p1, p2, ⋯ pn)의 기능으로 정의되는 것이다. 이 개념의 공간을 **위상공간(phase space 또는 state space)**이라고 한다. 파라메트릭 디자이너는 이러한 개념의 공간에서 공간적 사고를 해야 하는 것이다. 컴퓨터 프로그램 코드는 위상공간의 정보뿐만 아닌 공간적 특성과 무관한 정보를 3차원 기하학적 공간의 것으로 전환해 주는 것이다. 디자이너가 자신의 작업 효과를 위상공간상에서 확인하려면 디자이너 스스로 위상공간의 정보를 기하학 공간으로 전환시켜 이해해야 한다. 대게의 경우 알고리즘 설계 방식을 진행 중에는 위상공간상의 정보는 위상공간 정보로 나타날 뿐 사람의 눈으로 확인이 불가능하다.

파라메트릭 디자인은 우리가 이해할 수 있는 기하학의 공간과 관련 없는 차원에서 가동되므로 그 과정은 디자이너도 잘 알 수 없다. 설계나 디자인의 목표가 되는 것은 도면이나 그림 같은 표현물의 대상과 같다는 '상동성(homology)'을 전제로 하지 않는다. 그렇지만 이 방식을 통해 우리가 얻을 수 있는 장점은 크게 다음 두 가지로 생각해볼 수 있다. 첫째, 대상이 되는 형태만 관심을 두지 않고 원하는 기능과 특성의 규칙을 지정하는 일이므로 특성을 갖은 여러 개체의 집단을 생산해낼 수 있다. 이를 통해 결과물을 손쉽게 선택과 약간의 수정을 통해 얻는 장점이 될 수 있다. 일정한 특성적 규칙으로 얻어진 한 집단의 무수히 많은 개체들은 디자이너가 원하는 기능과 성질을 공통으로 갖게 된다. 이렇게 얻은 결과에 대해서 실제 원하는 성능 기준(예를 들어, 에너지 소비량)에 의해 실험해볼 수 있고 약간의 수정을 가해 원하는 성능을 더 끌어올릴 수도 있다. 전통적 방식에서는 원하는 설계 결과의 비용과 시간의 제약으로 인해 대안에 대해서 무수히 만들어내기도 힘들었고 대안들에 대해 성능평가를 하는 일도 어려웠지만 이러한 새로운 방법에 만들어진 많은 수의 대안들을 통해 장점을 얻을 수 있다.

두 번째 장점은 전통적인 디자인/설계 방식에 대한 비평적 시각에서 온다. 전통 방식에서는 언제나 목표가 되는 형태를 머릿속에 바로 우선적으로 떠올려 고안해내는 작업이다. 우선 성능 기준을 만족시키기 위한 조건을 규정하거나 하지 않고 요구되는 것을 바로 형태 속에 담아 나타내야 한다. 알고리즘 디자인에서는 이것을 바로 목표로 여기지 않고 전제로 여겨질 뿐이다. 최종 결과로써의 형태는 수많은 입력값들과 그들 간의 상호 관계에 의해 최적화된 값이 산출될 뿐이다. 오히려 디자이너가 선입견으로 갖고 있는 결과에 대한 이미지를 배제한 상태에서 일어나는 일이므로 보다 혁신적이고 새로운 해법을 만드는 방법으로도 볼 수도 있다. 디자이너가 결과로 얻을 형태를 미리 상상해내지 못한다는 특성이 바로 이 작업 방식의 특징이며 강점이다.

파라메트릭/알고리즘 디자인 방식은 위상공간에서 일어나는 작업을 통해 디자이너가 갖고 있는 상상력의 한계를 손쉽게 넘어서면서 주어진 문제에 대한 해법을 빠른 속도로 산출해낸다. 이런 환경은 알고리즘 구성과 결과물에 대한 평가에 디자이너의 향후 역할이 중요함을 일깨운다. 파라메트릭/알고리즘 디자인의 세계에서는 이러한 것에서부터 창의적인 작업이 존재하게 되는 것이다. 이제 디자이너는 지금까지 설명된 내용에 관해 어느 정도의 능력을 갖춰야 하고 이것이 사고의 과정과 경험으로 다가오는 건축의 세계에 엄청난 영향을 미치기 시작한 것이다.

형태와 의도

건축의 역사를 공부해보면 항상 형태와 인간의 사고 간의 관계에 대한 갖가지 이론으로 가득 차 있는 것을 발견한다. 그러나 이 이론들

대부분은 디자이너가 의도하는 것을 밖으로 나타내어 형태가 이해되는 것이고 형태에 관한 모든 성질은 디자이너의 의도적인 결정에 의해 정해지는 것을 전제로 한다. 파라메트릭이나 알고리즘 디자인에서는 디자이너가 갖고 있는 의도가 컴퓨터 코드에 직접적으로 반영되어 보이거나 형상화되어 나타나는 과정이 없다는 점이 중요하다.[19] 이런 방식에 의한 최종 디자인의 결과는 순전히 인간의 의도에 의해 만들어지는 결과가 아닌 인간과 컴퓨터가 제시한 기준이 동시에 적용된 것으로 볼 수 있다. Nicolas Negrponte에 따르면 이런 현상을 다음과 같이 설명한다.

> 기계가 어떻게 디자인 프로세스에 도움이 되는지의 문제에 대해 인간과 기계, 디자인과 컴퓨터 연산 간의 끝없는 관계성 추구의 일로 간주해야 한다. 그리고 우리는 '건축가'와 '건축기계'라는 지적 존재의 상호 간 이해를 바탕으로 친분을 쌓아가야 한다. 인공적인 지적 존재와 인간 사이를 주인님(똑똑한 지도자)과 노예(아둔한 추종자) 간의 관계가 아니라 서로 간의 상호 파트너십을 각자가 발전할 수 있는 바탕으로 여겨야 한다.[20]

파라메트릭/알고리즘 디자인 방식에서 디자이너의 역할은 우선 컴퓨터를 통해 디자인 결과를 얻기 위한 컴퓨터 연산의 전체구조를 만들어내는 일이다. 이 구조는 알고리즘으로 연관될 조건들의 파라미터를 규정하는 컴퓨터 코드를 포함한다. 여기서 코드는 디자이너의 아이디어를 반영하는 기본 단위다. 단순 모양에 관한 아이디어뿐만 아닌 설계 결과로 노리는 폭넓은 것들을 포함한다. 다음 인용문에 시사하는 것이 크다. "알고리즘이 단순 컴퓨터 언어, 도구라기보다 우리 사회을 보는 철학적·사회적·디자인적 그리고 창작 활동에 연관되는 논리의 재구성으로 볼 수 있다."[21] 컴퓨터 연산의 구조는 실제 공간의 여러 상황을 충분히 감안해야 하므로 고안되는 구성 부위들 간의 연계성에 집중된 위상공간에서의 구성이어야 하고 치수와 같은 정량적 수치가 중심이 되어서는 곤란하다.[22] 그러나 이 구조만으로는 구체적인 형태를 만들어내지 못한다. 형태를 생성하기 위해서 디자이너는 기초 조건들(파라미터 값들)과 연산의 시작점을 지정해줘야 한다. 이런 기초 조건들에 따라 같은 알고리즘 구조를 이용해서 결과적으로 상당히 다른 형태들을 만들어낼 수 있기 때문이다. 이 지정되어야 하는 알고리즘의 전체 구조와 기초 조건들은 디자이너가 자신의 의도대로 결과를 얻기 위한 중요한 단서다. 이러한 초기 설정에 의해 결과가 미리 예측되지 않더라도 안정적인 한 집단의 결과들이 산출된다.[23] 즉, 효율적인 작업을 위해서는 디자이너가 컴퓨터 연산의 어느 정도는 이해하고 있어야 하는 제법 쉽지 않은 프로세스이다.

디자이너가 개입하여 결정할 또 다른 부분은 어떤 기준으로 집단 내 결과 중에서 유용한 것이 되는 기준을 정할지에 대한 결정으로, 이 기준값은 알고리즘 프로세스로 여러 차례 얻게 되는 집단들에 대해 동일하게 적용된다. 이것은 바로 디자이너가 원하는 결과가 기본적으로 지녀야 하는 성능 기준이라고 할 수 있다. 대게는 에너지 소비량, 열전도 기능, 재료 특성, 시각적 수치 등의 물리적 환경에 대응하는 수치들이 흔한 사례들이지만 물리적으로 우리가 느낄 수 없는 요인들도 해당될 수 있다. 결국 유용한 결과가 되기 위한 성능 기준을 어떻게 지정하느냐가 최종 디자인 결과에 가장 큰 영향을 미치는 요소가 된다. 디자이너는 이것을 포함해서 여러 가지 변수를 조절함으로써 설계 결과로 나타내고 싶은 주장을 펼칠 수 있게 된다.

　　　형태를 연산하는 시스템이 설정되면 디자이너는 산출되는 결과에 대한 평가를 하거나 기준값의 조정을 통해 결과를 조절할 수 있다. 이 과정은 매우 중요한 핵심 과정이지만 전산화 설계 기법의 방식의 모든 설계 프로세스에 적용되지만 잘 알려지지 않은 부분이다. 이 과정에서 디자이너가 자연스럽게 본인의 의지와 무관하게 얻을 수 있는 해당 프로젝트 디자인에 대한 통찰력은 매우 중요한 수확이다. 그런데 임의의 프로세스를 통해 얻었다고 볼 수 있는 통찰력은 디자인을 발전시키는 데 오히려 방해가 되는 경우도 있으므로 주의해야 한다. 그리고 전통적인 설계 방식에서는 설계 과정에서 생긴 디자이너의 프로젝트에 대한 통찰력이 디자인에 바로 영향을 주지만 전산화 설계 기법에서는 간접적인 방식으로 영향을 주게 된다.[24] 전산화 기법 방식의 효과에 익숙해지도록 훈련하여 극대화된 통찰력을 노리는 것도 가능하지만,[25] 여러 입력 조건들과 알고리즘 구조를 직접 수정해보는 것 정도가 쉽고 충분해 보인다. 전산화 설계 기법에서는 첫 시작에서부터 디자이너가 확실한 의도와 목표를 설정해야 알고리즘 구조나 조건 등을 입력할 수 있게 된다. 그러나 전통 방식에서는 디자인 과정에서 희미했던 아이디어가 과정 중에 선명해지는 일이 흔하므로 두 방식은 서로 다른 접근을 요구한다.

　　　전산화 설계 기법에 의해 디자인된 결과물은 전통 방식에 의한 설계 결과와는 다른 생각의 기반에서 해석되어야 한다. 첫 번째로 고려되어야 할 사항으로 이것들이 설계자의 직접적인 설계 의도가 나타나지 않는다는 점이다. 결과물이 나타내는 성능이나 특성은 컴퓨터 연산 프로세스에 의한 것이지 설계자의 결정을 직접 담고 있지 않다. 눈에 보이는 결과물만을 보고 설계자의 의도를 판단할 수 있지 않은 상황인 것이다. 설계자도 최종적으로 컴퓨터가 산출하는 결과물에 영향을 주거나 예측하기 힘들며, 관찰자로서 결과를 보는 입장에서도 그럴 수밖에 없다. 이러한 예측 불가능성은 이 프로세스의 본질이고 중요한 특성이다. 그리고 수식어로써 편차, 변형, 예측할 수 없는 성질, 이질성 등은 전반적 특성을 설명한다. 두 번째로, 전산화 설계 기법에 의한 기하학적 형태는 우리 인간들의 일상의 영역에서 비롯된 것이 아니므로 형태적 상징성을 지닐 수 없다. 지금까지는 일상적으로 만들어진 물체들이 우리가 아는 형태와 연관 지어질 수 있는 '조소적 성질'의 모습으로 이해되었고 상징성을 동원하여 그 의미를 부여해왔다. 그러나 이러한 지금까지 우리의 방식은 새로운 미래를 열지 못한다. 건축의 파라메트릭/알고리즘 디자인 방식은 경험해보지 못한 진보적인 세계로써 올바른 이해를 위해서는 남다른 관점과 준비가 필요하다.

출현과 의미

알고리즘 디자인을 실제로 실무에 적용하고 있는 많은 연구자들은 이것이 자연 진화 방식과 비슷하다는 점을 강조한다. 그중에서도 어떤 이들은 주어진 자연환경에 완벽하게 적응하면서 진화해온 생물체들처럼 건축설계에서 비슷한 방법은 바로 이것이라고 주장한다.

자연 생태계에 존재하는 생물들 형태의 완벽함과 다양

성은 끊임없는 진화 과정의 결과다. 구별 없는 프로토타입 적용과 가차 없는 적자생존 원칙만으로 풍부한 다양성을 바탕으로 상호 연계된 동식물종을 생태계는 나타낸다. 종종 토속 건축의 모습과 특성에서 이런 성질을 발견하지만 현 사회의 대다수 건축과 시설 환경은 그렇지 못하다.[26]

이런 점을 전제로 할 때 알고리즘 디자인 방식에서 디자이너의 윤리의식과 그 의도가 중요한 부분을 차지한다. 환경적인 요소에 의해 항상 디자인이 결정되도록 하고 건축이 항상 그 속에서 형성되는 것을 목표로 하므로 자연스럽게 환경 조건이 바로 반영되는 것이 건축설계의 기본으로 시작된다. 환경 조건이 바로 반영되는 건축설계가 기본이 됨에 따라 자연 생태계가 조건에 맞춰 적응하듯 건축도 전산화 프로세스에 의해 더욱 비슷한 길을 걷게 된다. 즉, 환경 조건으로 요구되는 형태들이 건축을 이루게 된다.

그러나 알고리즘 디자인이 생태계의 자연 진화와 큰 차이점이 있기도 하다. 그중 하나는 임의의 변이에 의한 형태 발전과 진화는 알고리즘 디자인에서 선택 사항이지 필연적 조건은 아니다. 또한 진화를 위한 선택 방식도 자연 방식과는 다르다. 자연에서는 생명체가 죽거나 사는 2진법에 따를 뿐이다. 죽는 경우 갖고 있던 모든 형질이 다음 세대로 전달되는 일이 없다. 하지만 알고리즘 디자인에서는 변화의 범위를 지정할 수 있고 선택받는 개체들의 특성을 정해진 만큼 이어받아 다음 세대에 적용하기도 한다. 이런 과정을 반복하여 더 성공적인 결과가 만들어지기를 기대할 수도 있다. 여기서 더 중요한 부분은 디자이너가 물리적인 조건에만 갇혀 있지 않고 미학적으로 또 인간적인 측면에서 필요한 조건들 창안하여 적용할 수 있는 것이다. 큰 의미에서 볼 때 조건에 의해 형태가 출현한다는 것은 건축적 형태에 대한 일반 개념에 큰 변화를 암시한다. 전통적으로 이 부분은 사고의 직접적인 표출로 전달되었고 환경적·문화적 조건은 이 과정에 선택적으로 영향을 주는 정도에 불과했다. 이 가운데 사람들은 디자이너의 의도를 존중하고 기대치가 일관되게 반영되는 것을 기준으로 삼았다. 이와 다르게 알고리즘 디자인에 의해 출현된 형태를 성과로 보는 일은 나온 결과가 인간의 사고에 의한 것이 아니라 인간이 알 수 없는 프로세스에 간접적으로 영향을 준 결과를 인정하는 것이다. 이 프로세스가 비록 자연 생태계의 진화론에 비유되기는 했지만 이것이 완벽하게 스스로 무에서 유를 만들어내는 과정은 아니다. 디자이너의 영향력이 단계마다 미치지만 그것이 정확히 어떤 영향을 주는지 투명하게 보이지 않을 뿐이다. 이런 새로운 방식으로 얻은 결과는 주어진 조건상의 성능으로 볼 때 확실히 인정할 만한 결과이지만 결과물들 간의 관계성이나 디자이너가 애초에 의도한 것과 같은 것들은 직접 설명될 수 없는 성질을 갖는다. 이런 성질은 디자이너와 관찰자가 기존과는 다른 사고방식으로 결과물을 대해야 할 필요성을 보여준다.

필요한 조건에 의해 출현된 형태에 대해 적극적인 그 정당성을 생각해보는 문제다.

출현을 통한 형태 만들기는 단순 패턴 만들기나 자기 생성의 문제뿐만 아니라 이것은 행동 방식과 기능에 미치는 영향이기도 하다. … 이것의 참신함은 형태 생성의 문제(일반적으로 컴퓨터를 통해 노리는 것)를 다룰 때가 아닌 다발성으로 진행 가능한 행동 방식을 실현시킨다는 점이다. 또한 주목할 부분은 이것이 초기부터 의도된 효과가 아니라는 점이다.[27]

물론 모든 일은 어떤 의도에서부터 시작되기 마련이고 그것에 대한 반응으로 결과가 만들어져야 한다. 물론 이 모든 것이 새로운 방식의 설계에서 디자이너의 역할이 별로 필요 없음을 주장하기 위한 의도로 해석될 수 있다. 아니면 건축 역사의 새 시대가 열렸다는 허세로 보일 수도 있다. 흥미로운 점은 디자이너가 이 방식을 쓰겠다는 결정의 순간 디자이너가 스스로 자신의 직접적인 의도와는 상관없을 수 있는 결과를 수용한다는 큰 선언과도 같다. 이런 방식으로 물체를 해석하고 디자인한다는 것에 대한 새로운 세계에 대해 우리는 더 알아갈 필요가 있고 이것이 무엇인지를 보여주는 것이 알고리즘 설계 방식에서 디자이너의 중요한 역할이기도 하다.

성능성

파라메트릭/알고리즘 디자인 방법은 원천적으로 수행 성능을 기준으로 판단되어야 하는데, 그 기준들은 전산화 데이터로 선명히 제시되는 입력 조건, 매개변수인 파라메터들 그리고 결과를 선택하기 위한 선정 기준 등이 그것이다. 컴퓨터가 디자인의 특성을 감안한 작업을 시작하려면 우선 모든 기준들이 정량적인 정보여야 한다. 이것은 모든 작업이 얼마나 성능성에 의존할 수밖에 없는 구조인지 알게 하며 요즘 건설 현장에서 많이 활용되고 있는 중이다. 하지만 전산화 설계 기법에서 알고리즘 디자인의 경우 이런 상황을 피하는 방법도 있다. 알고리즘 설계 방식의 구조상 수행되어야 하는 설계 목표에 대해 다양한 방법으로 접근할 수 있으므로, 이러한 응용 방법을 활용하면 디자이너에게 제법 많은 자유가 허락된다. 또한 건축가가 마지막 단계의 선택 조건을 상정하는 데 이것을 잘 활용하면 무조건 성능성에 의한 결정에서 벗어날 수도 있다. 이렇듯 전체의 여러 과정 중 디자이너의 직접 개입을 통해 성능성 이외의 가치를 최종 결과물에 반영시키게 된다. 또한 전산화 설계 기법 전체가 항상 선택을 허용하지 않는 결정된 결과만 부여하지는 않는다. 단순한 각각의 알고리즘 단계에서는 확정 결과만 얻어지나 알고리즘 시스템에 의해 회귀 연산되는 많은 결과에 대한 선별 과정은 결코 확정값만 산출된다고 보기 어렵다.[28] 즉, 디자인 과정에서 출현의 과정을 거쳤다는 것은 이것을 뜻한다. 실제 요즘 설계 실무에서는 예산, 에너지 소비량, 자연채광, 건폐율이나 용적률, 경관이나 음영 영향조건 등의 중요한 조건들에 대한 최적화 설계안 산출을 위해 파라메트릭/알고리즘 설계를 활용하고 있다. 때로는 이런 방식에 의해 요란한 형태의 설계를 선택해야 하는 이유를 간단히 정당화시키기도 한다. 하지만 악의를 품은 다른 의도로 흐를 위험성도 항상 존재한다. 기능과 성능이 중심이 된 설계 결과라는 방어막은 건축가에게 작품에 대한 소모적인 비평을 피할 수 있는 운신의 폭을 제공할 수 있고 설계에 대해 함부로 얕잡아보지 못하게 하는 존중도 덤으로 얻게 한다. 이렇듯 파라메트릭/알고리즘 설계 방식은 건축에서 서로 역설적인 개념인 기능주의와 표현주의의 양면성을 동시에 부각시키고 있다.

신체반응에 의한 참여

디지털 설계 기법에 대한 가장 흔한 비판은 설계 과정 중 제대로 된 신체적 경험에 의한 감응이 일어나지 않는다는 점이다.[29] 전통적인 도면을 통해 전달될 수 있는 건축의 시공이나 실제 건축물에 대한 경험이 우리에게 어떤 의미와 중요성을 주는지는 이미 충분히 설명되었다. 하지만 전산화 설계 기법이 제공할 수 있는 새로운 형태의 장점들을 감안할 때 이 방식에 대한 비판은 충분히 상쇄된다고 본다. 그렇지만 여기서 중요한 질문은 기술적 보완으로 대신할 수 있는 신체적 경험의 범위는 어느 정도로 봐야 하는지, 그리고 근본적으로 우리는 이 방식을 어떤 범위에서 어떻게 이해하고 받아들여야 할지에 대한 문제다.

그런 관점에서 우리가 컴퓨터를 조종하기 위한 마우스, 키보드 그리고 모니터들에 대해 특별한 관심으로 많은 기대를 해야 하는지도 의문이다. 우선 설계자와 설계물 간의 관계는 순수하게 시각적 정보로만 이루어지고 모니터상의 정보로 제공되는 극히 일부분의 상황에 의존해야 한다. 텔레비전과 컴퓨터 모니터에 익숙한 덕에 눈에 보이는 그 외 많은 경험을 잠시 잊고 화면 속의 정보에 우리 자신을 제법 깊숙이 빠져들게 하는 능력이 생기기는 했다. 그러나 이 것이 건축설계 도구라는 점을 감안할 때 화면상의 내용이 실제 공간을 자주 왜곡시킨다는 점과 그것에 너무 익숙해지면 곤란하다는 것을 항상 명심할 필요가 있다. 게다가 시각적 감각이 인간의 오감 중에서 가장 우월하고 지배적인 위치에 있어온 인류의 문화적·신체적 경험을 비춰볼 때 이 문제에 대해 깊은 고민이 필요한 이유가 된다.[30] 디지털 세계의 시뮬레이션은 이러한 제한적·시각적 세계에 국한된 것일 수밖에 없고, 점점 더 우리를 이 편협된 세계에 몰입하게 하는 문제가 있다. 인간의 오감 중 시각은 그 범위가 넓어야 함이 맞고 그 속의 공간은 끝없는 무한대의 상상력을 자극해야 하며 거기에 존재하는 무수히 많은 물체들 각자의 역할에 따른 자태와 느낌은 눈에 보이는 상황과 거리감 그 이상을 암시하고는 한다. 우리에게 눈앞에 펼쳐진 넓은 시야는 우리가 존재하는 이 공간 속에 직접적인 관계를 갖게 하고, 무시할 수 없는 감응으로 디자이너에게 존재해야 한다.[31] 시각은 또한 가깝게 다가가야 느껴지는 다른 감각들과는 달리 세상으로부터 우리를 분리시켜 거리를 유지하게 하고, 이를 통해 그 세계와 직접 연관되는 것을 조절하기도 한다. 그리고 시각은 우리에게 우리를 둘러싼 모든 것을 지배적으로 파악하게 하고 그 세계의 중심에 보고 있는 내가 놓여 있게 한다. 동시에 요즘 건축에서 우리 자연환경과 환경인지에 대한 높은 인식과 관심에서 비추어볼 때 시각으로 유인하는 기술적 진보가 오히려 우리를 그것과 먼 거리에 있게 한다.

지금 우리가 사용하고 있는 컴퓨터 인터페이스는 우리 신체적 감응과 거의 관계가 없다. 무한대에 가까운 표현의 폭을 지닌 손으로 그리는 행위에 비해 마우스는 비교 대상도 되지 않는다. 디자이너가 작업 중에 확신 없이 마우스에 힘을 주더라도 컴퓨터는 정확한 입력 정보로만 해석할 뿐이다. 불규칙한 손놀림으로 입력되는 그림도 소프트웨어는 사전에 정해진 도형(선, 원, 곡선 등)으로 수정하여 입력시키기도 한다. 연필에 가해지는 미세한 압력, 속도, 각도, 흑연의 강도와 같은 효과는 아랑곳없이 마우스는 상대적 위치 정보만 입력할 뿐이다. 뿐만 아니라 형태를 지어낼 때도 마우스의 움직임은 형태 정의와 거의 무관하고 메뉴상의 도구를 선택하는 정도에 불과하다. 그리고 정확한 정보를 넣을 때는 마우스가 아닌 키보드를 써야 한다.

컴퓨터상의 시각 정보의 차원을 넓히고 청각, 촉각으로
도 반응이 있도록 많은 노력들이 진행되고 있다. 3D 모델링은 기존
의 모형 작업에서와 같이 디자이너의 손짓이나 시각적 작용에 따라
형태에 대한 정보를 입력시키도록 발전되어가고 있기도 하다. 이런
시도는 물론 중요하다고 볼 수 있지만 디자이너가 물리적으로 직접
도구를 써서 만들어내는 것과 구상하고 직접 만드는 그 경험을 새
방식에서 완전히 수용한다는 의미는 전혀 아니다. 컴퓨터 시뮬레이
션에서 온몸으로 체험되는 시각적 경험을 향상시키기 위해서 경험
자를 '몰입'시키는 방식이 종종 쓰인다(그림 4.23). 또 다른 방식은 경
험자가 시뮬레이션에 대한 반응을 몸짓으로 나타내는 것에 반응하
는 컴퓨터 인터페이스를 고안해내는 것이다. 여기서 어려운 점은 아
마도 컴퓨터로 하여금 사람의 몸짓이 의미하는 것을 구별하는 것일
것이다. 이를 위한 한 방법으로 컴퓨터가 사람의 손짓에 따른 각각의
의미를 배워두는 것이다.[32] 비록 손은 공중을 휘젓지만 손 움직임에
따른 정보 입력은 마우스 사용과 크게 다를 것이 없다. 감촉이 있는
경험을 시뮬레이션에 포함시키는 것은 촉각 기술(haptic technology)이
추구하는 내용이다. 이것이 실제 적용된 사례는 비디오게임 콘트롤
러가 게임 상황에 따라 진동하거나 울리는 기능이 바로 그것이다. 이
것보다 훨씬 발전된 기기들이 등장하고 있는데, 예를 들어 문고리를
잡아 돌리는 손짓도 포함된다(그림 4.24, 4.25)[33, 34] 심지어는 영화 스
타트렉에 등장하던 삼각 홀로그램도 실현되고 있다.[35, 36]

이러한 혁신적인 기술을 지금 쓸 건축가는 극소수에 불
과하므로 실제 컴퓨터 인터페이스의 한계에 따른 문제는 지금의 실
무에서 중요한 문제로 대두되고 있다. 무슨 방법으로든 보완되지 않

그림 4.23 엔지니어들이 CAVE를 이용하여 원자로 내부, 기차의 수리 또는 설계 대안의 내용을 점검할 수 있다.

※ 이미지 제공: The Idaho National Laboratory/CC BY 2.0

은 상태에서 건축가가 왜곡되고 제한된 시각적 정보에 갇혀 문제의 본질도 파악하지 못한 채 실제 지어질 건축을 설계한다는 것은 문제가 아닐 수 없다. 화면으로만 믿던 계획이 실제 지어진 결과와 판이하게 다를 수 있기 때문이다. 자칫 실제 사람이 서서 보는 위치가 아닌 곳을 기준으로 설계의 장점을 강조하다가 지어지고 나서 후회하게 될 수도 있다. 아니면 시뮬레이션이 제공한 시각적 효과에 매료되어 실제 건물로써의 느낌은 뒷전으로 밀릴 개연성도 있다. 또한 건축물을 구성하는 재질감은 시각적 효과만으로 도저히 따라잡을 수 없는 세계이기도 하다.

그림 4.24 '반응 그립'의 모습. 유타대학의 햅틱랩(Haptic Lab)에서 개발 중인 도구로, 손에 감촉을 제공하는 피드백 장치(하단/우측)와 시각적 인터페이스(상단/좌측)과 함께 구성된다. 반응 그립 장치로 전달되는 감촉 피드백으로 문손잡이를 돌려 실제 문을 여는 것과 같은 경험을 제공한다.

※ 이미지 제공: William Provancher

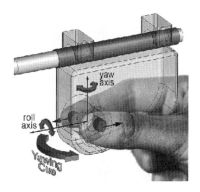

그림 4.25 감촉 제공 장치는 돌리고 미는 감각이 되도록 적당한 힘의 저항을 손에 제공한다.

※ 이미지 제공: William Provancher

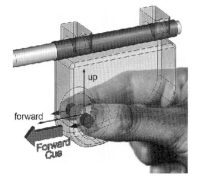

미주

1   Mentes & Alhquist, '서론'(2011, p.26)에서 인용한 Peter Weibel의 저술 *Woher Kommt das Neue? Kreativitat in Wissenchaft und Kunst*(Vienna: Bohau Verlag, 2003), p.301의 "Algorithmus und Kreativitat".

2   여기서 중요한 단서는 '원론적으로는'이다. 실제 BIM에 의한 설계 작업에서 건축가가 바로 구사할 수 있는 형태에 대한 제한이 있는 것이 사실이고, 손쉬운 결정은 소프트웨어가 제공하는 조립 및 설계 가이드에 의해 결정하는 것이다. 이때 무의식적으로 맞이하게 되는 가장 치명적인 단점은 기존 BIM 유저들이 세팅값으로 이미 지정된 기본 형태, 부품들이 별다른 생각 없이 선택될 때이며, 설계를 맡은 건축가도 미처 모르는 사이 팀원들에 의해 이런 일들이 일어나고 있다는 사실이고 많은 경우 큰 저항 없이 결과로 굳어지는 점이다.

3   Menges & Ahlquist(2011, p.10).

4   이 두 영역은 아마도 조만간 하나의 도구로 통합될 수 있을 것이다. 그러나 현재 두 도구들은 서로 특성이 다소 다르기 때문에 하나의 설계 프로세스로 활용하기에 쉽지 않은 상황이다.

5   Loughborough University; Foster+Partners; Buro Happold, 2010.

6   "새로운 시도라고 인정할 수 없다. 그저 환상일 뿐(Terzides, 2006, p.5)."

7   Terzides(2006, p.18).

8   Woodbury(2010,p.24).

9   Woodbury(2010,p.43).

10 Menges(2011, pp.203-206).

11 Euclid(1956, p.155).

12 인공지능을 이용하여 개념적 이해에 가깝도록 발전시키고 있지만 이런 방식은 기존의 정량적 정보 기반의 기하학 관련 연산 속도가 훨씬 느리다. 일례로 Eklund & Haemmerle(2008)의 서술이 참고자료로 유용하다.

13 우리가 일상 업무 중에 컴퓨터 도면을 '그리다'는 표현 대신 '출력한다'로 표현하면 관련된 많은 것들에 대해 확실한 개념으로 대하게 될 것이다.

14 Naylor(2008).

15 좀 더 정확히 표현하자면 전산화 기법으로 하나의 곡선으로부터 파생시켜 구현할 수 있는 곡면에는 한계가 있다. 하지만 이러한 한계가 건축설계 실무에서 필요로 하는 실용적 형태가 아니므로 큰 영향을 주지는 않는다.

16 "알고리즘에 의한 디자인 프로세스는 디자이너의 의도나 짐작할 수 있는 효과를 전혀 허락하지 않는다(Terzides, 2006, p.21)."

17 한 가지 눈을 번쩍 뜨이게 하는 사례를 들자면, 최근 저자의 친구가 최근

대학교 1학년 학생에게 수강상담을 하던 중이었다. 할 줄 아는 제2 외국어가 있냐고 물어보자 학생은 "저 파이톤(Pyhon) 할 줄 아는데요"라고 답했다고 한다.

18 "전산화 설계 기법에서 중요한 핵심은 수치 연산의 조합 그리고 만들어진 형태를 놓고 봤을 때 이것은 시스템에 의한 결과라는 것이다(Menges & Ahlquist, 2011, p.16)."

19 사실 '보이지 않는 과정'이 파라메트릭/알고리즘 디자인에서 디자인의 창의적 사고의 범위를 확장시키는 핵심 이유다. 이를테면 Kostas Terzides는 "알고리즘 프로세스는 눈에 보이지 않고 예측할 수 없지만 동시에 직관적인 부분이 있다. 이런 측면에서 볼 때 이것이 우리의 인지 범위의 한계를 넓히는 계기로 탐구될 수 있다"라고 주장한다.

20 Menges & Ahlquist(2011, pp.78-85)에서 Negroponte(1969)의 말.

21 Terzides(2006, p.xiii).

22 deLanda(2002, pp.145-146).

23 Menges & Ahlquist(2011, pp.15-16).

24 물론 디자이너가 의지를 갖고 알고리즘을 수정하여 얻는 결과를 유도할 수도 있겠지만 그럴 경우 이 프로세스의 본래 취지를 무의미하게 한다.

25 Miller(2012a and 2012b).

26 Frazer(2011a and 2012b).

27 Menges & Ahlquist(2011, p.24).

28 회귀 연산에 의한 알고리즘 설계는 최종 값이 입력되어 다음으로 진화된 값을 만들어내는 과정이다. 즉, 여러 번 연산을 거쳐야 이 프로세스의 의미를 가지므로 확정된 하나의 값이 결론은 아니다.

29 Pallasmaa에 따르면, 건축가가 상상 속의 구조물을 자유롭게 거닐며 경험한다. … 실제 건물 안에서 벽을 만져가며 재질감과 감촉을 느끼듯이 말이다. 이러한 친밀감은 컴퓨터에 의해 시뮬레이션되는 모델의 환경에서는 아예 불가능하거나 상당히 재현하기 힘든 경험일 것이다(2009, p.59).

30 Levin(1993).

31 Foucault(1979).

32 Hsiao, Davis & Do(2012) 등을 참조할 것.

33 Haptic & Embedded Mechatronics Laboratory(n.d.).

34 Provancher(2013).

35 Iwamoto, Tatezono, Hoshi & Shinoda(2008).

36 Shinoda Lab, University of Tokyo(2009).

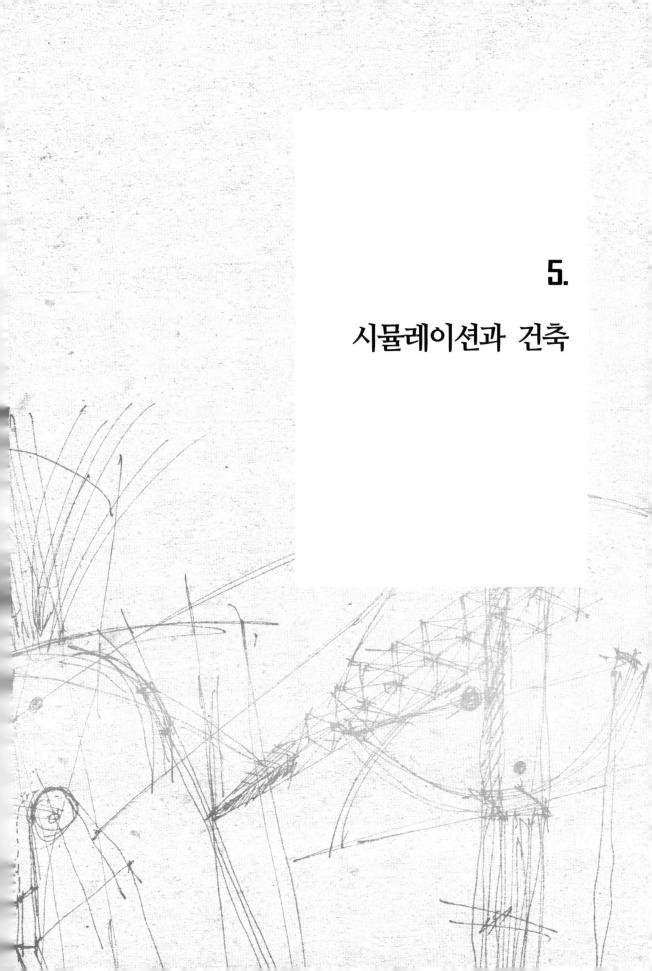

5.

시뮬레이션과 건축

시뮬레이션과
건축

지금까지 BIM과 전산화 설계 기법에 대해 어느 정도 상세하게 살펴봤으므로 다시 건축에서의 '시뮬레이션'이 설계 실무에 어떤 영향을 줄 수 있는지 살펴보고자 한다. 이미 1장에서 시뮬레이션이란 시뮬레이션 자체 내에서 무엇인가를 경험시켜주는 갖가지 신호들로 구성될 뿐 외부 현실과는 무관한 상태라고 했다. 다시 말해 시뮬레이션은 우리에게 경험상의 깊이가 전혀 없는 상태로써 외부 현실과 조금도 닿는 부분이 없다는 것이다. 이런 측면에서 볼 때 시뮬레이션은 현실을 가리키는 신호와 연관성을 모두 제거하고 다른 것으로 대체한 상태다. 따라서 시뮬레이션을 통해 어떤 상황을 인지하는 소통 방식은 컴퓨터 모델로 뭔가를 보거나 비디오게임을 하는 단순 체험보다 훨씬 범위가 넓고 의미하는 것이 클 수 있다. 더구나 잠깐의 시뮬레이션 체험은 경험자의 의지에 의해 현실을 벗어나 잠시 경험해보는 것이다. 특정 시뮬레이션은 현실에 대한 도전이 아니고 현실을 배경으로 한 잠깐의 선택일 뿐이다. 시뮬레이션이 지배하는 세상에서 그중 일부를 체험하는 것이 아니다. 하지만 시뮬레이션을 가져다준 디지털기술이 의미하는 것은 상당하고 우리에게 엄청난 새로운 세계를 열어준 것은 맞다. 여기에서 중요한 것은 비디오게임과 같은 일시적 체험으로써의 시뮬레이션과 보다 넓은 의미인 인간이 상황을 인지하는 소통 방식으로써의 시뮬레이션 두 가지를 서로 구별할 필요가 있다는 것이다. 여기에서 건축의 BIM과 전산화 설계 기법 등이 주도하는 상황의 인지와 소통 방식으로써의 시뮬레이션이 건축실무에 가져올 변화에 대해 우리는 깊은 관심으로 들여다볼 필요가 있는 것이다.

실제로 BIM과 전산화 설계 기법 등은 건물 체험의 시뮬레이션에서 우리에게 일시적 체험을 제공하는 것에 불과하다. 이미 우리는 비행기, 신약 제조, 핵무기 등 첨단기술의 계획과 설계의 많은 부분을 시뮬레이션에 의존하고 있다. 이런 것들에 비하면 건축은 시뮬레이션을 활용한 설계 기술을 늦게 받아들인 편이다. 건축에서 시뮬레이션에 관한 논의의 중요한 부분은 사용되는 각각의 시뮬레이션이 갖는 충실도나 재현력에 관한 부분은 아니다. 시뮬레이션의 재현력과 충실도는 지금도 빠르게 발전하고 있으므로 앞으로는 판타지 작가인 William Gibson이나 Neal Stephenson의 이야기들이 현실과 구분되지 않을 정도로 우리 앞에 존재하게 될지도 모른다. 우리의 관심사는 건축에 대한 생각과 누군가에 의해 구상될 건축 간의 관계가 시뮬레이션의 영향으로 어떻게 바뀔까에 대한 논의에 있다. 이 관계를 나타내는 데 주변 매체들의 영향 또한 중요한데,－지금까지 '매체'가 우리 삶에 미친 영향과 쓰인 방식을 볼 때－매체 역시 큰 시각에서 보면 사회적 움직임의 결과이기도 하다. 여기서 중요한 사실은 '시뮬레이션' 현상에 매체가 이미 편승하고 있을 뿐 아니라 매체는 더욱 사회 전반의 시뮬레이션 현상에 힘 실어주고 있다.

순수하고 제한된 범위로 우리에게 다가온 건축 시뮬레이션에 의해 우리는 BIM과 전산화 설계 기법이 불러일으킨 건축의 새로운 쟁점들을 알게 되었다. 우선 이것들은 우리에게 설계와 시공에서 경험해보지 못한 효율을 제공했다. 계획과 설계 단계에서 더 많이 질문하고 궁리할수록 그것들의 답은 고스란히 시공 단계와 완공 후 운용 단계에서 이점으로 되돌아왔다. 또한 설계 단계에서의 시뮬레이션으로 건물의 에너지소비나 정확한 시공 비용, 법규, 내부 기능과 프로그래밍 검토를 일순간에 해치울 수 있게 해줬다. 점차 이런 정보를 설계 초기 단계부터 확보함으로써 다른 검토들을 할 수 있게 되었고 전체 비용도 낮출 수 있었다. BIM과 전산화 설계 기법이 가져온 이런 계획의 환경은 건축설계의 각종 분야마다 건축가에게 꼭 필요한 장점을 제공하고 있다.

시뮬레이션은 그 자체로도 우리에게 즐길거리를 제공한다. 아이디어가 현실처럼 다가온다는 것이 디자인을 하는 이에게는 특히 그렇다. 디자인 행위 자체가 즐거움이기도 하지만 자신의 의지만을 담아 만들어낸 완벽한 세상에 둘러싸여본다는 사실만으로 즐거움일 수밖에 없다. 이것을 현실처럼 경험해보는 것은 그야말로 꿈을 현실로 만드는 일이다.

유용하게 쓰이는 제한적인 시뮬레이션은 대게 한 모델을 다른 두 가지 시점에서 보는 것이 어려운 한계 때문에 넓은 의미소통 방식으로써의 시뮬레이션에 대해 생각하게 한다. 의도된 시뮬레이션으로 하나의 모델을 보기 시작하면 그 모델을 포함한 전체 경험이 시뮬레이션이 될 수밖에 없다. 하나의 모델이 동시에 '시뮬레이션'과 '표현'으로 인지되게 하기는 사실상 불가능하다. 이 두 가지 소통 방식은 일단 대상이 되는 물체에 대해 전혀 다른 태도를 갖고 있고 한 경험자에게 한꺼번에 일어날 수 있는 성질도 아니다. 시뮬레이션은 건축물의 기능을 파악하기 위해 그것을 재현하기 위한 모델이 쓰이는 것이고, 표현의 경우에는 아이디어의 탐구와 발전을 위해 현실의 건물과 다를 수밖에 없는 모델을 활용하는 것이다. 제한적인 시뮬레이션에서 모델 전체를 시뮬레이션의 대상으로 삼는 것은 자연스러운 일이며 건축가들은 편의상 종종 성능과 기능을 측정하기 위한 모델과 전체 디자인을 검토하기 위한 모델 등 구별하여 작업하기도 한다. 하지만 이 경우 애초에 의도된 건물의 기술적 성능과 공간, 외관 등 전체를 하나로 완성해서 간접 경험을 해본다는 취지와 맞지 않게 된다. 그러므로 하나의 모델 환경에서 모든 것들이 결합된 상태에서 디자인을 진전시키게 된다. 그리고 이미 사회 전반에 익숙해진 시뮬레이션의 환경적 영향도 있기 때문에 대부분의 건축가들은 실무 환경에서 시뮬레이션된 모델 환경에 대해 거부감 없이 작업하게 된다.

　　　　디자인 과정에서 디자이너가 무엇을 어떻게 인지하느냐가 디자인에 영향을 미치듯 시뮬레이션이 건축설계 결과에도 영향을 준다. 우선 지난 50여 년간의 건축설계를 보면 이미지의 중요성이 설계에 미친 큰 영향을 알 수 있다. 이 현상은 로버트 벤튜리(Rober Venturi)의 저서로 널리 알려진 **건축의 복합성과 모순(Complexity and Contradiction in Architecture)**(1966)을 통해 널리 알려진 사실이고 **라스베가스에서의 교훈(Learning from Las Vegas)**(1977)에서 깊이 있게 다루어졌다. 벤튜리의 주된 주장은 건물의 외관은 건축의 중요 기능 중의 하나로 언어적 소통이 되도록 이미지를 활용한 형태를 고안해야 한다는 것이다. 건축 이론가인 동시에 로마상 수상자(Rome Prize)인 벤튜리에 따르면 사람들이 이미 알고 있는 이미지

그림 5.1 Robert Venturi의 Vanna Venturi House(1964). 건축은 소통 수단으로써의 언어다. 고전 건축의 이미지를 소재로 하고 있지만 그 형태 언어와 규범을 의도적으로 여러 곳에서 어기고 옳지 않게 적용하고 있다. 마치 시인이 창의적 의도로 어법에 맞지 않는 언어를 구사하듯 건축도 그럴 수 있다는 주장이다.

※ 이미지 제공: Smallbones

를 활용하여 건축에서의 형태적 규범과 형식을 의도적으로 빗겨 간다든지 왜곡시키는 선택을 디자인에 포함시켰다(그림 5.1). 이런 영향으로 큰 스케일의 경관을 조성할 때 동네 '이미지'를 활발히 만들어내는 계기가 되었다고 볼 수도 있다. 건물에 사는 사람이 자신의 의도를 사는 집 외관에 자신 있게 나타내어 일종의 외부와의 소통 도구로 삼았다. 사용되는 이미지는 모두 외부 어디선가로부터 복제되어온 잘 알려진 것이고 실제의 기능이나 내용과는 거의 무관한 특징을 갖는다.

수용

사회·문화적 관점에서 '시뮬레이션'이 미칠 수 있는 영향력은 그 누군가에 의해 정해진 것이 없이 넓고 강력할 수 있다는 사실을 건축가들은 알아야 한다. 더구나 일반 대중들은 축조 환경, 경관의 의미에 대해 건축가들과는 전혀 다르게 느끼고 해석할 수 있다는 사실을 염두에 둬야 한다. 일례로, 우리 주변에 얼마든지 발견되는 규격화되어 한꺼번에 지어진 분양 주택들(그림 5.2)의 경우를 보자. 집 내부 구성과 계획은 한 가정이 편히 살기 위해 필요한 기능들로 채워져 있을 것이다. 건물 외관은 대게 기능적으로는 별다른 게 없고 주로 시뮬레이션의 효과를 노리고 있을 뿐이다.[1] 집의 디자인은 가상의 이미지를 투영할 뿐이고 보는 사람이 어떤 반응을 보이든지 무관한 특성을 갖는다. 집의 일부가 기능적인 이유에서 그렇게 생겼을 뿐 디자

그림 5.2 교외에 흔히 볼 수 있는 규격화된 분양 주택. 외관 디자인에 이미지를 활발히 사용하고 있으나 실제 내용과는 별 관계가 없으며 일종의 모조품 같은 효과를 갖는다.

※ 이미지 제공: BrendelSignature/CC BY-SA 3.0

인 의도 자체가 다른 특별함을 갖고 있지 않다. 결국 디자인 의도의 지향점은 모호한 상태라고 볼 수 있다. 집 주인이 갖고 있는 가치관을 나타내는 것은 불가능하다. 수천 채의 집이 같은 디자인 일터인데 가능할 리가 있겠는가? 물론 극히 일부 집의 경우 실제 역사적 고증을 거쳐 의미 있는 재현을 시도하는 경우도 있지만 현 시대적 맥락과는 거리가 멀 수밖에 없는 한계를 지닌다. 경제적 이유에서 쓰인 재료 또한 시각적 효과만을 노리기 때문에 전면 일부 치장으로만 쓰인 석재 같은 재료를 사람들은 마다하지 않는다. 사실상 우리는 디즈니랜드 같은 세상에 살고 있는 셈이고 이것을 조성한 사람들이 여기를 따로 놀이공원이라고 구분하지만 않은 것과 같다.[2]

재미있는 사실은 사람들 대부분은 이런 집들에 대해 극히 정상이라고 생각하고 있고 오히려 누군가가 이 집들이 디즈니랜드와 같다고 주장하면 오히려 언짢아할 것이라는 것이다. 이런 집들이 사람들에게는 진짜 집인 것이다. 물론 이런 현상은 주택시장의 영향이 크다. 건설업자들은 규모의 경제성을 추구하게 되므로 리스크를 줄이는 방법으로 이미 본 듯한 이미지의 집을 반복해서 만들어낸다. 집이 필요한 수요자 입장에서는 이런 집들이 썩 마음에 안 들더라도 많은 주변 사람들이 이미 선택한 상황을 흔쾌히 수긍할 수밖에 없다. 결국 수요자의 선택과 시장에서 공급하는 상품이 맞아떨어지는 효과다. 시장이 제공하는 것을 사람들이 선택하기 때문이든 시장이 사람들의 처지를 이용하는 것이든 결과는 다르지 않다. 집들이 시장경제의 틀 속에 허구적인 이미지를 씌워놓은 얄팍함에 대해 사람들은 무감각하고, 이것이 정당화되는 이유가 단지 그런 집들이 어디든지 있다는 이유뿐인 것이다. 다른 표현으로 정리하면, 이미 사람들은 '시뮬레이션' 속에 사는 것을 편히 여기고 있고 그렇다는 사실조차 잘 인지하고 있지 못하다.

사람들이 이런 것에 쉽게 적응하고 있는 상황은 우리 주변 축조 환경 전반에서 일어나고 있다. 대중들은 이런 이슈들에 대해 설명하고 알리려 해도 별반 관심 있게 반응을 보이지도 않을 것이다. 흔히 볼 수 있는 큰 단일 상점 건물의 형태는 그 자체가 특정 상점의 간판인 것도 마찬가지 현상일 것이다(그림 5.3, 5.4, 5.5).[3]

사람들이 어떤 정보를 '수용'하는 수단 중 하나로써 시뮬레이션을 볼 때 시뮬레이션은 건축가가 자신의 아이디어를 전달하려는 의도를 무기력하게 만든다. 건축이란 원래 '아이디어'가 아니고 어떤 아이디어를 표방할 뿐이다. 그런데 아이디어의 '표현'이 없다는 것은 그냥 보이는 건물 자체가 전부라는 것이다.

디지털 공예

모든 장인에 의한 공예 작업들의 공통점은
어떤 형태를 완성하기 위한 기술적인 부분과 힘들인 노력뿐만 아니라
공예자의 능력에 대한 탐구, 그리고 무엇인가를 해낸다는 열정과
도덕적 가치관은 만들어지는 결과와 관계없이 추구되는 가치다.

Malcolm McCollough [4]

장인정신의 핵심은 좋은 작업에 열중한다는 만족감 그 자체이다. 장인정신이 자리 잡으면 작업의 목표는 유동적이다. 장인정신이 발휘

그림 5.3, 5.4, 5.5 대형 단일 상점 건물들은 그 자체가 대형 간판이다.

※ 이미지 제공: 그림 5.3 Stu Pendousmat/CC BY-SA 3.0, 그림 5.4, 5.5 Brenda Scheer

된다는 것은 적당한 정도의 일이 아니라 작업자 스스로 성능과 기준 이상의 그 무엇을 향해 추구한다는 것이다. 건축가는 건축으로 스스로 깊은 자아실현의 통로로 여기므로 건축가의 장인정신은 훌륭한 건축의 핵심이었다. 건축가는 건축주가 만족하는 결과를 얻었다고 모든 게 만족스러운 것은 아니었다. 좋은 건축은 '그 무엇' 이상의 만족감이 필요한 것이다. 여기서 '그 무엇'이 뭔가에 대해서는 개별 건축가들마다 다를 수 있지만, 진정한 건축가가 된다는 것은 '그 무엇'이 건축에서 가장 중요한 핵심이라고 여기는 건축가가 되는 것이라고 대부분 생각한다.

전통적인 '공예'는 누군가의 물리적 작업, 즉 신체적 작업이 관여되는 손놀림에 의한 작업을 의미한다. 그리고 장인은 사용하는 도구에 대한 깊은 이해와 기술을 섭렵한 상태일 것이다. 대게 장인은 오랜 세월 사용 도구를 다루어보고 경험이 쌓이면서 도구의 광범위한 특성을 익히게 된다. 사용하는 도구의 특성은 곧 장인의 머릿속 의도에 영향을 주고 손에 쥔 도구의 반응에 의해 장인이 상상하는 결과가 현실로 옮겨지는 것이다. 상상의 것이 현실로 실현된다는 것에서 의미를 가지며 우리는 장인정신이 녹아 있는 훌륭한 작업을 현실에서 만나게 된다. 이런 장인의 작업에서 사용된 재료는 결코 작업의 의도를 지배하지 않는다. 오히려 사용된 재료는 그 특성을 섬세하게 이해하고 있는 장인의 아이디어에 의해 자연스럽게 그 특성이 활용될 뿐이다. 재료 자체의 성질이 형태나 기능을 형성하는 데 결정적인 역할을 한다(그림 5.6). 이런 장인정신이 깃든 공예품은 오랜 실무 경험에서만 가능하고 많은 노력과 시간이 투입된 노련함을 증명하는 것이다.

건축에서 '도면'은 전통적으로 장인정신으로 완성되는

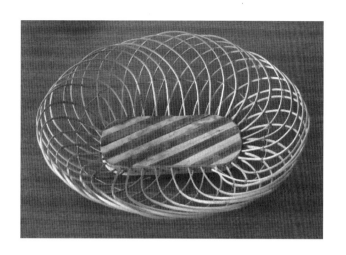

그림 5.6 사용된 대나무 재료의 물리적인 성질이 이 바구니에 나타난 곡선의 섬세한 사용과 그 정도 그리고 전체적인 아름다움으로 연결된다.

※ 이미지 제공: Thamizhpparithi Maari/CC BY-SA 3.0

대표적인 사례로써, 건축을 이루는 재료의 선택과 건축 계획의 아이디어가 어우러져 표현되는 설계 결과를 의미해왔다. 장인정신을 발휘하여 완벽한 도면의 완성도를 갖춘다는 것은 건축가로서의 역할과 자격을 세상에 알리고 동시에 증명하는 길이었다. 그렇다면 건축에서 도면의 역할이 이제 예전 같지 않다면 건축에서의 '장인정신'의 가치는 앞으로 어떻게 되는 것일까?

장인정신의 가치와 개념은 물리적 소통 수단이 아닌 전산화 설계 기법을 통해서도 구현될 수 있다. 리눅스(Linux) 커뮤니티가 전반적인 컴퓨터 활용성을 늘리기 위한 재능기부로 낸 성과에서 Richard Sennett가 발견한 것에 따르면 컴퓨터 작업에서도 '장인정신'을 구성하는 성분을 찾을 수 있다고 한다.[5] 전산화 기법이 비록 물리적인 작업 방식이 아니지만 작업자들은 작업의 완성도와 그 가치 추구를 위해 노력한다고 볼 수 있다. 전통적인 장인정신을 말하는 데 반드시 필요한 부분인 도구 사용의 '숙련도' 측면은 전산화 기법에서 프로그래머들이 효율적인 해법을 찾기 위한 프로그래밍 노력과 그에 따른 숙련도로 볼 수 있다.[6] 하지만 건축의 세계에서 물리적 성과로써의 전통적 장인정신과 장인정신이 반영된 디지털 기법 간에는 여전히 뚜렷한 이질감이 존재한다.

그 이질감의 이유 중 하나는 디지털 기법에 의한 작업은 장인의 손길이 직접 물리적으로 닿아 탄생한 결과가 아니라는 점 때문이다. 건축에서 '도면'은 건축을 이루는 재료와 건축 계획의 아이디어가 어우러져 표현되는 설계 결과이므로 손을 도구로 사용한 신체적 경험이 분명하다. 하지만 디지털 세계에서는 디자인 내용과 시공 과정을 매개하는 도구조차 점차 디지털화되고 있다. 이런 경향이 가속화되면 건축을 짓는 데 쓰이는 재료의 성질조차 디자이너가 각별히 선택한 성질이기보다는 전산제어 공작기계(CNC)에 조금이라도 더 유리한 재료가 선호될 것이기 때문이다. 이에 따라 디지털 디자인 도구는 재료와 형태의 긴밀한 관계에 대한 디자이너의 전통적 의지를 우선순위에 두지 않게 될 것이고, 자동화된 기계가 모든 조립, 생산, 시공 단계까지 점차 책임지게 될수록 이러한 경향은 뚜렷해질 것이다. 그리고 디지털 조립 및 시공 방식에 의해 건축에서 디자이너와 시공자 및 재료 간의 관계와 그 선택 기준에 변화를 가져올 수밖에 없다. 현장에서의 시공은 점차 자동화 기계에 의한 제작의 성질을 갖게 될 것이고 사전 제작된 부품에 의한 현장 조립이 주를 이루게 될 것이다(그림 5.7). 이러한 혁신적 변화에서 설계와 시공 간의 관계 사이에 분명히 중요시되었던 신체적 경험의 역할과 중요성은 그 의미를 잃어간다고 볼 수 있다.

두 번째 이질감은 전통적 장인정신에 의한 작업 결과는 항상 외적으로 나타나는 재료와 실제 물건들이었다면 디지털 기법의 결과는 항상 실제 현실에 존재하지 않는 상상 속의 창작물로 볼 수 있기 때문이다. 전통 장인은 사용하는 재료와 도구를 통해 자연

그림 5.7 Bakoko, The Tahome (2011). 모듈러 시공법에 의한 이 주택은 2011년 일본의 쓰나미로 훼손된 주택들을 대체하기 위한 것이다. 이 주택들은 모듈러 시공법의 장점 이외에 집의 구성 부위들을 미국에서 제작하여 일본으로 가져올 것을 디자이너가 의도했는데, 그 이유는 침체된 미국 경기로 제작 단가가 일본보다 저렴한 것을 감안한 결정이었다.

속 재료에 대한 깊은 이해와 그 해석을 결과물의 완벽함으로 드러낸다. 장인이 다루는 재료는 항상 현실 속 한계가 있기 마련이고 장인은 그 한계를 터득해가며 자신의 의지를 발전시켜나간다. 건축에서도 현실의 많은 제약을 감안해가며 사용하는 재료를 다루어야 훌륭한 창작이 된다. 재료의 선택과 그 선택으로 무엇을 성취할 수 있는가로 건축가가 인간을 위한 이상적인 공간을 창작하게 되는 것이다 (그림 5.8). 도면작업은 건축가들이 사용할 재료에 대해 미리 사용해보게 하는 도구인 동시에 도면으로 나타내면 어떻게 되는지 시험해보는 과정이다. 이와는 반대로 전산화 기법을 사용하게 되면 실제 벌어질 현실 속 재료의 질감을 느낄 기회가 주어지지 않는다. 이미 인공적으로 지정된 특성이 입력된 가상공간을 접하게 될 뿐이다. 또한 전산 작업은 수학적 논리를 기반으로 하지만, 중앙연산장치를 가동

그림 5.8 Alvar Aalto의 Villa Mairea(빌라 마리아, c. 1938) 상세 부위. 전통적인 핀란드의 목구조법으로 설계되어 지어진 주택으로써, 사용된 재료의 활용 가능한 기능적 범위와 작업에 임한 장인의 공예적 노력이 폭넓게 나타나 있다.

※ 이미지 제공: Frans Drewniak/CC BY 2.0

하기 위한 프로그램 디자이너가 고안한 임의의 사용 언어에 의존하여 사용자가 작동시키게 된다. 이 과정에서 사용자의 경험은 사용 언어의 규칙에 지배되는 변수 정도이다.[7] 이러한 디지털 미디어에 단련된 건축가는 현실 감각에 의한 디자인보다는 다른 세계의 논리에 의해 만들어진 결과를 따르는 게 더 중요한 디자인의 본질이라고 여길 수 있을 것이고 여기서 다른 세계는 다름 아닌 시뮬레이션의 세계를 뜻한다.

위에서 설명된 두 가지 이질감은 같은 방향으로 갈 수밖에 없다. 디자인 과정에서 모든 것들이 인공적이고 우리 감각 기관으로 느낄 수 없는 비물질의 세계에 머물게 됨에 따라 건축 자체의 사고가 체험되는 현실의 것들과 예전보다는 멀어질 수밖에 없는 것이다. 이런 상황에 대응하기 위해 최소한 두 가지 해법이 제시되기도 한다. 한 가지 방법은 시뮬레이션 속에 자연과 재료의 물성을 삽입하는 것이다. 이미 4장에서 설명되었듯이 몰입 가상현실과 촉각 인터페이스 기기 등 신체적 경험을 증대시키는 방식들이 빠르게 개발되고 있다. 하지만 이런 것들로 기존의 실제 세계에 대한 경험을 완전히 대체하기는 힘들 것이다. 뿐만 아니라 자연재료의 물성 등을 시뮬레이션에 포함하려면 상당한 양의 디테일한 정보가 요구된다. 목공을 예로 들면, 톱이 나무를 자를 때 사용되는 나무 종류마다 그 질감의 차이가 나타나야 할 것이고, 목공이 일어나는 공간에 나무의 향기, 도구들이 재료와 만나 만들어내는 갖가지 소음 등 여러 가지 자극들이 세세하게 구현되어야 목공 일에 임한다는 것에 도달하게 될 것이다. 기술적으로 완벽한 구현이 불가능하다고 판단하기 이전에, 많은 노력을 들여 앞에서 언급한 심도 깊고 디테일한 시뮬레이션을 구현했다고 가정하는 순간, 현실세계를 단순화하고 일부를 섣불리 추상적으로 흉내 낸 상태를 용인하는 우리의 모습을 두려워해야 한다. 이것은 우리 경험의 세계를 구출해낼 수 없는 빈곤 속으로 내모는 것과 유사한 것이다. 이런 시뮬레이션의 구현이 지금 가능한 수준은 아니더라도 언젠가는 다가올 것이다.

디지털 기법에서 오는 이질감에 대응하기 위한 또 다른 방법은 이러한 기법 전반에 다가온 변화를 폭넓게 수용하고 순수한 전산화 기법 안에서 또 다른 '공예'의 의미를 찾아보는 것이다. 이를 위해서는 이전 장에서 설명되었던 전산화 기법 활용의 특성을 문제의 중심으로 두고, 전산화 과정에서 다루는 기하학이나 위상공간을 매개로 일어나는 디자인 결과에 대한 새로운 아이디어를 적극 동원해보면서 지속적으로 탐구할 문제다(그림 5.9). 탐구의 과정에서 전산화 기법의 연구뿐만 아니라 실증적 접근도 일어나야 한다. 여기서

그림 5.9 Tanaka Juuyo, 4 Tori(2013)
Mathematica 8 code for "4 Tori":

```
a = 3;(* center hole size *)
b1 = 5;  Zb2 = 2;  Zb3 = 5;
c = 3;(* distance from the center of rotation **)
d = 4;(* the number of tori *)
h = 5;(* height of a torus *)
SetOptions[ParametricPlot3D, PlotRange→Full, Mesh→None, Boxed→False,
Axes→False, PlotPoints→500, ImageSize→3000, ZBackground→
RGBColor [{200, 200, 240}/255], PlotStyle→Directive[Specularity[White, 90],
Texture [Import["D:/tmp/94.jpg"]]], TextureCoordinateFunction→({#4/b2, #5 Pi
b1} &), Lighting→ "Neutral"];
x = (a - Sin[t] - Sin[b1 s]) Sin[b3 s] + c;
y = (a - Cos[t] - Cos[b1 s]) Cos[b3 s] + c;
z = (a - h Sin[b2 s]) + c;
rm = Table[{x, y, z}.RotationMatrix[2 i Pi/d, {0, 0, 1}], {i, d}];
ParametricPlot3D[rm, {t, 0, 2 Pi}, {s, 0, 2 Pi}]
```

다루어지는 형태에 대한 질문은 전통적 개념 이외에도 현상학적 관점에서 기인하는 형질을 포함해야 하고 나아가서 칸트의 철학적 정의에 배경을 둔 우리 두뇌의 인지 구조를 바탕으로 주의 깊게 바라볼 필요도 있다. 이런 유형의 건축 형태적 연구는 신경 과학 분야까지 연결되는 것이 사실이다. 이 관점으로 볼 때 이러한 시뮬레이션 건축은 이미 전통적 관념의 '경험'의 정의에 속해 있다고 볼 수도 있는 것이다. 과연 이 시점에서 우리는 전통적 관념의 신체적 경험에 의지하여 현실을 담아내는 건축에만 진실된 의미로 간주되므로, 다른 가치와 기법의 등장으로 옛 '건축'은 이미 그 생명력을 다했다고 보는 것이 맞을 것인가? 솔직히 디지털 시뮬레이션에 의한 건축 세계에 대해 우리는 아직 모르는 것이 많은 것이 사실이므로 이에 대한 답을 손쉽게 내놓는 것은 무리다. 새 기법의 건축에 대한 계획의 방법이나 만들어진 결과물을 접하는 방식 등 아직 확실하지 않고 중요한 많은 문제들이 더 탐구되어야 한다.

신체적 체험 과정을 건축 계획 프로세스에 포함시키는 또 다른 방법으로 디지털–실물 재료 혼합 설계 프로세스를 들 수 있다. 이 방법은 실물 재료에 대한 탐구와 디지털 기법을 동시에 진행하면서 상호 간에 영향을 주고받도록 하는 것이다. 예를 들어, 테리폼 프로젝트(Terriform Project)에서 전통적 접근으로 모래의 성질과 물성을 이용하여 형태 찾기를 하고 동시에 짓기 위한 조립 방법을 디지털 정보로 연구하였다.[8] 모래로써 재료가 갖는 표면적 성질을 반영한 표면의 개구부를 고안했고(그림 5.10) 소금물로 적셔가며 재료를 단단히 굳힌 구조 시스템을 제안했다(그림 5.11). 이 프로젝트의 건축가는 실물재료를 이용해 얻은 데이터를 이용해 전산화된 모델을 구축하여 건물로써 가능한 형태들을 연구하는 데 활용하였다(그

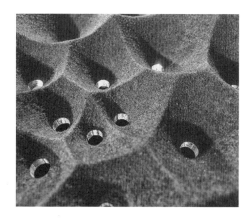

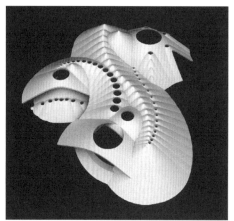

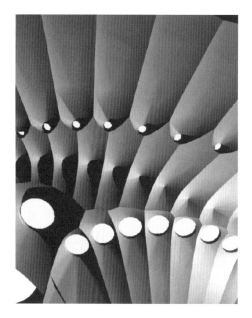

그림 5.10-14 35도 'Terriform' 프로젝트(2012). 모래의 물성을 조사하여 그 특성을 이용해 형태 만들기에 반영하고 이것을 전산화된 형태적 정보 와 시공 기법 설정에 활용하였다.

※ 이미지 제공: Ahmed Abouelkheir/35Degree.

림 5.12, 5.13, 5.14). 이밖에 전산화 기법과 도면이나 실제 물리적 모형을 혼합한 설계 프로세스를 활용한 사례는 4장에서 언급된 스푸르스가 8번 프로젝트 등을 찾아볼 수 있다(그림 4.20, 4.21).[9] 이러한 혼합된 프로세스가 더 인정받기 위해서는 디지털 모델 자체도 다가가기 쉬운 추상화된 모습으로 볼 수 있도록 작업해야 효과적이다.

　　　　건축가가 디지털 기법을 하나의 도구로써 손쉽게 다루기 위해서는 그것을 가능하게 하는 소프트웨어의 속성이 어떤지에 달려 있다. 전통적 공예 작업에서 장인들이 손에 익은 도구에 의존하고 또 그것의 사용법을 충분히 익히는 것이 중요했듯이 앞으로 '디지털 장인'을 기대하기 위해서는 건축가가 디지털 기법을 가능하게 하는 소프트웨어의 속성과 얼마나 그것을 이해하는지가 중요한 관건이 될 수밖에 없다. 반면에 소프트웨어를 개발하는 개발자들은 흥미롭게도 이와 정반대의 의도를 갖고 있다. 사용자가 소프트웨어를 사용할 때 중간 과정을 거치지 않도록 하고 가능한 결과가 바로 얻어지도록 의도하기 때문이다. 이러한 이유 때문에 소프트웨어 디자이너들과 개발자들은 익숙하지 않은 많은 건축설계 프로세스에서 자신들의 가정을 기정사실화하여 소프트웨어에 반영함으로써 잘못된 결과를 만들어내는 것을 흔치 않게 경험하고 있다. 이렇게 개발된 디지털 도구들은 건축가들에게 디지털 기법의 장점에 대해 알려주지 못한다. 이것이 건축가의 실질적이고 유용한 도구가 되기 위해서는 도구의 작동 방식과 그 내용이 밖으로 드러나야 하고 사용자가 그것의 충분한 이해 속에 목적에 맞게 직접 활용할 수 있어야 한다. 만약 이런 일이 가능해진다면 작가의 성향을 바탕으로 고유의 성질을 담아내는 전통적인 장인정신이 깃든 '공예'가 디지털 기법에서도 가능해질 것이다.

성능성

건축설계에서 '성능'은 다양한 관점에서 추구되어야 할 가치로 인정받았다. 건축이 추구해야 할 목표 중 몇 가지는 객관적으로 평가되어야 한다. 구조적 안정성, 적절한 예산 내에 완공 가능성 여부, 건축법규 내에서 요구되는 내부 기능들이 충족 가능한지, 많은 강우량이나 일기 변화, 습도·한파나 고온에 문제없이 견디는지 등은 정량적 지표로 평가할 수 있다. 반면에 다른 설계의 목표들은 그렇게 평가되기 힘들다. 예를 들어, 대상지 맥락에 얼마나 순응하는지, 건축의 외형이 어떤 느낌인지 또는 그것과 건축물이 상징하는 집단이나 사용자가 느끼는 정서와의 관계 등이 그것이다. 이렇듯 우리가 아는 건축의 세계는 이 두 가지 가치평가의 세계를 모두 만족해야 하는 어려운 예술과 학문인 동시에 형태적 결정으로부터 많은 영향을 받는다(그림 5.15).

건축의 성능에 대한 평가와 그 기준들이 중요하게 여겨지는 것이 사실이지만 가장 중요한 핵심은 이것들과 그 반대편에 놓여 있는 정량적이지 않은 목표들 간의 균형을 찾는 것이 건축 문제의 핵심인데, 이 반대편에 놓인 문제들을 '건축적 표현'의 문제로 앞서 다루기도 했다. 르네상스 이론가들에 의해 굳혀진 전통적인 비트루비우스의 건축적 사고에 따르면 건축가는 계획하는 건물에 대한 실질적인 목표치에 대해 충분히 섭렵하고 있어야 한다고 강조하였고 그렇지 못할 경우 건축가의 명성을 지킬 수 없다고 했다.[10] 이것은 건축을 위한 전제 조건이었다. 그리고 채워야 하는 더 높은 목표는 예술성의 세계였다. 하지만 이런 보편적 가치관은 19세기 산업혁명이 불러일으킨 기술과 경제적 관념에 대한 획기적인 사회적 변화

그림 5.15 Louis I. Kahn의 리차드 의학연구실험실 건물(Richards Medical Research Laboratory, 1957). 이 건물의 형태는 건축가 칸의 유명한 설계 이론인 '서비스 공간과 주인 공간'에 입각해 구성되는데, 분절된 타워들과 블록들에 의해 구현되었다.

에 힘입어 가치 판단에 '성능'을 중시하는 세계로 돌입하면서 흔들리게 되었다. 모더니즘의 사회로 접어들면서 건축에 대한 생산성에 대해 눈 뜨기 시작한 것이기도 하다. 건축가 르꼬르뷔제는 건축에서도 "설계 기준을 두고 그에 맞게 발전시켜야 한다"라며 공업적 생산 기준을 건축에 적용해야 한다고 주장했다. 또한 이런 주장과 더불어 세상의 건축가들은 빈껍데기 같은 건축의 역사성에서 해방되어 당시 사회·경제적 이슈였던 집합주거 문제를 건축으로 해결해야 한다고 주장했다. 그러나 그는 주어진 문제의 해결과 건축의 본질 추구는 서로 뚜렷이 구별되어야 한다고 봤다. 공업적 생산 방식을 활용하여 건축이 필요로 하는 부분을 조화롭게 채워야 하지만 그것만으로는 건축을 완성할 수는 없으며 사회 전체가 변화하여 '건축의 새로운 정신'을 추구하는 것이 답이라고 했다. 뿐만 아니라 르꼬르뷔제는 효율성만을 따지는 산업화와 대량생산의 확대를 활용해 건축의 성능만을 추구할 때 우리 사회가 직면하게 될 위험에 대해서도 선명한 어조로 경계했던 것이다. 그의 주장은 대량생산성에 의한 사회적 변화를 수용하면서도 건축가들이 건축의 '성능'에만 노예가 되지 않고 건축가로서 추구해야 할 가치를 어떻게 지킬 수 있을지를 제시하였다.

이것은 건축의 성능성에 대해 눈뜨기 시작한 당시 사회적 변화 속에서 어떻게 건축이 고유의 예술성을 지킬 수 있을지를 보여준 유용한 관점이었다. 하지만 현실에서 실무의 세계는 뜻대로 움직이기 힘들었다. 그리고 생각만큼 건축의 세계에서 '성능'과 '예술성' 영역을 구별한다는 것도 쉽지 않았다. 또한 건축은 요구되는 기능 그 이상이 항상 존재한다는 오래된 관념과 모든 설계에서 창의적 결정을 위해서는 항상 여러 종류의 가치가 종합되어야 한다는 건축가의 생각은 절대 쉽게 바뀌는 것이 아니었다. 건축설계에서 내려지는 이러한 결정들은 잘게 분석되어 파악할 수 있는 성질이 아니었고, 더군다나 건축설계 결과에 대한 평가는 결국 건축가의 손에 잡히고 눈에 보이는 최종 '표현물'로 한 번에 나타나는 것이어서 항상 복합적이었다. 동시에 이러한 도면이나 모형과 같은 표현물은 건축가의 사고 내용을 모두 담고 있지 않다는 사실 또한 인정하는 사실이고, 때로는 이러한 표현물의 효과에 현혹되어 중요한 건축가의 판단이 종종 두드러져 보이지 않는 경우도 있다는 사실이다. 이렇듯 태생적으로 신비로울 정도로 복합적인 성격을 갖는 건축 세계에서 '성능' 기준으로 건축의 또 다른 가치의 세계가 함몰되는 것을 막는 제방 역할을 '표현'의 영역이 감당하고 있다는 사실과 이 표현의 영역은 현실에 존재함으로써 그 의미를 갖는다는 사실을 유념해야 한다. 이때 건축설계에서 시뮬레이션은 표현물의 영역과 디자인 전체의 관계를 섞어놓는다. 물론 시뮬레이션의 기능과 역할 전반의 힘은 '표현'의 세계를 손쉽게 손아귀에 넣을 태세다. 하지만 더 큰 문제는 시뮬레이션은 건축의 정량적인 가치와 비정량적인 가치에 대해 지금까지 길게 논의한 내용과 연관시킬 사항조차 존재하지 않는다는 사실이다.

건축설계에 관한 문제에 대하여 한마디로 해결될 '해법'은 존재할 수 없다고 본다. 해결책은 가용한 범위 내에서 선택해야 하고 여러 설계 목표들 간의 적절한 균형을 최종 목표로 할 뿐이다. 우선 첫 설계 문제에 대한 답을 찾기 위해 '공간'을 지정해야 한다. 전통적인 설계 기법에서는 건축가의 경험과 직관적인 판단력이 핵심 역할을 한다. 설계 대안들을 만들어내는 데 드는 시간과 노력을 감안할 때 대안의 개수도 제한적이었다. 이때 건축가는 설계 해법이 되는 아이디어의 가능성들에 대해 발전시켜보고 대안으로 발전시킬 만큼 충분한 가치가 있는지 판단해야 한다. 이 아이디어는 건축가의 마음과 손이 손쉽게 움직이는 만큼 바뀌고 달라질 수 있다. 아이디어는 제법 오랜 시간 유연한 상태에서 바뀌고 달라질 수 있다. 시뮬레이션을 기반으로 하는 설계 방식에서는 설계 대안들을 더 활발히 시도할 수 있고 각 대안들을 빠르게 테스트해보거나 평가해봄으로써 이른바 '세트 기반 설계(set-based design)'가 가능하다.[11] 세트 기반 설계는 성능성을 중심으로 설계가 이루어짐을 상징하는 의미가 있다. 몇 개 대안으로 건축가의 상상력에 의존하기보다 세트 기반 설계에서 최종 설계안은 수많은 설계 대안들 중에서 성능을 기준으로 골라낸 결과다. 모든 대안들은 충분한 평가가 이루어질 수 있도록 상세 부위들까지 갖추게 되며 이를 위해 적용 가능한 모든 정보들이 쓰이게 된다.[12] 이 방법을 통해 상당히 많은 양의 적용 가능한 설계 대안들을 만들어낼 수 있을 뿐만 아니라 자동으로 평가가 이루어지며 선택적으로 더 깊이 발전시킬 수도 있다. 그러나 설계 대안들이 손쉽게 빨리 만들어지고 선명한 설계안으로 성능 평가 값까지 산출되므로, 설계 접근상의 아이디어나 구상 단계에서 아이디어의 토론 등이 이루어지기는 불리한 환경임을 알아야 한다. 즉, 세트 기반 설계는 너무 느리면서 또한 너무 빠르다. 느리다고 보는 이유는 순식간에 머릿속을 지나가는 아이디어를 바로 바로 반영해보기에는 너무 느리고, 설계안이 만들어지기 무섭게 성능평가를 마쳐버리기 때문에 한편으로는 너무 빠른 것이다. 이 과정에서 대게는 숙성되지 않은 짤막한 설계 아이디어를 성능성을 따지는 촘촘한 기준으로 들여다보게 되는 것이다. 동시에 설계안이 이런 프로세스를 거치게 된다는 것을 건축가가 알면서도 성능성 평가에 의해 정해지는 설계안들에 대해서 자연스럽게 많은 것을 기대하게 된다. 세트 기반 설계에서는 이렇듯 건축의 창의적 사고 과정에서 '성능'에 초점이 맞춰진다.

어떤 평론가들은 이렇게 새로 등장한 성능성에 중심을 둔 건축설계 방식에 대해서 '성능'의 극적 의미를 강조하여 서술하려는 성향도 보여준다. 건물은 성능을 보여주는 것은 틀림없는 물건인 것이고 연극이나 음악처럼 시간을 두고 경험되는 면이 있는 것이다. 이에 더해 건축은 사용자의 무드나 경험에 따라 그 평가가 달라질 수 있고 얼마나 사용자에게 얼마나 익숙한지 여부나 실내가 어두웠는지, 추웠는지 등등에 좌우되기도 한다.[13] 많은 사람들이 건축을 단순한 물체로만 보기도 하지만 건축의 이렇게 다른 측면을 생각해본다는 것은 중요하며 의미 있는 일이다. 수치로만 평가되는 단순 '성능'이 아닌 다른 측면이 있음을 인정하고 전산화 설계 기법으로 수치와 데이터만으로 설계되는 가운데서도 더 발전된 평가의 여지와 가능성을 남겨놓는 것이다. 하지만 '성능'이라는 언어로 전산화 설계 기법의 중요한 특징을 일컫는 순간 중요한 다른 개념의 존재를 가리게 되는 허점이 있다. 우리는 이점에 주의해야 한다. 다른 중요한 가치를 놓치지 않기 위해 전산화 설계 기법에서 성능성 기반의 평가를 조절하고 그 결과에 얽매여 있지 않도록 전략적으로 접근하기 위해서는 우선 시뮬레이션을 이루는 전산화 기법에 대한 충분한 이해가 있어야 비로소 가능해질 것이다.

BIM

BIM은 전적으로 성능성 기반의 사고 내에서 그 존재 의미를 인정받는 도구다. 앞에서 이미 언급된 것과 같이 지난 십여 년간 설계 업계에 매우 빠르게 퍼지게 된 이유가 기존 도면에 의존한 설계 방식에서 피하기 힘든 크고 작은 오류와 그 재산적 가치의 피해를 건축주들이 되도록 원치 않았기 때문이다.[14] BIM이 처음에 관심을 끈 이유는 BIM을 통해 도면상의 실수와 오류를 원천적으로 방지할 수 있었고 서로 다른 도면들의 정보가 서로 상충되거나 설계 정보가 충분치 못해 생기는 문제들을 없앨 수 있었기 때문이다. 그리고 그것의 중심에는 예측 가능성이라는 중요한 이점이 있었고 이것은 항상 건축 프로젝트의 공사 기간 및 예산 산정에 큰 도움을 주기 때문이다. 또한 이 정보는 시공자에게 작업을 가능하게 하는 필수 정보일 뿐만 아니라 덕분에 설계 과정에 역할이 생기게 되었다. 실제 이 정보들의 성격은 현장에서 직접 작업하는 시공자들에 의해 가장 정확한 정보가 제공될 수 있는 것이 사실이고 다양한 프로젝트 발주 방식의 개발로 시공자의 역할이 설계 단계에 반영되게 하는 방식에 관심이 커지고 있다. BIM 프로젝트 방식에 의해 또 다른 예측 가능성이 제공된다. 바로 3차원 시각화된 모델링 덕분에 건축주가 설계 단계별로 설계 내용을 더욱 효과적으로 이해할 수 있게 되는 점이다. BIM 기능에 의해 건축주는 요구하는 실별 기능들을 쉽게 확인해감에 따라 설계자는 안정적으로 설계를 진전시키게 된다. BIM 모델의 시뮬레이션에 의해 건물의 다양한 기술적 성능을 미리 알게 함에 따라 설계 초기 단계에서부터 건축주에게 제공되는 다양한 정보를 바탕으로 건축주는 중요한 선택과 결정들을 조기에 내릴 수 있고, 설계가 완성 단계에 이르면 건물의 향후 유지 관리에 대한 정보까지 전달할 수 있게 되어 건축주가 예측 가능한 안정적인 결정을 하게 돕는다.

시공자 역시 이 모든 과정에서 BIM을 통해 얻게 되는 장점을 활용하게 된다. BIM으로 입찰과 프로젝트 관리를 하면 시간을 절약할 수 있고 생산성을 높여 이윤을 높일 수 있으므로 큰 이점이 아닐 수 없다. 특히 대형 시공사의 경우 BIM을 적용하고 응용할 수 있는 충분한 여력을 갖고 있으므로 빠른 적응이 가능하다. 결과적으로 오늘의 대형 시공사들은 업계에서 가장 빨리 BIM 체계에 주도적 역할을 하고 있으며 가장 앞선 설계사무소들보다 월등히 우수하게 활용하고 있다. 건축주를 포함한 시공사들은 BIM 활용으로 업무 효율과 이윤을 높이고 사업 리스크를 낮출 수 있는 장점이 있다는 것은 사업자로서 가장 중요한 우선순위이기도 하다. 전체 건축 산업에서 건축주와 시공사가 쥐고 있는 자산의 크기를 볼 때 BIM 기술의 발전과 활용이 이들의 높은 관심으로 주도되고 있다는 것이 새로운 사실은 아니다.

BIM 기술은 따라서 건축가가 스스로의 작업에 큰 이점에서 만들어내거나 주도한 결과가 아니고 전체 건축 산업이 의존하게 된 도구라고 볼 수 있다. 비즈니스 작동 원리 자체가 전적으로 성능성에 기반을 두고 있다고 볼 수 있고 이윤 추구의 노력인 것이다. 그러나 불행히도 이런 이윤 추구와는 거의 무관한 건축설계 업무는 이미 차려진 밥상에 보조를 맞춰줄 수밖에 없는 입장이다. 주의할 점은 건축 업계를 이끌어가는 입장에 있는 건축주들이 건축가에게 BIM에 빨리 적응하기를 요구할 뿐만 아니라 바로 성능성 주도의 모든 사업 결정에 적극 동참해주기를 바란다는 점이다. 그리고 건축가들이 BIM 체계에 상대적으로 늦게 적응하고 있는 이유는 이윤 추구에 어두워서가 아니라 도면 중심의 설계 프로세스가 BIM 체계로 가면서 뒤바뀌어야 하는 산업 전체에서의 건축가 역할 변화에 적응이 쉽지 않아서이다. 심리적 관점에서 보자면 건축가에게 도면의 존재는 아주 오래전부터 건축적 사고 전체의 시발점으로 여겨온 것이 사실이고, 그렇게 훈련된 현 시대의 거의 모든 건축가들은 새로운 매체로 소통되는 건축적 사고에 쉽게 적응하기 어려운 것이 당연하다. 건축가로서의 정체성에 관한 문제라서 더 그렇다. 그러나 현실의 눈높이에서 볼 때 지금 건축가들은 건축 프로젝트 전반에서 이들의 역할이 전과 같지 않음을 잘 인지하고 있다. 앞서 언급된 것과 같이 도면 체계에서는 프로젝트 전체 정보의 중심이 건축가에게 있었고 그 배분에 책임이 있었기 때문이다. 이때 전체 작업의 종합적인 정보는 건축가 이외에는 접근이 어려웠던 것도 사실이다. 하지만 BIM 체계에서는 전체 작업팀에게 동일한 정보 권한이 주어지고 건축가의 특권은 사라졌다. 전체 프로젝트 작업팀들은 수평적 협력이 중요시되었고, 상하 위계에 의한 작업은 과거의 모습이었다. 이러한 새로운 질서와 함께 앞서 말한 프로젝트 내 시공자의 확장된 역할과 위상에 의해 BIM 프로젝트 내에서 건축가의 위치는 극적으로 달라진다. 과거 체계에서 한 프로젝트 내 각 역할자 간의 경쟁보다는 지금은 각자가 프로젝트 순항을 위한 협력자 관계에 더 힘을 쏟게 된 것이다. 이런 새로운 체계에 당연히 건축가도 그중 일부로써 역할에 적응하게 된다.

과기 뚜렷이 분리된 역할자들로서 '건축주-건축가-시공자' 삼각구도에 의한 프로젝트 운영은 BIM 방식에 비해 여러 단점들이 있었지만 '디자인 아이디어 주도'라는 고유의 역할이 건축가에게 있었다. 건축가의 구상과 현실에서 실현될 수 있는 것 사이를 잇는 끊임없는 긴장감은 건축을 예술에 이르게 하는 중요한 성분이라는 것은 누구든지 아는 것이다. 이 가운데 건축가와 시공자는 서로 간의 존중을 바탕으로 더 가치 있는 목표를 향해 협조하여 일을 진전시키는 것이다. 때로는 서로 추구하는 것의 차이로 상호 대립적인 입장을 나타내기도 하지만 전통적인 역할 분담의 틀은 서로를 보호하고 오히려 이런 긴장감 속에 프로젝트는 더욱 진일보하게 된다. 하지만 서로 역할 경계가 모호해진 BIM 프로젝트팀 내에서 시공자와 건축가는 공동의 프로젝트 목표를 추구할 수밖에 없다. 건축주에게 약속한 예산 내에서 프로젝트 완공하거나 또는 가장 빠른 시일 내에 가장 값싸게 완공하는 것 같은 목표들이다.[15] 이 경우 역할자 간의 대립이나 분쟁의 소지는 없지만, 건축가로서 역할에 대한 동기부여가 미흡하고 디자인 가치에 대한 열정을 유지하기 어렵다. 결과적으로 건축가의 디자인과 설계 업무는 효율적인 프로젝트 완수만을 목표로 하게 된다.

물론 앞의 상황은 BIM 프로젝트 운영 방식에서 엿보이는 전반적인 경향을 언급한 것에 불과하고, 여전히 건축가로서 뚜렷한 디자인 의도를 유지하는 프로젝트의 사례도 많이 있다. 그러나 위

예시를 든 이유는 이런 방식이 보다 보편화되고 흔해질수록 프로젝트 운영에서 전체 팀의 리더 또는 설계 저자로서 건축가의 역할을 항상 보장하는 틀이 기준이 되지는 않을 것이라는 것이다. 지난 수년간 지속되어온 BIM에 의한 건축가 위치에 대한 위협은 건축가 이 새로운 기술을 자신들의 입지를 굳히는 데 쓰이도록 스스로 방안을 만들어내기 전에는 더욱 거세질 태세다. BIM 체제에서도 건축가가 리더십을 발휘할 수 있고 새로운 도구를 활용해 디자인 아이디어를 얼마든지 만들어낼 수 있지만 전통 방식에서 이루어지던 것과는 매우 다른 방법이 필요한 것이 사실이다. 기존의 체제에서는 건축가에 대한 역할이 이미 정해져 기대되는 것이 있었다면, 새 체제에서는 프로젝트 성격이나 특성에 따라 건축가의 역할을 새로 지정하여 맞춰가야 한다. 그리고 프로젝트 내 다른 역할자들이 추구하는 것과 이해관계를 항상 신중히 고려해야 하기도 하다. 이렇게 실질적인 BIM 협업 체계에서 건축가의 아이디어가 살아남기 위해서는 매우 확실하고 힘이 있어야 하며 성능성의 가치 기반 사고에 항상 부합해야 한다. 이때 건축가는 BIM에 의한 분석 능력을 활용하여 전에 없던 상당한 근거를 바탕으로 자신들의 디자인 제안의 장점을 주장할 수 있어야 한다. 하지만 이 과정에서 건축가들이 극복해야 할 문제는 성능성의 기준으로 선택되어야 하는 설계 방향을 자신의 설계철학에 맞지 않는다고 종종 무시하는 행태이다. 우리는 BIM을 비롯한 시뮬레이션에 의한 설계는 성능성을 기준으로 이루어진다는 것을 알고 있다. 여기에 건축가 고유의 가치관을 또한 유지하기 위해서는 BIM 도구를 단순 가상 형태로만 볼 것이 아니라 설계를 설명하고 관찰하는 하나의 관점으로 인식하고 아이디어의 또 다른 '표현'의 하나로 대한다면 돌파구가 생길 수 있다고 본다.

전산화 설계 기법

1960년대 건축가들의 시스템 이론을 탐구하다 발전시킨 것이 전산화 설계 기법이다. Christopher Alexander, Nichloas Negroponte 그리고 Gordon Pask와 같은 건축가들에 의해 주도되었고 건축을 구성하는 부위들이 서로 갖는 상호 관계들이 모여 전체 시스템을 이루는 것을 건물 설계로 해석한 것이다.[16] 이들은 디자인 문제의 해법은 디자인을 통해 해결되어야 하는 문제에서 찾을 수 있다는 과거 르꼬르뷔제가 말했던 이론을 전산화된 시스템으로 실현시키려고 한 것으로, 컴퓨터의 힘으로 더 넓고 광범위한 조건들을 탐색할 수 있을 것이라는 기대에서 시작되었다. 결국 목표로 했던 것들을 해결하는 과정에서 당시 필연적으로 도입해야 했던 추상적 정보들에 의해 애초에 의도된 순수한 전산적 해법의 의미는 완전한 구현이 어려웠다.[17] 당시 직면했던 어려움은 당시의 전산 기법 수준과 개념 구현의 한계가 있었기 때문이었다. 그러나 지금 우리가 볼 수 있는 전산화 기법은 당시보다 차원이 다른 고성능 컴퓨터에 의한 고도로 발전한 전산화 기법을 내용으로 한다. 발전된 기술에 의해 지금의 전산화 설계 기법이 당시 주를 이뤘던 시스템 이론 배경의 '전체주의'적 행동 특성으로 가는 경향을 보이거나 하지는 않지만, 형태 생성하기와 함께 설계 내용 중 하나로 다루어지고 있는 것은 맞다.

　　　전산화 설계 기법에 의해 제시되는 설계 문제는 그 복잡성 때문에 BIM 작동의 관점에서 본 성능성 기반의 설계를 가로막을 때도 있다. 순수한 전산적 해법만 탐구하지 않고 현실성과 실무에서의 한계 등을 감안하여 많은 예외를 인정하게 되면 작업 결과의 방향을 예측하기 불가능해진다. 알고리즘에 의한 회귀연산의 결과가 뚜렷한 개별 알고리즘으로 구성되어도 명확한 결과를 형성하지 못하게 되는 것이다(그림 4.19). 또한 시작 단계에서 디자이너에 의해 입력된 작은 조건의 수정이 결과적으로는 엄청나게 다른 결과로 나타나기도 한다. 성능성 기반의 설계가 선명하고 객관적인 설계 기준에 의한 것이라고 믿는다면 결국 그 의도와 다른 결과를 얻을 수도 있다.

전산화 설계 기법에서 성능성 기반의 설계 기준들은 설계의 형태 생성에 관한 것이다. 최적의 형태 집단을 찾는 데 중요한 역할을 하며, 다음 단계의 형태 구현에 기반이 된다(그림 4.15). 이 과정에서 목적을 달성하기 위한 것이라면 시스템에 입력되는 기준의 성격에서 제한은 없다. 또한 건축가는 이 방식으로 설계된 결과가 '성능'에 기반을 둔 디자인이라고 내세우게 될 것이다. 이것이 일반적인 '건물 성능'과 연관된 것일 필요도 없다.

이것은 아마도 4장에서 예시된 게리 파트너스 설계의 스푸르스가 8 건물이 좋은 사례가 될 것이다(그림 4.20, 4.21). 여기서는 가장 중요시된 설계 산출 기준은 설계자의 디자인 아이디어였다. 전산화 기법으로 생산된 많은 형태 집단들 중에서 최종 집단이 되기 위해서는 애초에 설계자의 의도를 반영해 만들었던 실제 모형과 유사한 부분을 지녀야 했다. 즉, 선택된 형태들은 실제 건물 성능과는 연관된 것이 없었지만 설계자는 컴퓨터를 이용해 자신의 의도를 파라메트릭 기법으로 나타내게 한 것이다. 이 같은 경우 전체 설계 과정 중에서 디자이너의 의지가 담긴 아이디어를 실현시키기 위해 전산화 설계 기법을 도구로 활용한 사례가 된다. 달리 말하면 설계의 '표현'에 해당하는 의지를 성능성 기반으로 구현한 것으로 역설적으로 보일 수 있다.

또 다른 사례로는 '최소 표면적 찾기' 설계의 사례다. 알

다시피 비누거품 그 자체가 최소 표면적을 나타낸 상태다. 표면 장력에 의해 자연 생성된 거품의 형상은 구 형태로써 최소 표면적이 된다. 이러한 형태 유추 방법은 건축가 프레이 오토(Frei Otto, 그림 5.16)가 설계한 인장력에 의한 구조물에 나타난다. 멕시코시티에 있는 '칸델라에서 배우기(Learning from Candela)'라는 프로젝트를 보면 전산화 설계 기법에 의한 형태 찾기가 나타난다(그림 5.17, 5.18, 5.19). 이 사례를 보면 전체 형태의 외곽을 정한 후 전산화 기법에 의해 최소 표면적을 갖는 곡면으로 외곽선 사이를 채우게 된다(그림 5.20, 5.21).[18] 여기서 최소표면적을 갖는 곡면은 건물의 성능과 관련은 없지만[19] 형태 찾기의 측면에서 성능 기준을 충족시키는 사례다. 성능성 활용에서 한걸음 더 나아가서 외곽선에서는 디자이너가 선택한 것이었고 요구 사항 내에서 전산화 프로세스에 의해 처리된 것이다. 그뿐만 아니라 디자이너에 의해 입력되어야 하는 파라미터 값들에 의해 프로세스가 가능한 것이었다.[20] 다른 비슷한 작업들과 마찬가지로 이 작업의 형태는 성능 기반 프로세스만으로 완성될 수는 없었다.

그림 5.16 프레이 오토(Frei Otto, 1957)의 콜론의 댄스 파운틴 야외무대(Cologne Dance Fountain, Open Air Stage). 인장력 구조체에 쓰인 재료의 특성에 의해 형태가 지정된 사례이다.

그림 5.17 Shajay Bhooshan et al., 칸델라에서 배운 것(Learning from Candela, 2012). 여기서 형태는 외곽을 이루는 곡선과 그 사이를 연결하는 최소면의 형상에 의해 결정되었다. 형태를 찾는 프로세스가 자동화된 사례는 아니지만 대지조건과 시공 제약을 감안하여 디자이너가 여러 차례 개입하여 얻어진 형태다.

※ 이미지 제공: Shajay Bhooshan, et al.

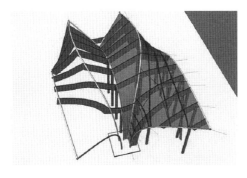

그림 5.18 최소면의 2차원 표면으로 외곽 곡선을 연결한 모습을 보여주는 전산화 모델. 이 결과는 시공과 조립을 감안하여 수정되어야 했다.

그림 5.19 외곽 곡선들이 굽은 구조 튜브로 자리 잡힌 상태. 조립상의 제약에 의해 한 개씩의 표면으로 만들어져야 했다.

※ 이미지 제공: Shajay Bhooshan, et al.

그림 5.20 외곽 구조 튜브 내에 목재 프레임으로 간격을 두고 철골을 자리 잡는다.

※ 이미지 제공: Shajay Bhooshan, et al.

그림 5.21 구조표면은 철골과 철재망 표면에 손으로 콘크리트를 입혀 완성되었다. 미끈하고 평평한 표면을 얻기 위해 기술자의 장인정신이 필요했다. 이 프로젝트는 전산화 설계 기법의 사례로써 실무자들로부터 성공적이라는 평가를 받지만 완공까지의 모든 과정에서 전산화된 디자인 프로세스의 취지가 그대로 반영된 것은 아니었다. 실제로는 콘크리트 구조 표면 성질은 전산화 모델에 반영되지 않았고 천을 늘어뜨린 형태가 활용되었다(Bhooshan, 2013).

※ 이미지 제공: Shajay Bhooshan, et al.

이런 사례들은 전산화 설계 기법이 완전한 성능 기반 프로세스 안에 갇혀 있지 않음을 보여준다. 프로세스 과정 중에서 디자이너의 의지를 직접 입력하는 단계를 거치고 있음을 보여주는 것이다. 전산화 설계 기법에 대해서 계획 이론가들과 실무자들이 한결같이 주장하는 것은 디자인 프로세스를 컴퓨터가 스스로 수행한다는 것보다는 건축가에게 새로운 디자인에 대한 가능성을 열어줬다는 것에 의미가 있다는 사실이다.[21] 디자이너는 프로세스 중 언제든지 산출 값의 선택에 직접 개입하거나 아니면 알고리즘의 구조를 수정하는 방식으로 간접적으로 개입할 수 있다. 어떤 디자인 프로세스에서도 마찬가지지만 디자이너가 무엇인가를 결정할 때 선명한 이유 없이 결정할 때가 있다. 전산화 설계 기법에서는 이러한 직관적으로 내린 결정들이 나중에 통합적으로 보이지 않게 될 두 가지 이유가 있다. 그 첫 이유는 순전히 주어진 문제 내에서 찾아진 해법이 아닌 직관적 개입이 프로세스의 취지를 훼손했다는 흠결이다. 뚜렷한 이유 없는 직관적 개입은 전체 프로세스와 그 결과가 설득력을 잃게 될 수 있다. 디자이너의 직관적 개입에 대해서는 객관적인 기준이 세워지기 어렵고 프로세스에 의해 얻어질 형태에 영향을 받은 결정이라는 의심도 가능하다.

두 번째 경우는 좀 더 복잡하다. 전산화 프로세스 중 최종 결과를 예측할 수 있다면 디자이너의 직관적인 개입이 필요할 수도 있다. 그리고 일단 디자인 결과가 만들어지면 그 결과가 디자이너의 의중이 반영된 것으로 일반적으로 읽힐 것이다(실제로 디자이너가 의도했던 안 했던 간에). 이때 디자이너의 의도는 예측하기 힘든 변수로 영향받을 수밖에 없는 상황에 놓인다. 결국 디자인 결과가 디자이너의 의도와 큰 상관없이 산출될 수 있다는 사실이 드러나면 전체 과정에서 디자이너의 역할이 과연 무엇인지에 대한 의문이 생길 수밖에 없다. 보는 사람에 따라 다른 디지털 미디어 결과에 대한 경험과 연관 지어 유사점이 있다고 판단할 수도 있다. 또는 새로운 디자인 생성 방식에 의한 결과를 판단하는 방식조차 그에 맞춰진 새로운 방식이어야 할지도 모른다. 경험 많고 저명한 비평가에 의한 비평에서 이런 모습이 나타나기도 한다. 뉴욕 브루클린의 바클레이 센터(Barclays Center) 프로젝트에 대해 뉴욕타임즈 건축 비평가인 Michael Kimmelman에 의한 비평이다(그림 5.22).

> 약 한 달 전 완공된 이 시설은 플랫부시가와 아틀랜틱 아베뉴 교차로변에 등을 구부러뜨리고 움츠리고 있는 모습이다. 첫 눈에 놀라운 광경은 이 프로젝트의 자랑이다. 붉게 물든 1,200개의 녹이 슨 약간씩 서로 다른 철재 패널이 몸집을 감싸고 있는데, 최첨단 컴퓨터 모델링으로 산출된 형태들이다. 디지털 세대의 산업 생산물의 하드코어적 표현으로써 건축가는 이웃 맨해튼 분위기와 반대되는 거칠고 표현주의적인 분위기로써 매끈한 유리나 티타늄 재질이 아닌 근육질이고 진보적인 이 동네 분위기를 드러낸다.[22]

비평가 Kimmelman은 프로젝트에 대한 인상에 대해 설계 의도에 대한 깊은 해석 없이 그대로 묘사하고 있다. 그는 이 건물이 알려진 것(놀라운 광경)과 멀리하고 싶었던 분위기(맨해튼), 그리고 이 프로젝트의 의미가 무엇인지에 대해 또는 무엇으로 해석되는지에 대해서는 말을 삼가고 있다.

결론

건축은 지금 현재 '표현'과 '시뮬레이션'으로 양분되어 있다. 오랜 건축에서의 전통과 도면 위주로 단련된 많은 기성 건축가들의 계속되는 활동으로 그 명맥을 유지하고 있다. 하지만 시뮬레이션에 의한 건축과 건물의 향방은 점점 선명해지고 있다. 그리고 건축의 세계는 BIM에 의해 건축 생산 프로세스와 성능성 기반의 논리로 용해되어 가고 있다. 이 논리는 건축가의 업역 자체에서 누려왔던 창작과 표현의 의지를 빼앗거나 성능성 기반의 논리의 일부로 잠식시키고 있다. 또한 시뮬레이션은 재료의 물성과 현실에 존재하는 감각에 의한 지식세계를 소멸시키고 있는 것도 사실이고 장인정신으로 다가가야 할 건축가로서의 일에 그 근거를 앗아가고 있는 것이다. 그리고 시뮬레이션에 이미 길들여진 일반 대중은 건축의 시뮬레이션에 대해 반감 대신 환영하는 입장이다. 다만 건축가에게 또 다른 형태의 인지와 창작의 일면을 제공하고 있는 전산화 기법이 색다른 매력을 제공하고 있는 것은 사실이고 이 정도 이점을 이유로 지금까지의 건축 전반에 대한 인식과 그 생성에 대해 매력적인 새로운 세계로 간편히 갈아타면 모든 것이 해결되는 것인지 의문이기도 하다.

이러한 지금의 상황에 대해 단순히 불평을 늘어놓거나 수세적으로 머물러 있는 것도 옳지 않다. 건축가는 개별적으로 자신의 취향에 따라 전통적 체계에 몸담고 있을 수도 있겠지만 건축 업역 전반은 이미 전에 없던 다른 방식으로 돌아가고 있다. 전통적 관념의 건축에서 볼 때 새로 등장한 시뮬레이션에 의한 건축은 척박하고 무의미한 세계로 보일 수도 있으나, 문제는 이것을 새로운 눈으로 본다면 이전에 상상 못했던 새로운 가능성이 열릴 수 있음도 부인할 수 없다는 사실이다. 중요한 것은 지금 우리가 건축가로서 계속 앞으로 전진하기 위해서는 우리의 생각도 바꿔야 한다는 것이다.

1   집 내부에도 시뮬레이션은 존재한다. '매일 일어나는 일상생활'은 가상
으로 존재하는 누군가의 삶을 보여주는 모조품으로 대신한다. 실제 가족
의 삶을 가정하에 나타내는 소설과 같다. 이런 집에 실제 들어가서 사는
실제 가족은 모조품으로 찍어낸 틀에 들어가 사는 것과 같다. 집을 점거
했다고 하여 자신의 것으로 더 꾸미거나 치장하여 자신의 세계로 만들
려는 노력은 별 소용이 없다. 애초 의도에서부터 짜인 시나리오를 근본
부터 개조하는 것은 어렵기 때문이다. 집에 거주하는 가족들은 대게 주
어진 시뮬레이션 속에 순응하는 수밖에 없다.

2   이 집들을 만든 이들은 우리가 사는 일상이 디즈니랜드와 같은 환상일
뿐이란 것을 내보이고 있지만 않은 셈이다. Baudrillard에 따르면 "디즈니
랜드가 가상의 이미지로 채워져 있는 이유가 그 밖의 것들은 진짜로 보
이기 위함이다"라고 했다(Baudrllard, 1994, p.12).

3   이 상점들이 쇼핑을 하는 행위의 장소라는 사실 이외에 다른 의미를 갖
는다. 나라 어디를 가도 똑같이 생긴 무자비한 반복 이면에는 상당히 섬
세한 경제 원리와 브랜드 전략이 숨어 있다. 젊고 의욕 있는 '건축환경'
디자이너가 이런 가게들의 브랜드 마케팅 전략팀의 실력보다 효과적일
리가 없다.

4   McMullough(1998, p.29).

5   Sennett(2008, p.24 ff.).

6   McCullough(1998, p.29).

7   초기 컴퓨터 언어를 기반으로 한 'The Wizard's Cave'와 같은 게임은 전산
화 기법 전반을 비유하는 데 적절하다. 본 게임을 하려면 사전에 고안된
논리 퍼즐이나 숨은 패턴 찾기 등으로 답을 우선 얻어야 하는데, 마치
프로그래밍을 하려면 갖춰야 하는 능력과 유사하다.

8   Abouelkheir, Shahi, Lee & Wong(2012).

9   더 많은 관련 정보는 Heumann(2012) 참조.

10   알베르티에 따르면, 잘 지어진 건물은 이 건물에 대한 이해와 관심, 열정
을 보인 사람들을 드높일 것이고, 설계자의 슬기로움과 시공자의 역량이
부족할 때는 관계된 사람들의 이름과 명성을 훼손시킬 것이다(1988,
p.33).

11   Singer, Doerry & Buckley(2009).

12   Deutsch(2011).

13   Leatherbarrow(2005), Kolarevic(2005) 등을 참고.

14   Counstruction Users Roundtable(2004).

15   통합 발주 방식(integrated project delivery)의 경우 이런 성향이 더 강하다.
프로젝트가 기한보다 빨리 예산 범위 안에서 완공될수록 팀은 보너스를

받게 된다.

16 Christopher Alexander는 새로운 기법의 설계 방식이 다음과 같은 목표를 갖는다고 했다. 개별 건물들과 도시들이 각각 보유하고 있는 전체 시스템의 특성을 규명하고 이 상호 관계들 간의 유기적인 관계성을 도출할 수 있는 새로운 질서를 우리는 필요로 한다. 대부분의 디자이너들은 자신들이 형태 창작을 해내는 디자이너라고 믿고 있다. 그러나 디자이너는 시스템을 창작하는 역할을 해야 한다. 그렇게 되면 개별 형태를 창작하는 게 아닌 다양한 종류의 형태들을 창작하게 된다(2011, p.66).

17 Alexander는 또한 다음과 같은 말을 남겼다. 추상화 논리는 뚜렷한 하나의 단점을 갖는다. 가끔 이 논리 내에서 부위들의 상호 관계성만으로 형성되는 성질을 발견하게 된다. 그러나 이 상호 관계성은 항상 너무 복잡해서 선명하게 이해하는 데 어려움이 있고 이 때문에 논리적인 추상화 과정을 수행하기 어려웠다.

18 Bhooshan(2013).

19 생성되는 표면적을 최소화하는 것을 기준으로 삼는다면 최소 표면적 결과는 성능성에 기반한 것이라고 볼 수도 있다. 그러나 이 사례에서는 디자이너가 형태 찾기의 일환으로 기준을 세운 것이고 표면적 최소화를 위해 적용한 기준은 아니었다(Bhooshan, 2013).

20 Bhooshan(2013).

21 Kostas Terzides는 이렇게 설명한다. "전산화 기술의 힘은 엄청난 양의 데이터에 의한 계산에 의해 상호 비교 분석 과정, 회귀분석 등을 통해 새로운 '사고' 프로세스를 보여주는 것으로써 인간의 능력만으로는 접해보지 못한 것들이다(Terzides, 2006, p.18)."

22 Kimmelman(2012).

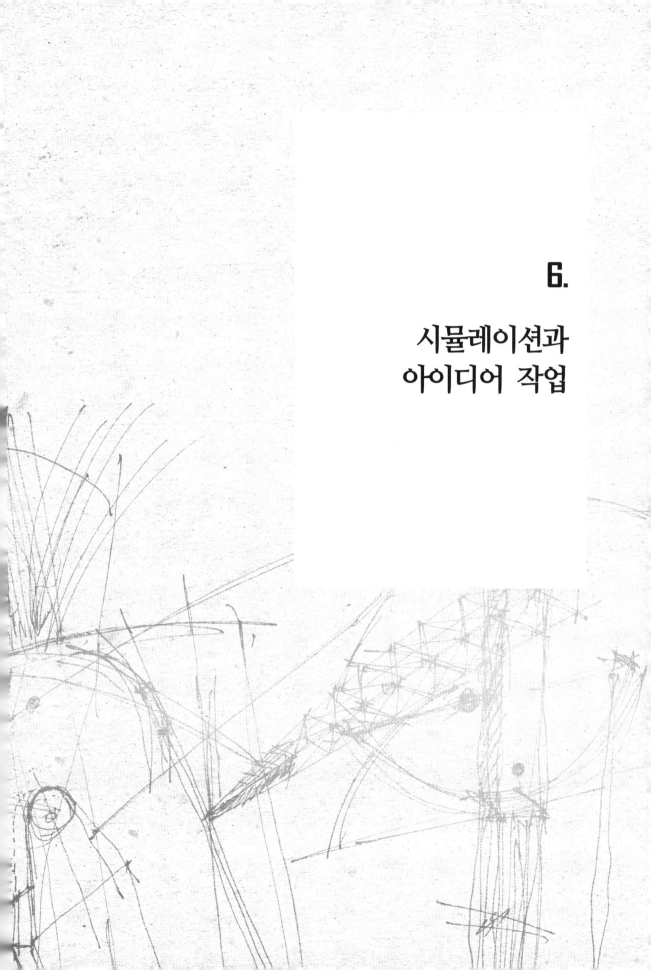

6.

시뮬레이션과
아이디어 작업

시뮬레이션과
아이디어 작업

소개

건축설계에서 BIM과 전산화 설계 기법이 불러일으킨 영향은 건축가
들의 실무 방식에 가져다준 변화보다 더 크다. 건축에서 설계와 시공/
생산 간의 경계가 흐려지고 서로 융합되며 건축에서 '성능성'을 기준
으로 가치를 판단하는 문화 그리고 모든 것이 연동되어 나타나는 경
제적 효과는 이제 돌이키기 어려운 지경이다. 건축에서 절대적인 '성
능성' 같은 가치에 대해 그동안 안 보이는 장막으로 가로막혀 있었던
것은 아마도 건축설계의 과정과 결과를 소통하기 위해 중심에 있었
던 '도면'의 역할과 그 의미가 크게 자리 잡고 있었기 때문일 것이다.
경제성과 성능을 앞세운 새로운 디지털 도구들이 도면의 역할을 대
체하기 시작하자 도면으로 구축된 건축의 아이디어 작업 방식, 표현
과 소통, 그에 맞춰 시공으로 연계되던 일련의 역할 분담 등의 체계
등 이 모든 것들의 의미가 지금 적지 않은 도전에 직면해 있는 것이다.

이 과정에서 또한 무시 못 할 것은 연관된 정보나 출처

에 관한 개념 없이 즉흥적인 자극만으로 이루어진 시뮬레이션이라는 매체가 우리 일상생활과 문화에 이미 깊숙이 자리 잡고 있고 자연스럽게 모든 가치에 대한 생각도 '성능성' 중심으로 기울게 된 세태와도 밀접하게 관련되어 있다는 사실이다. 아마도 지난 반세기 또는 그 이상의 시간 동안 우리의 축조 환경에 대한 표현과 소통은 시뮬레이션 방식에 더 가깝게 진행되었을 것이다. 하지만 건축가들은 자신들의 고유한 전문 분야라는 이유로 의도적으로 거리를 둔 채 전통적 방식에 의존한 채 소통해왔고 담론들을 주장해왔던 것이다. 이렇게 '도면'에 기반한 건축적 사고는 '표현(representation)'에 의존하는 세계다. 시뮬레이션과 같은 새로운 도구에 의한 건축설계는 도면에 의해 소통 가능했던 건축적 사고의 표현 방법과 그 세계를 앗아가는 일이다.

이 책 전반을 통해 집중하고자 한 부분은 바로 시뮬레이션이 점령해가고 있는 건축의 세계에 어떤 변화를 일으키는지를 알리기 위한 것이다. 하지만 지나친 일반화는 위험할 수 있으므로 우선 몇 가지를 살펴보고 갈 필요가 있다. 우선 첫 번째로 '시뮬레이션'이 건축설계와 시공에 주는 영향을 살펴볼 때 독자들은 반드시 '시공업계'와 '건축설계업계' 각각이 뚜렷이 구별되어 독립된 업종으로 항상 존재한다고 전제해서는 안 된다는 것이다. 이미 건축 산업 분야 전반에서 설계 분야가 홀로 독립되어 있다고 보기 힘들 수 있기 때문이다. 이미 프로젝트의 규모 또는 건축주의 요구나 설계 및 시공자들의 능력에 따라서 서로 간에 합의한 역할 분담이 다양하게 나타나고 있는 현실이다. 전에 없던 진보된 기술을 활용하면서 이런 다양함이 더욱 가속화되고 있다. 기술적 활용과 그 내용은 빠르게 발전해가는 특성이 있으므로 산업 분야 전체가 소프트웨어 활용에 빠르게 적응하고 있고 적극적인 자세로 대처해왔다. 하지만 동시에 새로 등장한 기술들에 대해서 건축주들도 익숙해지는 데 시간과 노력이 필요했고 실제 프로젝트에서 효율을 나타내기까지는 당사자들인 프로젝트 팀들 간에 공동의 노력도 필요했다. 새 기술에 대한 적응은 프로젝트 규모에 따라 차이가 나기도 했다. 그 이유는 프로젝트 규모가 클수록 여유 있는 예산을 바탕으로 서로 물리적으로 거리가 먼 전문 용역업체들이 초빙되어 협업하는 경우가 많았다. 그에 따라 가능한 최신 기술들을 적극 동원하거나 방법을 찾아 활용하게 됨으로써 디지털 기술에 의한 경제적 이점을 실제 체험하는 경우가 많다. 이런 대규모 프로젝트에 가담하는 업체들은 대게 큰 규모의 기업들이므로 앞선 기술적 요구에 대응할 수 있는 자원과 투자 여력이 또한 있는 것이 일반적 상황이다.

두 번째 우리가 주의할 점은 이 책에서 거론하는 설계 실무 업체들의 '성능성'에 대한 추구는 건축시장에서 실제 벌어지고 있는 치열한 경쟁 구도와 시장 상황과 건축주의 요구에 적극 대응해야 하는 일반업체들의 필연적인 입장을 감안해야 한다는 사실이다. 그러나 한편으로는 시장경제 논리를 어느 정도 벗어나 디자인의 품질과 작품성만을 내세워 경쟁력을 인정받는 설계사무소들도 있다. 이런 사무소들은 보통의 사무소들에 비해 '성능성'이나 설계 단가 등의 압력으로부터 일찌감치 벗어나 자신들의 작업에 대해 더욱 자유롭게 탐구하고 활동 반경을 넓게 되는 현상도 나타난다. 일반 사무소들과의 차별성이 더욱 두드러지면서 오히려 일반에게 이들의 작업이 더욱 알려지게 되거나 업계로부터 인정받는 일이 빈번해지기도 한다. 오히려 이런 특별한 상황은 건축가가 할 수 있는 설계의 한계치를 생각하게 하는 중요한 일로써 의미가 있는 일이며, 창의적인 건축가의 참모습과 훌륭한 건축이 어디에서부터 유래하는지를 알게 한다. 다른 일반 건축사무소들도 앞선 설계나 프로젝트로부터 영감을 얻을 수 있고 자신들의 일에 활용할 아이디어를 얻게 된다. 뿐만 아니라 이런 프로젝트들은 케이스 스터디 기록으로 좋은 사례가 되기도 하고 혁신적 디자인 탐구 사례의 자양분으로 남는다. 그리고 그런 성공적인 프로젝트에 참여한 적 있는 협력업체는 향후 프로젝트에서도 건축가의 디자인 주도권을 더욱 인정하는 경향을 보이게 된다. 그러나 이런 일들을 일반적인 설계 실무의 모습으로 단정 지어도 안 될 일이다. 이런 사례의 프로젝트는 작업 환경을 둘러싼 많은 조건들이 일반 프로젝트를 둘러쌀 환경들과 상당한 차이가 있기 때문이다. 그중 가장 영향을 주는 것은 바로 프로젝트 내 성능성 기준이 주도하는 가차 없는 선택과 판단이다.

BIM과 전산화 설계 기법이 현재 건축 산업계에서 강한 설득력을 얻게 되고 견고한 위치를 차지하고 있는 이유 모두가 바로 건축에서의 '시뮬레이션' 덕분이다. 원래는 건축의 성능성을 검증하기 위해 처음 시작되었고 그 이후로 확고한 설계 도구 중 하나로 발전하게 되었다. 물론 이 도구가 성능성 검증만을 위해 쓰일 필요는 없다. BIM과 전산화 설계 기법과 기술은 응용될 영역이 많으며 이를 통해 발전시킬 분야도 많은 것이 사실이다. 지금의 건축이 우리 삶과 생활에 하나의 '도구'로 전락해버리지 않으려면 건축의 문제를 (a) 단순 성능 기준을 달성하는 것을 목표로 하는 (b) 도구 개발이 가속화되고 (c) 건물은 성능성만을 위해 존재한다는 연속적인 생각의 고리를 끊어내겠다는 도전정신이 필요하다.

수용 능숙도

건축이 나타내고자 하는 것을 온전히 받아들이기 위해서는 대중들이 모든 건물을 해석하고자 하는 의지로 접해야 한다. 그러기 위해서는 세상을 볼 때 모든 것들이 무엇인가를 전달하고자 하는 기호로 보는 인식의 태도에서 시작된다. 이런 눈으로 건축을 보면 건축으로부터 공공의 담론을 전달하는 역할을 기대할 수 있다. 개개인이 갖고 있는 건축이나 개별 건물에 대한 경험을 넘어서, 건축물 전반에서 읽을 수 있는 갖가지 기호들은 사회-문화적 메시지를 담은 것들로 분석될 수도 있고 논의의 대상이 될 수도 있다. 건축에서 어떤 아이디어나 주장 등이 이미 정해진 체계 안에서 또는 전문 분야 내에서 여러 의미하는 것을 담고 있겠지만, 건축이 실제 사용자들에 의한 이용과 해석의 대상이 되는 이상 대중들에게 다양한 해석과 논의의 대상이 되는 것은 새로운 일이 아니다. 그런데 건축에서 '표현'의 세계가 '시뮬레이션'의 세계로 대체되면서 존폐 위기에 놓이게 되는 것은 건축이 종전에 하던 일반적인 기능을 못해서가 아니라 바로 대중 앞에서 담론으로 존재하기 위한 방식을 잃게 되는 일이다.

시뮬레이션을 기준으로 볼 때 세상은 '기호'로 이루어져 있지 않다. 실제의 현실이 따로 존재하고 있고 그것을 참고한다는 전제가 전혀 성립되지 않는다. 그 대신 세계는 구현된 기능 중심의 세계로 축소될 뿐이고 그 안에서 느껴지는 자극만으로 제한된다. 이 세계 내에 있는 체험자는 체감되는 것에 대해 어떠한 해석도 할 필요가 없으며 그 체험 속에 매몰되어 있을 뿐이다. 건축 시뮬레이션을 접하는 순간 체험자는 자신의 정서 상태와 순간적으로 다가오는 자극에 대해서 자신이 가진 과거 경험과 기억을 기준으로 무엇인가를 느끼기 시작한다. 그러나 그 순간이 바로 체험자가 경험을 주는 대상인 건축과 주고받을 수 있는 상호작용의 끝이 되고 만다. 건축 작업과의 상호작용이 존재하지 않는 것이다. 예를 들면, 베니스에 있는 Giotto의 종탑은 누군가가 10년 전 오늘 친구를 만났던 장소이고 그 기억을 떠올리게 할 수 있다. 뿐만 아니라 베니스 하면 떠오르는 중요한 추억일 수도 있다. 시뮬레이션으로 이 종탑을 다시 체험한다면 개인이 갖고 있었던 기억 외에 머리에 남는 것은 거의 없을 것이다.

　　　　우리 사회를 둘러싼 많은 것들이 어느덧 시뮬레이션에 의해 지배되고 있다. 우리 주변 눈에 보이는 축조 환경에 바로 나타난다. 특별함 없이 어디서든 같아 보이는 건축물 환경(그림 6.1), 막연한 역사적 전통에 대한 동경으로 진실성 없이 꾸며진 공공장소들

그림 6.1 일반 대중에게 인기 있는 사진과 같은 '장소'는 경험된 것이 정확히 어디서 온 것이고 정확한 출처가 무엇인지 등에 대해 상당히 무감각하다는 것을 보여주는 사례다.

※ 이미지 제공: Brenda Scheer

의 전경(그림 6.2), 완전한 가품으로 재현된 시민들의 생활공간들(그림 6.3, 6.4) 등 흔히 찾아볼 수 있다. 시뮬레이션 기술이 점점 더 보편화되면서 이와 같은 건축 환경들에 대한 사람들이 갖는 거부감도 낮다. 이런 현상이 환경 조성에 어디에든 거부감 없이 반영되고 사람들은 이것들을 자연스럽게 손에 쥐고 있거나 걸치고 있는 것이다.[1] 이런 시뮬레이션은 현실의 건축 공간에서 바뀌는 이미지의 벽면도 포함하는데, 가깝게 존재하거나 접근하는 사람, 움직임에 반응하여 수시로 바뀌어 나타나기도 한다(그림 6.5). 공간 설치물에 의해 공간의 활용이나 느낌을 상황에 맞게 변화시키는 일이나 사용자에 의해 공간의 모습에 바꿔주는 장치 등도 나타나고 있다(그림 6.6). 첨단기

그림 6.2 미국 캘리포니아주 San Luis Obispo에 새로 조성된 시내 블록의 모습. 희석되고 모조품과 같은 전통 건축 거리. 시뮬레이션에 의한 이미지 제공에 그 목적이 있다.

※ 이미지 제공: Brenda Scheer

그림 6.3 1981년 완공된 미국 아리조나주 스콧츠데일에 있는 보가타(Borgata) 쇼핑몰은 잘 알려진 투싼의 언덕 마을 San Gimignano 동네를 재현했다. 이곳이 이 지역 명소로 자리 잡게 되자 최근 이곳 사람들은 주거지로 보존하여 리모델링하는 계획을 세웠다.

※ 이미지 제공: Dru Bloomfield

그림 6.4 보가타 쇼핑몰에 있는 탑의 모습. 기존 San Gimignano 도시 전경의 상징물이다. 탑을 둘러싸여 보이는 주변 요소 등이 그림 같고 고풍스러운 분위기를 자아내도록 의도되었다.

※ 이미지 제공: Terry Ballard

그림 6.5 Studio Roosegaarde의 **Lotus 7.0**(2010) 작품 모습. 전산화 설계 기법으로 설계된 상호반응을 하는 인터엑티브 건축의 모습. "Lotus 7.0이라고 불리는 이 작품은 살아 있는 벽체로써 앞에 놓인 사람의 행위에 반응하여 접혀 열리는 박막으로 구성되어 있다. 이 작품 옆을 걸어 지나가면 수백 개의 알루미늄 박막이 유기적으로 열려 공공 영역과 사적 영역 사이에 놓여 있는 보이드(공백)을 만들어낸다."(건축가의 웹사이트에 수록된 설명)

※ 이미지 제공: Studio Roosegaarde

그림 6.6 Philip Beesley의 Sargasso(2011) 작품 모습. 인터엑티브한 설치미술인 이 작업은 주변 사람들의 움직임에 따라 형태를 스스로 시시각각으로 바꾼다.

※ 이미지 제공: Philip Beesley

술을 몸에 입혀 응용하는 분야는 무한대의 응용성을 주는 스마트폰과 맞물려 공간환경에 대한 경험을 완전히 새롭게 바꿔놓고 있다. 이러한 새로운 기기와 장치들을 통해서 체험자가 자신만의 공간 경험을 만들어갈 수 있게 되었고 실제 물리적으로 제공된 공간 배경은 체험 중의 하나의 요소로써 역할을 하게 된다. 공간 속으로 몸을 움직여 나아가면 체험자는 시각적·청각적 경험의 변화를 느끼게 되고 사람들의 특정 행위나 일어나는 일들을 장소에 구애받지 않고 공유하거나 영향을 주고받을 수도 있게 된다. 문자 메시지, 전화통화, SNS 소통, 웹사이트, 사진, 동영상, 개인 및 여러 플레이어 간의 게임 등 부수적으로 활용될 수 있는 매체의 범위는 상당히 넓다. 만약 이 경험에서 건축이 공간 환경을 제공한 것이라면 함께 등장하는 수많은 매체들은 건축적 경험을 완성해준 역할이라고 볼 수 있다. 서로 완전히 다른 형질의 경험들이 융합되어 하나의 체험으로 작동할 수 있다는 것은 어떤 결과를 가져올 원리와 원인에 대해 고려할 필요 없이 경험된 것이 바로 메시지로 나타나는 '시뮬레이션'을 기반으로 체험될 때만 가능하다. 물리적 공간과 전자기기 매체가 합쳐져 만들어내는 체험은 근본적으로 다른 두 세계의 것임에도 '시뮬레이션'의 결과를 함께 빚어내는 데는 전혀 문제없이 작동하게 된다.

이것과 관련하여 증강현실은 특별한 관심을 기울일 만하다(그림 6.7). 명칭에서 알 수 있듯이 이 기술은 새로운 종류의 경험을 만들기 위한 것인데, 단순히 기존 경험에 몇 가지 정보를 덧붙이는 것에 그치지 않는다(만약 그렇다면 '주석이 달린 현실'이라고 했을 것이다). 마치 거리 표지판들이 거리 풍경이 되는 격이다. 시뮬레이션에 의해 현실과는 분리된 경험으로써 다른 종류의 자극들에 의한 환경이 아니었다면 보이는 텍스트, 그래픽, 파이퍼링크 등이 경

그림 6.7 실제 거리 모습에 런던의 역사 속 한 장면을 증강현실 앱을 통해 겹쳐 본 모습. 증강현실을 활용한 디자인의 가능성은 무궁무진하다.

※ 이미지 제공: Alan Levine

험자에게 거리 풍경으로 작동되지 못했을 것이다. 이 기술이 어디서 든지 통용되기 시작하면 실제 공간환경이 이 경험을 기준으로 계획 되기 시작할 것이다. 반대로 이것이 없다면 경험자의 환경을 해석하 기 어려워지게 된다. 만약 이렇게 되면 사람의 경험만을 기준으로 내 용을 알 수 없게 되고 기술적 사항의 보조가 중요해지며 사람과 기 술적 사항이 융합된 경험에 대해서 분석하고 해석해야 하는 상황이 다가오고 있는 것이다.

건축에서 기존 '표현'의 자리를 차지한 시뮬레이션에 의 해 영향받게 되는 가장 큰 주요 부분들에 대해서 이제 살펴보기로 한다.

의도성과 저작권

건물이 갖고 있는 아이디어를 발견하기 위해서는 우선 사용자들에게 건물이 무엇인가를 소통하려고 한다는 믿음이 있어야 한다. 그리고 소통하려는 메시지가 있다면 그것을 보낸 이가 있어야 한다. 메시지의 발송인(보낸 이)과 수신인으로 구성되는 한 쌍의 조합은 메시지 소통과 해석의 기반이 된다. 만약 그렇지 않다면 소통이란 있을 수 없다. 수신인이 수신할 것이 있어야 소통이 일어나기 때문이다. 또한 건축 경험으로부터 전달되는 다양한 메시지들은 한 건축물의 경험으로 종합된다는 수신인의 기대가 있어야 한다. 개별 경험들만으로는 그 의미가 모호할 수 있으므로 제대로 된 전체 메시지의 해석을 위해 필요한 것이다. 전체의 이해를 기반으로 개별 메시지들이 해석되어야 하고 그것이 다시 전체를 구성한다. 그리고 메시지의 유기적 연결로 인하여 건축가의 의도가 나타나게 된다. 또한 전달하려는 아이디어가 드러난다. 따라서 건축물을 해석한다는 것은 건축가의 의도를 파악하는 일이기도 하다. 여기에서 건축가라는 존재는 의미 부여자로서 건축물을 통해 전달하려는 메시지와 그 의미의 저작권을 가지며 일어나는 소통의 책임자로도 볼 수 있다. 이런 의미에서 건축가는 건축물의 저자 역할을 하는 것이다.

건축가는 자신의 작업에 대하여 저작권을 주장할 수 있으려면 자신의 의도를 건축물을 통해 자신 있게 나타낼 수 있어야 한다. 합리주의적 가치가 지배하던 르네상스 시대에는 훌륭한 건축 설계의 원리 정도는 건축가라면 당연히 지녀야 할 지식이라는 생각이 지배적이었는데, 이것은 당시 일반 대중들에게도 널리 알려진 담론이었다. 이런 사회적 분위기에 의해 눈에 보이는 모든 건축물에 대한 저작권은 당연히 건축가들에게 있다고 믿었다. 건축의 본질은 건축가의 아이디어에 있었고 지어지는 건축물은 당시 문화적 배경을 바탕으로 한 건축가의 아이디어가 나타난 결과로 여겼다. 이를 바탕으로 Mario Carpo에 따르면 건축가의 도면은 당시의 담론들이 기록된 기록물이라고 했다.[2] 이때 자리 잡은 건축 '아이디어'에 대한 중요성은 그 이후 지금까지 많은 사회적 변화와 문화적 현실이 바뀌었음에도 여전히 지금의 건축 교육에서 중요한 부분으로 다루어지고 있다.

　　　　　이러한 건축 아이디어에 대한 저작권의 근간이 바로 건축의 '시뮬레이션'에 의해 사라지고 있다. 먼저 건축 창작에서의 '의도'에서 모든 디자인은 건축가로부터 나온다는 개념이 점차 약해져 가고 변질되고 있다. 설계 실무에서 점차 많이 쓰인 전산화 설계 기법의 역할이 그 이유다. 인간의 사고능력을 대신하는 컴퓨터 능력이 그 자리를 차지하기 시작한 것이다. BIM이 처리할 수 있는 엄청난 양의 데이터로 인해 건축가와 작업팀들은 프로젝트에 많은 데이터를 입력하여 활용하게 된다. 이런 전에 없던 기능에 의해 설계 작업의 범위와 가능성을 확장시켰고 새로운 가능성의 영역을 제시하게 되었다. 뿐만 아니라 어떤 디자인 결과에 대해 다양한 분석을 가능하게 함에 따라 가능한 디자인의 범위가 확장되었고 프로젝트 설계의 질과 복합도 또한 훨씬 향상시킬 수 있게 되었다. 사실상 전산화 설계 기법으로 얻을 수 있는 형태들은 인간의 두뇌만으로 만들어낼 수 없는 결과물들임에 틀림없다. 건축가들은 전산화 설계 기법으로 인해 형태에 대한 새로운 생성 방식에 대해 생각하게 되었고, 시각적으로 바로 형태를 지어내는 과정이 아닌 상호 관계성과 상대적 조건들의 입력값에 의해 생성되는 형태들에 대해 알아가고 접근하게 된 것이다. 컴퓨터의 활용에 의해 설계에 큰 발전을 가져온 것은 인공지능에 의한 설계의 질적 향상이지 양적 개선이 아니란 점이다. 그리고 단순히 설계 속도에서 이점이 있는 것이 아니라 사람이 절대 할 수 없는 작업을 해낸다는 것이 또한 중요하다. 이러한 장점이 있는 전산화 설계 기법은 서로 완전히 다른 설계 방식인 사람의 개입과 컴퓨터의 데이터 처리에 의한 '하이브리드' 작업 방식의 모습으로 봐야 한다. 이를 통해 얻게 되는 설계 사고능력은 단순 인간이나 컴퓨터의 능력이 아닌 제3의 새로운 능력 유형이라고 봐야 마땅하다.

전산화 설계 기법에 의해 새로운 능력 유형이 만들어졌다면, 전산화 설계 기법에 의해 굳혀진 협업에 의해 새로운 협업 체계가 탄생되었다. 프로젝트팀을 구성하는 각각의 디자인팀들은 각자 맡은 부분의 디자인 사고능력의 배후가 된 것이다. 성능성을 기반으로 하는 BIM 작업의 특성상 프로젝트의 디자인팀 각자가 빠른 업무 효율로 하나의 성과로 합쳐지도록 유인하는 특성이 있다. 인간/컴퓨터 상호작용 연구(HCI, human-computer interaction research)에 의해 만들어진 분배된 인지기능(distributed cognition)이라고 불리는 작업 모델을 보면 인간이 다양한 지식을 바탕으로 사고하는 기능을 하나의 인지 유닛으로 다루고 있다는 점이다.[3] 연구자들은 이러한 연구들을 통해서 여러 대상들의 판단을 종합하여[4] 최종 결정을 내리는 소프트웨어를 고안하는 중이다. 뿐만 아니라 5장에서 다뤘던[5] 시각 이외의 감각기관으로 소통하는 정보들도 연동하여 소통하는 기능도 연구 중이다. 건축가들과 협력 업체들이 사용하는 소프트웨어를 만드는 입장에서는 매우 흥미로운 연구일 것이다.

위에 내용과 시뮬레이션의 등장으로 인해서 전통적으로 건축가가 지니고 있던 두 번째 저작권에 대한 문제가 도전받고 있다. 이것은 바로 건축가가 설계 프로젝트를 통해서 자신만의 의지를 투영시켜온 사실이다. 지금껏 살펴본 대로 BIM 작업의 협업 환경에서는 건축가의 이런 의지가 살아남기 어렵다. BIM 프로젝트팀의 성격과 역량에 따라 건축가의 역할 범위가 각각 다른 것이 일반적이고 작업의 성격에 따라서도 크게 달라진다. 이렇듯 건축가의 역할이 일정하게 유지되지 않는 근본 이유는 예전처럼 건축가의 지식과 리더십에 의존한 작업에서 벗어나고 있기 때문이다. 르네상스 시대부터 자리 잡은 누구나 인정했던 건축가만의 '건축설계 지식'이 더 이상 절대적인 것으로 통용되지 않는 시대가 온 것이다. 오히려 건축가 개인의 취향이나 스타일로 여기게 되었고 그것들은 더 이상 논의할 만한 대상도 되지도 않는다. 하지만 이런 환경적 여건에서도 중요한 능력을 익힘으로써 프로젝트에 대한 권한을 유지할 수 있다. 프로젝트의 정보 관리, 디자인팀 간의 조율과 운영 그리고 프로젝트에 대해 전반적으로 파악하고 있는 능력 등이 그것이다. 그리고 중요한 점은 BIM의 도래로 이러한 능력들은 더 이상 건축가만이 갖출 수 있는 능력은 아니라는 것이다. 컴퓨터 기술로 성능에 부합하는 설계안이 만들어지고 디자인 팀 전체가 정보를 공유함에 따라 누구든지 전반적인 프로젝트에 대한 파악이 가능하다. 하지만 그중에서도 누군가가 리더십을 갖고 나서서 역할을 주장해야 하며 그것은 건축가의 역할임에 틀림없다. 물론 가장 중요한 건축가의 역할은 팀이 작업할 첫 설계안을 제공하는 것이다. 모든 작업의 기반과 목표가 성능위주의 가치를 추구하게 되었고 완전히 새로운 작업 환경이지만 이것이 여전히 건축가로서 고유의 역할이 맞다. 프로젝트 진행 중 여러 변수를 만나더라도 작업팀은 건축가의 첫 설계 의도에 귀를 기울여 작업이 진전되는 것이 정당하기 때문이다. 이제 성능성에 기반한 변수들이 빠르게 제공되는 환경에서 건축가는 능숙하게 그것들을 소화하고 자신의 뜻을 관철시킬 수 있어야 한다. 그러나 이런 환경에서도 여전히 건축가는 자신의 아이디어와 설계안에 대한 이해와 열정을 바탕으로 할 수밖에 없고 그것은 건축가로서 예나 지금이나 훈련되고 단련되어야 하는 능력이다.

이러한 설계 업무와 방식들의 변화된 환경에서는 설계 아이디어 작업 자체에 대해서 이전과 다른 접근이 필요하다. 이전에는 개인 역량 내에서만 가능했던 건축 창의적 사고가 이제는 다양한 인지 정보들이 합쳐진 결과로 의미를 나타내거나 전달되기 때문이다. 즉, 설계 프로세스를 주도하는 창의적 아이디어의 성격이 전과 다르게 바뀌었다는 사실이다. 우선 하나의 '개체'로 인식되던 아이디어의 성격이 정보들 간의 '관계성'으로 인식될 필요가 있다. 뿐만 아니라 컴퓨터 프로그램 코드가 갖는 자체 방식과 규칙을 이용해서 아이디어에 영향을 주고 또 소통할 수 있어야 한다. 두 번째로 집단에 의해 주도되는 설계 목표를 감안하여 성능성에 기반을 둔 가치를 판단의 주요 부분으로 다루는데, 건축가로서 익숙해져야 한다.

기능과 표현

우리가 아는 건축의 문제에 대한 아이디어는 항상 양면성을 갖는데, 바로 기능적 측면과 표현상의 가치이다. 비투르비우스의 건축 원칙에 나오는 Firmitas, Commoditas, Venustas(견고함, 유용함, 기쁨) 세 단어가 건축의 목표에 대한 명쾌한 해석이었다. 건축은 견고하게 지어져야 하고 사람들의 요구와 활동을 담을 수 있어야 하며 사용자와 주변 사람들에게 아름다움의 즐거움을 줘야 한다는 뜻이다. 대체로 20세기 중반까지 세계를 지배한 건축 이론은 이 세 가지 목표를 염두에 두고 서로 간의 균형과 조화를 이루려는 노력이었다고 볼 수 있다. 건축에서의 요구(기능)와 형태(표현) 간의 역동적인 상호 관계를 어떻게 만들어내느냐에 따라 우리에게 익숙한 건축이 완성되었다. 어떤 건축가들에게는 이 둘 간의 역동성을 추구하는 것이 단순한 건물을 짓는 일과 다른 진정한 건축이라고 믿었다.[6]

시뮬레이션의 세계에서는 다른 것들도 그렇지만 건축 '표현'의 세계가 기능에 의해 정의된다. 시각적으로 보이는 것들, 느끼게 하는 것으로만 성과로 평가된다. 지금 우리를 둘러싼 많은 축조 환경이 이 원리에 의해 만들어지고 있고 쇼핑몰 같은 경우 좋은 사례로써 올릴 수 있는 매출액이 바로 평가 지표가 된다(그림 6.8). 이 경우에 건축가로서 특이한 부분에 지식을 갖고 있음을 알 수 있다.

그림 6.8 최신 쇼핑몰의 설계는 매출을 유도하도록 설계된다.

※ 이미지 제공:
Brenda Sheer

이를테면 사람들이 원하는 행동을 하게끔 공간을 꾸미는 일이다. 아마도 이런 건축 공간에 대해서 대부분의 건축가들이 동의하겠지만 심각한 건축 세계의 일부로 여기지는 않을 것이고 가끔 우리 사회가 이런 곳을 필요로 한다는 정도로 볼 것이다. 건축의 시뮬레이션은 이런 곳에 아무런 저항 없이 적용되어 실현되고 있다.

그렇다고 전적으로 성능만을 따진 결과를 대중들은 원치 않을 것이다. 어느 정도 어떤 의도의 표현을 이런 곳에서 동시에 기대한다. 하지만 이 경우 큰 틀에서는 성능이나 성과가 우선시되고 의도의 '표현' 부분은 분명히 부수적으로 다루어진다. 이 상황에서 나타내고 싶은 의도의 '표현'은 당연히 다른 조건들에 비해 실현시키기 불리한 여건에 있게 되고 제한적일 수밖에 없다. 그렇지만 성능성이 우선시되어야 하는 이 경우에도 그 의도의 '표현'을 구현하는 방법이 있다. 그 첫 방법은 성능 위주의 평가에서 '표현' 영역을 평가에서 빼주는 것이다. 하지만 성능성 위주의 가치가 당연히 우선시되는 사회에서 이런 방법은 '표현'의 영역을 예외로 볼 뿐 일반적인 논의의 대상으로 여기지도 않을 것이고 점차 그 의미도 퇴색하게 될 것이다. 또 다른 방법은 설계되어야 하는 영역 중에서 오로지 성능에 의해서만 결정되지 않는 부분으로 '표현'이 가능한 영역을 제한하는 것이다. 이를테면 커튼월의 멀리언들은 오직 구조적 요구에 의해서만 설계 결과가 평가되지 않으므로 그 사례가 될 수 있다. 그러나 이 두 가지 방법 모두 여전히 성능성의 가치가 우선이고 표현의 영역이 빈 틈을 매워주는 격이며 실제 건축 목표를 수행하는 주요 결정은 성능성에 기반하고 있음을 알 수 있다. 다른 흥미로운 시도로써 '표현' 아이디어를 프로젝트의 시작점에 놓고 설계를 진행함으로써 성능성 기반의 결정이 그 이후를 차지하도록 하는 것이다. 아마도 게리 파트너스가 설계한 스푸르스가 8 프로젝트가 이것의 좋은 사례가 될 것이다(그림 4.20). 이 방법을 사용함으로써 앞에서 말한 두 방법들보다 더욱 표현의 문제에 대해 자유로울 수 있었고, 성취해야 했던 표현적 가치를 구현하는 데 비용 분석이나 성능 테스트 등 성능성에 기반한 설계 결과를 무리 없이 적용할 수 있었다(그림 4.21). 이런 일은 극히 일부의 건축주가 나서야 가능한 일로써 건축가에 대한 큰 신뢰를 바탕으로 만족할 만한 설계가 나올 것이라는 확신이 있을 경우에 가능한 일이다.

또 다른 가능성은 프로젝트의 성능평가 기준을 통해 형태를 찾는 전산화 설계 기법을 통해 생각해볼 만하다. 이 같은 사례는 스튜디오 갱(Studio Gang Architects)이 설계한 Solar Carve project에서 나타난다. 설계 목표 중 하나로 인근 대지인 하이라인 공원(High Line Park)에 새 건물에 의한 그림자를 최소화하는 조건을 성능 평가 기준으로 입력하여 산출시킨 형태를 적용한 것이다(그림 6.9, 6.10). 이 사례는 시뮬레이션에 의한 작업임에도 건축가의 의도 구현에 장애 요소가 거의 없었다. 전산화 설계 기법에서 흔히 나타나는 문제였던 프로세스 중 건축가의 의도를 가로막는 일이 나타나지 않은 바람직한 사례인 것이다. 그림자 영역을 최소화하는 형태를 찾는 과정 중에 건물의 다른 성능을 타협할 필요가 없었다.

신체

전통적인 건축설계에 임하는 중에 우리의 신체에 대하여 충분히 인식하지 않았을 경우 중요한 것들을 놓치게 된다. 우리는 공간을 눈으로 읽을 때 몸에서 분리되어 작동하는 눈으로 파악하는 공간은 아니라 몸이 갖고 있는 모든 감각으로 느끼는 것으로 모든 몸의 움직임

그림 6.9, 6.10 스튜디오 갱이 설계한 Solar Carve Project의 모습. 전산화 설계 기법에 의해 설계된 건축물의 외관은 건물의 인근 대지인 하이라인 공원에 가장 많은 자연채광이 도달할 수 있도록 배려되었다.

※ 이미지 제공: Studio Gang 건축사사무소

과 함께 느껴지는 것이다. 이것은 주변 일반적인 건축 이론에서는 별로 다루어지지 않는 내용이지만(현상학을 제외한 경우7) 아마도 대부분의 역량 있는 건축가들은 이미 익히 알고 있는 건축 경험에 관한 원리일 것이다(그림 6.11, 6.12). 그러나 건축의 소통 수단인 도면은 기묘하게도 그러한 공간상의 풍부한 감응을 대단히 추상적인 선형 기하학의 기호로 2차원상에 축약하여 전달하고 있다. 이러한 추상적 표현이 건축에서의 설계 및 디자인 도구인 것이다. 훈련된 건축가들은 어느 정도의 경험을 바탕으로 자신들이 계획하는 공간의 상태를 도면 기호법으로 종이 위에 옮길 수 있는데, 이것은 사용자를 둘러싼 온몸으로 느껴지는 공간감이 된다. 즉, 단순한 종이 위의 그래픽 기호들을 넘어 공간 경험이 되는 것을 모든 건축 도면들은 의도한다고 볼 수 있다(일찍이 르꼬르뷔제는 이 현상을 '평면도의 착시현상'이라고 하였다).

뿐만 아니라 전통적인 건축의 세계에서 '재료'를 이해하는 데 중심에 있는 것은 언제나 사람의 신체였다. 재료의 성질에 의해 전달되는 것들, 그것을 다듬어 가공한 공예정신, 그것이 나타난 도면들 등 '건축'을 구성하는 중요한 성분들에 대해서는 앞에서 이미 다루었다. 손끝으로 느껴지는 공간 구성 재료나 그 내용을 전달하는 도면들은 건축가가 생각과 의지를 바탕으로 직접 선택한 재료와 또 그것이 어떻게 지어져 있는가를 표현한 결과인 것이다. 도면은 특히 디자인의 결과가 어떤 것인가에 대해서 손끝 정성을 통한 공예정신을 시각적 정보를 활용해 종이 위에 남긴 상태다. 그리고 우리의 신체적 특성은 항상 전반적인 건축 계획의 바탕이 되었고 전통적인 건축 유형에서는 특히 더 그러하다.

지금의 건축 시뮬레이션의 세계는 신체적 개입이 극히

그림 6.11 Lichfield 성당의 실내 모습. 공간 내 스케일과 비례감, 조명 효과에 의해 경외감
과 다른 세상의 경험을 하게 한다.

※ 이미지 제공: Michael D. Beekwith

그림 6.12 Frank Lloyd Wright 설계의 Price Tower 실내 모습(1956). 낮은 천정과 드리
워진 그림자들 그리고 공간을 감싸는 재질감에 의해 아늑한 느낌을 준다.

※ 이미지 제공: Brenda Scheer

제한적이지만 결국 기술의 지속적인 발전을 볼 때 이 상태에 머물러 있지는 않을 것이다. 기술의 진보에 의해 시뮬레이션이 결국 신체의 적극적인 개입에 의존하던 도면작업과 유사하게 발전할 것으로 기대되고 계속해서 향상될 것이기 때문이다. 우리는 이러한 창작의 의지를 담아낼 수 있는 새로운 인터페이스들의 발전 가능성으로 인간이 하는 디자인 작업, 창의적 사고 등의 행위와 건축물 간의 관계가 상상을 초월하도록 변모할 수 있음을 알아야 한다. 그러나 동시에 시뮬레이션 기술이 앞으로 눈부시게 발전하더라도 인간이 직접 체험하는 신체적 경험과는 엄연히 구별될 것이다. 시뮬레이션은 기능과 성능에만 그 가치를 둔다. 경험의 결과만을 줄 뿐, 결과를 만들어낸 과정은 의미를 부여받지 못한다. 경험된 것에 대해 심도 있게 관찰하더라도 그 경험의 결과만이 존재할 뿐이다. 그리고 시뮬레이션은 사전에 프로그램되어야만 가능하다. 이것을 통한 모든 경험과 효과는 항상 사전에 고안된 내용 안에서만 존재한다. 프로그램상에서 완전하지 못한 결함에서 기대 밖의 결과가 나타날 수 있지만 주고자 경험자의 경험에서 우연한 결과를 부여하지는 못한다. 제공되는 효과의 생생함의 질보다 더 중요한 문제는 인간에 미치는 인식의 체계 자체가 완전히 다르다는 점에 있다. 시뮬레이션에서의 핵심은 항상 모형과 건물의 물리적 세계 내에서의 '성능주의'에 국한되어 있다. 이것은 곧 이 세계에서의 '건축'은 오로지 '성능성'에 관한 것뿐이라는 것이다.

기하학

전통적인 건축에 대한 사고에서 기하학이 준 영향은 서로 얽혀 있는 두 영역에 나타난다. 머릿속 사고와 디자인 간의 관계로써 물리적인 건물과 그것에 대한 우리의 경험으로 나타난다. 두 경우 모두 건축에서 어떤 기하학적 형태가 '이상적인 상태'(머릿속 사고로만 존재)와 '물질적 현실'(도면으로 그려지거나 실제 지어져 신체적으로 느낄 수 있는 상태)을 동시에 충족시킬 수 있다는 전제를 기반으로 시작되며, 이것에 의해 위의 두 가지 완전히 서로 다른 영역을 건축이 묶어낼 수 있게 하는 것이다. 그러므로 '표현'의 세계는 소통의 수단으로써 건축 전반에서 핵심적인 역할을 할 수밖에 없다.

설계와 디자인 그리고 시공의 과정에 쓰이는 명확한 기하학은 건축적 사고의 내면 단계에서부터 발현된다. 머릿속의 사고와 상상한 결과 간의 긴밀한 관계 속에서 실질적인 기하학 형태가 탄생하고 그것은 다시 상상된 것과 도면, 도면과 건물 그리고 경험에 의한 지각과 건물 그 자체 간의 연속적 관계를 형성한다.[8] 이렇게 형성되는 관계들을 실현시키기 위해서 머릿속 사고의 과정에서부터 크게 세 단계의 과정을 쉽게 유추해낼 수 있는데, 그것은 아이디어를 통해 형태의 이미지를 머릿속에 떠올리는 과정과 그것을 바탕으로 그려서 도면으로 나타내는 것 그리고 마지막으로는 그 도면을 근거로 건축물로 짓는 일이다. 이 과정을 잘 살펴보면 도면의 역할은 머릿속 이상적인 세계와 물리적 현실 사이를 연결하는 역할임을 알 수 있다.

제4장에서 이미 다루었듯이 시뮬레이션의 세계는 실제 물리적인 것이 아닌 가상의 것을 다룬다. 이 경우 앞에 설명한 몇 단계를 거치는 일련의 과정이 형성되지 않을 뿐더러 디자이너가 창작의 과정 중 자유로운 '모호함'의 사유 속에 결과를 만들어가는 과정 대신 디자인 생성 과정에서부터 무엇을 나타내기 위해서는 뚜렷한 결과만을 다루는 상황에서 벗어나기 어렵다. 가상세계의 기하학은 무조건 비인간적으로 정확한 것만 있기 때문이다. 컴퓨터는 무조건

소수점 단위까지의 데이터에 의존해 형태를 결정짓는 점들을 좌표로 표현하기 때문이다. '거기 어디쯤에 한번 놓아보자' 식의 접근은 통하지 않는다. 물론 건축설계 결과로써는 정확한 지점에 의한 형태 결정이 필요하지만, 지나친 정확도에 의존한 초기 설계나 디자인 과정은 디자인의 발전 가능성을 충분히 다루어보지 못하거나 잘못된 결과를 믿게 되는 오류가 발생하기 마련이다. 얼버무려 생각하는 것은 창작 과정에 상당한 효과가 있으며 때로는 필수적인 과정이다. 그려 발전시키는 도면은 의도적으로 모호함을 나타냄으로써 생산적일 수 있는 것이다. 뿐만 아니라 상상한 것을 다양한 측면으로 표현해봄으로써 서로 간에 명확한 관계성 없이도 형태에 대한 명확한 부분이나 그렇지 않은 부분이라도 궁리를 이어나갈 수 있다(그림 6.13). 즉, 건축가는 어떤 생각을 마무리 짓고 결정하지 않더라도 그 밖의 것들을 함께 탐구할 수 있는 것이다. 그러나 컴퓨터는 모든 명령에 일종의 결정된 것을 강요한다. 첫 시도로 컴퓨터로 '스케치'를 해볼 경우에도 마지막 단계의 도면과 같은 명령을 입력하는 것과 다를 것이 없다. 디자인 초기 과정에서 컴퓨터 모델은 창작 과정 중에 있어야 하는 실질적인 불확정성 대신 '완성된' 감으로 나타나므로 안에 대한 궁리에서 멀어지고 이 단계에서 꼭 필요한 다양한 시도와 탐구에 불리한 위치에 있게 된다. 즉, 그리기와 도면 과정을 통한 안의 발전 과정과 달리 컴퓨터에 의한 형태 만들기는 인식론적으로 서로 완전히 다른 과정이다. 누군가가 컴퓨터로 디자인의 여러 가능성을 놓고 궁리 중이라고 말할 수는 있지만 그것은 결정된 정확한 값의 디자인을 여러 개 만들어본다는 것에 불과하다. 이것은 도면상에서 모든 것이 정확하지 않은 상태에서 넓은 범위의 생각을 빠르게 오가며 여러 가능성을 궁리하는 과정과 근본적으로 다르다.

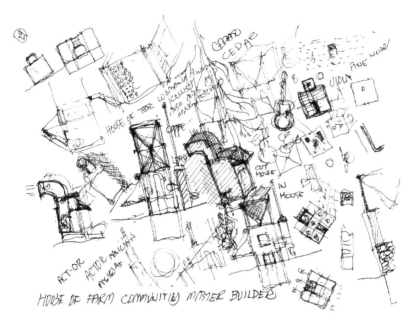

그림 6.13 John Hejduk의 **농장 커뮤니티 집짓기 전문가의 집**(1982-1983). 이 그림에서 건축가는 3차원과 2차원 형태를 오가며 검증하면서 실제 짓는 과정의 상세 부위와 기타(악기)나 거주자를 지칭하는 언어적 표현을 형태상의(그리고 재료의?) 아이디어 등으로 나타내고 있다. 또한 생각과 스케치의 다양한 기법과 방식으로 다층적인 기록과 산만해 보이는 공간적 아이디어를 한꺼번에 보여준다. 완성되어 마무리된 형태 찾기가 여기서의 목적은 아니지만 형태들 간의 관계, 재료의 성질과 그 안에서 일어날 일들을 이해하는 데는 큰 도움을 준다.

※ 이미지 제공: 헤이덕(John Hejduk), Collection Centre Canadien d' Architecture/
Canadian Centre for Architecture, Montreal

하지만 가상공간에서의 기하학 형태에는 주목할 만한 특성이 있다. 인간의 두뇌는 이것을 형태로 이해하는 순간 형태를 임의의 모양이 아닌 형태가 지닌 짜인 원리로 인식하게 된다. 즉, 이로 인해 우리 두뇌는 일련의 기하학적 패턴을 이해하게 되는데, 이것은 절대 사고의 경험을 통해 얻을 수 없는 것들이다. 예를 들어, Husserl이 주장하는 '이상적인 기하학 형태'들은 일명 '한계 형태'들인데 이때 우리는 직관적으로 경험에서 온 실증된 모양들을 떠올린다. 일상에서 발견되는 둥근 모양들을 근거로 '둥근 성질'을 추론하게 되는 것과 같다.[9] 컴퓨터에 의해 생성되는 형태들은 당연히 두뇌에 의한 형태 상상 과정과 다른 논리에 의한 것이고, 건축에서 이것을 포함한 광범위한 가능성을 함께 다룰 때 지금까지 우리가 이해하고 있는 공간과 형태의 세계를 가보지 않은 또 다른 곳으로 인도하게 될 것이다.

개체, 세트와 집단

전통적인 디자인 과정은 하나의 디자인 결과를 얻기 위한 것이다. 우선 스케치를 통해 여러 안들을 만들어 탐구하지만 결국 하나의 최종안에 집중하고 최종 디자인이 된다. 안을 발전시켜 완성하는 과정을 보자면 하나의 완벽한 디자인을 얻기 위해 노력하는 과정으로 해석할 수 있다. 다른 관점에서 보면, 이 과정이 '완벽함'을 얻는다는 것은 불가능하다는 것을 모두가 인정하지만, 건축가의 노력에 의해 가장 이상적이거나 그것에 근접한 안을 얻게 될 것이라는 믿음이 바탕이 된다. 즉, 이것을 실현시키기 위해 건축가는 디자인에 몰두하여 깊이 있고 진지한 탐구를 하는 것은 당연하다. 하지만 BIM과 전산화 설계 기법의 관점에서는 이 건축가의 노력과 헌신이 결과를 얻는 주된 요인이 아니라서 무시될 수 있다고 볼 수 있다.

BIM 설계의 세트 기반 설계(set-based design)는 수많은 설계 대안들을 빠르게 생성하는 가운데 그것들이 분석되고 분류될 수 있다. 컴퓨터의 빠른 속도로 이 과정을 신속히 처리할 수 있고 단숨에 여러 아이디어들이 테스트될 수 있다. 또한 이 과정에서 초기 계획 단계에서부터 BIM 내에 관련 데이터들을 대용량으로 저장할 수 있다. 이 데이터들과 함께 초기 모델들의 형태 정보를 바탕으로 건물의 시공 단가, 에너지 효율과 성능, HVAC(환경 설비) 충족 요건 등의 건축 성능들을 두루 점검할 수 있다. 이에 따른 구조계획도 빠르게 진행될 수 있고 설계안에 따른 내/외장재를 적용하여 정확한 수량을 근거로 예산이 산출되며, 기존 방식인 평당 시공단가 등의 기준보다 훨씬 명확한 결과를 얻을 수 있다. 건축가는 실제 대지에 가상의 설계안을 대입해보고 법규 검토와 필요면적 충족 여부 점검 등 프로젝트 타당성 검토에 빠르게 들어갈 수 있다. 결론적으로 간단한 BIM 작업 내에서 상당량의 분석을 빠르게 마칠 수 있는 것이다. 빠른 검토를 바탕으로 좀 더 세부적인 설계까지 추가로 검토가 가능해지며, 이를 통해 프로젝트에 대한 상당히 현실적인 파악이 가능해진다. 여러 대안들에 대해서 상세하게 파악이 끝나면 최종안을 결정하는 시기도 편의에 맞게 늦출 수 있다. 선택된 최종안을 가장 이상적인 것으로 믿고 추진하는 설계 관행이 아닌, 가장 효과적인 '성능'을 기준으로 프로젝트가 완성되는 것이다.

앞서 4장에서 다뤘듯이 알고리즘 디자인 방식에서는 많은 수의 설계 대안들인 '집단'을 다룬다(그림 4.16). 연속적으로 생성된 설계안으로 구성된 집단들이 만들어지고 이에 대하여 자동적으로 성능 테스트를 거치며 결과에 따라 자동 분류되므로 사실상 이 과정에서 디자이너의 개입이 존재하지 않는다. 이 과정 중 디자이너의 개입이나 역할 없이 수천 개의 설계 대안들이 자동 생성되고 또한 폐기된 후 안정적인 최종안이 선별된다. 전통 설계 방식에서 '이상적' 최종안은 '안정적' 결과로 대체된 것이다.

다음 세 경우에 따라 최종 설계안에 부여되는 가치는 서로 다르다. 첫 단계는 비록 모호한 상태지만 건축가가 생각하는 이상적인 디자인 '안과 흡사한 정도다. 건축가에 의해 처음 만들어진 이 이상형에 따라 설계안의 진전에 영향을 미치게 되고 최종안에도 영향을 미친다. 자동화된 세트 기반 설계에서는 성능에 영향을 주는 변수들이 설계 진전에 크게 영향을 준다. 선택된 최종안은 첫 이상형 닮기를 목표로 하기보다 '성능'에서 앞선다. 가장 안정적인 설계안은 연속적으로 생성되어 세대를 거친 개선안 중에서 자연스럽게 얻어진다. 그러나 그것이 절대적 '최우수안'은 아니다. 어떤 세대의 범위 안에서 최종으로 수렴된 안이다. 이것이 '이상형'을 대처할 수도 없다. 그 이유는 디자이너가 예측한 결과와는 무관하기 때문이다.

앞으로의 전망

일부 건축가들은 지금도 전통적인 도면작업으로 작업을 전개해나간다. 이것이 극단적인 의미로 설계사무소에서 컴퓨터를 사용하지 않는다는 것은 아니고 단지 도면 작성의 도구로 또는 3D 모형 작업에 활용한다는 것이고 성능 검증이나 자동화된 형태 생성에 쓰지 않는다는 것이다. 하지만 이런 실무를 하는 건축가들은 대형 요즘의 프로젝트에는 역할을 찾지 못할 것이고 오직 전통적인 건축 '표현'의 세계에 익숙한 건축주들을 상대로 하는 실무에 몰두하고 있을 개연성이 크다. 물론 지금도 이 세계를 무대로 한 건축가들, 비평가들을 비롯한 이것을 이해하는 대중이 존재하고 있고 앞으로도 유지될 것이다. 그러나 건축 산업의 전반을 보면 전통적인 설계 생산 방식은 점점 힘을 잃어가고 있고, 건축주들의 성향은 '성능' 중심의 가치를 앞세워 프로젝트의 목표와 지향점을 점차 바꿔놓고 있다. 이 책에서 이 논의가 이루어지는 지금 이 순간에도 건축실무의 방식이 바뀌어가고 있는 시대적 흐름에 있음은 분명하다. 이런 상황에서 '건축가'들이 향후 어떤 반응을 보일지가 의문이다. 아마도 지금 이 시점은 '건축'에 대한 개념을 완전히 새롭게 시작해야 하는 아주 흔치 않은(500년에 한 번 있을 정도의) 기회일지도 모른다. 이 시점에 건축가들은 손에 들어온 이 엄청난 기회를 두 눈을 똑바로 뜨고 제대로 소화해내야 한다.

보편적 가치로 등장한 건축의 성능 중심주의와 성능성이 기존 건축가들의 설계 관점에 영향을 미치는 상황에서 컴퓨터 기술의 활용은 설계 작업의 범위와 가능성을 확장시킬 능력을 줄 것이고, 그뿐만 아닌 현장의 시공에서 새로운 차원의 가능성도 가져올 것이다. 향후 건축가는 건축 형태의 유형에 대한 타당성과 조립 공법, 부재 선택, 시공법 등을 사전에 파악하여 설계에 접근하게 될 것이고, 어느 정도의 새로운 시도가 타당할지에 대해서도 프로젝트별로 사전에 가늠할 수 있는 자유가 주어질 것이다. 이러한 일련의 상황은 일종의 '미지의 영역'으로써 건축에 대한 전통적인 관념이 아닌 새로운 접근을 필요로 한다. 어떻게 보면 이것은 건축가들을 흥분시킬만한 새로운 기회임에 틀림없으며 새로 등장한 능력을 바탕으로 큰 도전을 넘어서야 하는 상황으로써 우리의 지적 능력을 동원하여 책임 있는 자세로 맞이해야 한다. 지금의 현 상황이 초래할 실질적인 변화에 대해 건축가들이 진지한 태도로 접근할 때 우리 삶을 주도하는 건축을 통해 우리 사회와 문화를 융성하게 하고 건축가의 위상을 바로 세우며 또한 대중들 앞에서 이를 주도함으로써 건축가로서의 의미 있는 진전을 이룰 수도 있다.

이른바 성능 기준이 모든 가치보다 우선시되는 새로운 건축 세계에서 책임감 있는 접근을 하기 위해서는 조심스러운 균형 감각을 유지해야 한다. 그리고 건축과 공공의 이익에 대해서도 심도 깊은 고민이 요구된다. 예술성이 종종 공공이 추구해야 할 방향에 대한 도전을 제시하듯이 건축도 그러하다. 공공이 폭넓은 이해로 새로운 건축의 세계를 받아들일 수 있도록 건축가의 역할은 그 어느 때보다도 중요하다. 이를 위해 다음의 세 가지 접근을 생각해볼 수 있다.

건축 표현의 세계에 대한 가치 보존

시뮬레이션이 우리사회를 점점 장악하고 있는 가운데서도 건축에서의 시뮬레이션은 허점을 종종 드러낸다. '표현'의 세계에 훈련되고 익숙한 노련한 건축가의 눈에는 일반 대중들보다 시뮬레이션의 단점을 훨씬 수월하게 발견해내고는 한다. 이렇게 노출되는 단점을 최소화하기 위해서는 성능만을 따지는 시뮬레이션의 일반적 특성을 약화·중화시킬 필요가 있다. 건축에서 표현의 세계를 보존하면서 동시에 BIM과 전산화 기법들을 활용하기 위해서는 여러 매체를 함께 혼용하는 것이다. 컴퓨터 모형뿐만 아니라 각종 도면들, 분석 다이어그램, 물리적 모형, 재료 샘플, 사진자료 등등을 함께 펼쳐놓고 작업하게 되면 컴퓨터 모형은 설계 프로젝트의 다양한 측면을 구성하는 '표현'의 일부로 비춰지게 될 것이기 때문이다. 건축을 가르치는 학교에서는 설계를 접하는 다양한 채널을 동시에 적극 활용함으로써 시뮬레이션의 세계에 전에 없이 익숙한 상태로 공부를 시작하는 신세대 학생들에게 올바로 '표현'의 세계에 대해 습득시켜야 한다. 이때 건축 '도면'의 세계를 교육 과정의 중심에 있다는 것을 중요하게 다루어야 한다. 마찬가지로 건축설계 사무소들은 설계 프로젝트의 다양한 측면의 '표현'을 일상화해야 하고 그것에 기반한 설계 프로세스를 습관화하는 것이 바람직하다. 건축가는 이때 컴퓨터 모형에 대해 특별한 대우를 받도록 당연시하지 않도록 해야 하고, 이것이 프로젝트의 다른 여러 관점에서의 '표현' 중 하나가 되도록 작업 시작에서부터 완성 단계에 이르기까지 두루 유지해야 한다. 그리고 일반 대중들을 위해 나타낼 때는 컴퓨터 시뮬레이션 결과를 사실주의적 분위기보다는 가능한 추상성이 주가된 표현이 되도록 해야 한다. 설계안이 여러 매체를 통해 디자인을 발전시켜 충분히 완성된 후 컴퓨터 렌더링을 적용하는 것이 좋다. 실무에서 설계 업무 중 건축주나 외주 업체들과 프로젝트를 다양한 표현 방식으로 보여주고 소통하는 일도 컴퓨터 모델의 결과를 여러 '표현' 중 하나가 되도록 하는 데 도움이 된다. 때로는 이 과정에서 건축주가 가장 현실적인 표현으로 완성된 이미지만 보기를 원하는 경우도 종종 있기 마련이고 어느 정도의 저항도 있을 수 있다. 하지만 이것이 균형감 있는 아이디어와 의미의 전달에서 지금 건축 세계가 극복해야 하는 도전 중 하나인 것이다.

신체에 의한 감응과 경험에 호소하는 건축설계의 중요성을 뚜렷이 내세울 때 시뮬레이션 그 자체도 건축 '표현'의 일부로 받아들여진다는 것을 잊어서는 안 된다. 전통적 건축설계 프로세스인 도면 작성과 물리적 모형 제작 등으로 설계 과정에서 건축가의 공예정신이 여전히 발휘되고 있음을 함께 보여주는 것이 가장 이상적일 것이다. 이때 컴퓨터는 보조적인 역할로써 문서 작성과 정보의 저장 그리고 디지털 모델 생성과 실제 스케일의 가상 목업(mockup)을 제공하게 된다.

이렇듯 건축설계에서 '표현'의 세계와 앞으로도 공존하려면 근본적인 질문이 남는다. 이미 시뮬레이션으로 장악된 것으로 보이는 이 사회에 어떻게 건축 '표현'의 요소를 다시 드러내고 유지시킬 수 있을지에 대한 의문이다. 우선 이 문제에 대한 답 중에 하나로, 아직 시뮬레이션이 이 사회를 완전히 장악하고 있지 않다는 사실을 염두에 둘 만하다. Baudrillard의 서술에 따르면 **인식론적 대격변의 시대(fait accompli)**로 규정하며 이미 우리 사회는 '표현'에 대한 개념과 인식할 능력조차 잃은 상태로 진단한다. 그러나 Baudrillard가 이런 주장을 할 수 있는 충분한 위치에 있다고 보기 어렵고 신뢰하기 어렵다. 그리고 우리 사회 내에는 이 사회 전반의 시뮬레이션 현상에 대해 반감을 갖는 몇몇 구성원이 존재하는 것도 사실이다. 사회 및 정치 집단들은 이 사회 내에서 발언권이 큰 구성원들인데 이들이 표방하는 사회는 그 성격상 시뮬레이션에 의해 지배된 사회 자체에 대한 불신과 반감을 갖고 있다. 일반적으로 이들은 주변에 일어나는 여러 사회 현상들에 대해 그 원인과 배경에 관심을 두고 중요시하는 대신 눈을 현혹하는 단순 현상이나 효과에 대해 일절 가치를 인정하지 않기 때문이다. 이러한 예시로 환경보호주의(environmentalism)를 들 수 있는데, 이들은 사람들의 실생활에 필요한 자원의 의미를 초월한 자연환경의 의미를 지속적으로 주장한다.[10] 이를테면 택지를 활용하여 인간에게 단기적인 혜택을 줄 수 있는 개발사업에 대해 이들이 반대하는 주장을 하면서 일부의 자연 훼손을 대신하여 얻을 수 있는 그 밖의 가치들(아름다움, 지혜, 균형, 조화 등의 개념)조차 자연의 가치를 대신할 수 없는 단순 '성과 또는 성능'으로 판단한다. 이와 유사하게 세계화 움직임에 반대하는 집단이나 지역주의론자들은 세계 경제 활성화 정책이나 무역 촉진 법령 등을 단순 '성과주의적 관점'에서 바라본 금전만능주의로 평가절하하고 이것이 진정한 인류의 풍요로움과 행복을 줄 수 없다고 보는 경향과 같다고 볼 수 있다.

　　　　시뮬레이션에 대한 일반적인 저항은 그 자체에 대한 반감이다. 학계나 비평가들 사이에서, 예술가 집단 또는 많은 수의 일반 대중들도 시뮬레이션에 대한 신뢰를 보이지 않는다. 시뮬레이션

문화가 아직은 주류로 자리 잡고 있지 못한 것도 그 이유이지만, 사람들은 이것을 앞서가는 특별 계층을 위한 것으로 종종 여긴다. 하지만 이것의 잠재력으로 볼 때 서양문화를 배경으로 앞으로 강한 어필을 이어가고 옹호자들로부터 꾸준히 발전된다면 비록 크지 않은 비중을 차지하더라도 그 파급 효과는 상상을 초월하게 될 것이다. 이 경우 이를 통한 건축의 문화는 대중을 향해 더욱 다가갈 수 있는 새 국면을 갖게 되면서 새로운 시각으로 다시 이 세계를 보게 될 것이다. 건축에서의 재료와 물성, 전통적인 공예정신 그리고 신체의 경험과 감응 등 다소 불규칙하고 정확하지 않으며 예측하기 힘든 성질의 이 가치들을 놓치지 않고 간직할 수 있도록 노력하면서 말이다.

경험을 내세우는 것

시뮬레이션을 감상하면서 우리가 느끼는 감상 그 자체가 전부이지 그 이면에 또 다른 세계나 실존하는 다른 것이 있다고 여기지 않는다. 건축의 경험은 이와 같은 범주에 있다. 사전에 알고 있는 어떤 상징성이나 의미 부여가 없다면 마련된 공간적 경험에 의해 우리의 건축 감상이 일어난다. 경험이라는 것은 생생히 다가오는 것으로써 건축에서의 '표현'의 기능이 담기게 된다. 경험은 결코 얄팍하지 않다. 단순 물리적 자극에 머무는 게 아니며 자극들만으로 '경험'의 인식을 것을 뇌가 만드는 것도 아니다. 보고, 듣고, 손끝으로 느끼고, 맛보고 그리고 냄새를 맡는 어떤 주체가 반드시 있어야 하고 이 주체가 그 자극들을 경험으로 인식하는 것이다. 예를 들어, 초콜릿 맛은 아주 독특하고 깊이가 있지만, 뭐라 말로 자세히 표현 불가능하다. 우리 대부분이 이 맛을 달면서 씁쓸한 좋은 맛이라고 동의하지만 그 설명이 가능한 전부다. 그러나 그 맛을 본 사람들의 경험이 어땠는지는 알 수 없는 것이다. 이런 관점에서 '미식학'은 건축을 교육하는 데 도움이 된다. 어떤 음식의 맛에서 무엇을 표현하는 것이라고 여기지 않지만, 그 경험은 누군가에게 아주 독특한 뉘앙스와 함께 과거 어떤 기억을 연상시킨다. 건축은 누군가에게 이러한 방식의 '경험'을 선사하는 역할을 해왔다(그림 6.14). 지난 수백 년 동안을 돌아보면, 건축에 대한 경험이 로고스 중심주의(Logocentrism) 테두리 안에 눌려 있었다고도 볼 수 있으며 시뮬레이션의 등장은 이것을 회복시킬 기회로 볼 수도 있다.

감동적인 건축으로 사람의 감성에 호소하는 일은 어쩌면 많은 건축가들이 추구했던 최고의 목표였다. 계몽주의 건축으로 유명한 건축가 불레(Etienne-Louis Boullée)[11]의 작업들이 좋은 사례다

그림 6.14 Le Corbusier의 노트르담 성당(Chael of Nôtre Dame du Haut, 1954) 실내 모습. 기하학적 형태와 역사성은 현재를 의미하지만, 여러 색상과 모양의 유리창이 깊이 있는 벽에 묻혀 있는 모습에서 우리의 감각과 감성에 무엇인가를 호소한다.
※ 이미지 제공: Rory Hyde

(그림 2.30). 뿐만 아니라 이것은 르꼬르뷔제가 주장했던 건축과 '엔지니어의 감각'의 차이를 설명하는 핵심 사항이었다.[12] 그렇다 하더라도 이때 어떤 형태를 보고 감동을 느끼는 현상은 누구에게나 적용되는 보편적 현상이라고 봤으므로 완벽한 형태와 구성하는 법을 익힌 건축가들은 사람들의 반응을 어느 정도 예측할 수 있는 능력이 있다고 봤다. 물론 요즘 시대에는 사회적·문화적 영향에 따라 사람들의 인식이 다를 수 있음을 이유로 그러한 보편성을 대체로 인정하지 않는다. 그러므로 지금의 건축가들은 감동을 주기 위한 작업을 설계 목표로 삼더라도 예전과 같은 보편타당한 절대 가치에 큰 의미를 부여하지 않게 되었다.

　　　'미학적 가치'에 대한 요즘 사람들의 입장은 예전보다 훨씬 불안정하고 개인주의적이라고 할 수 있다. 대중매체의 힘은 사람들의 미학적 사고에서 대게 소비를 이끌어내기 위한 단편적 이미지에 몰두하게 하고 삽시간에 세상을 장악했다가 일순간에 사라지는 성향을 보인다. 이와 동시에 수많은 상품들은 항상 준비되어 사람들의 선택을 기다리고 있고 사람들은 기호에 맞는 선택을 하는 것으로 자신만의 세계를 성취한다고 느끼고 있다. 따라서 사용자로부터 감동과 호응을 목표로 작업하는 건축가에게는 이 시대적 특성이 남다른 도전이 되고 있는데, 그 이유는 시시각각 바뀌며 거의 무한대에 가까운 다양한 소비 환경에 단련된 사람들을 대응해야 하기 때문이다. 전통적인 가치를 지닌 건축물은 요즘 시대와 환경에 지나치게 고정적인 이미지를 지닌 게 사실이지만 때로는 건물 외관에 바뀌는 이미지 디스플레이를 입게 되면 부족했던 점을 풍부하게 채워 넣을 때도 있다(그림 6.15, 6.16). 수시로 바뀔 수 있는 가변적인 환경에 바로 적응할 수 있고 요즘 보이는 한시적 구조물도 이런 상황에 대응하기

그림 6.15 뉴욕시의 타임스퀘어 모습(2007). 기존 전통적인 도심 광장이 각종 활발한 애니메이션 광고물과 안내표지 및 뉴스들로 방문객을 완전히 둘러싸도록 바뀐 풍경. NASDAQ MarketSite라고 불리는 사진 왼편의 둥근 벽면은 7층 높이 건물에 달하고 10,000평방피트 면적을 차지하는 세계 최대 규모의 고정된 비디오 화면으로 알려져 있다. 이 화면은 1,900만 개의 LED로 구성된다.

※ 이미지 제공: William Warby

그림 6.16 RTKL 건축사사무소 작업의 LA 라이브(LA Live) 모습. "LA 라이브 프로젝트는 LA시를 '살며 일하고 즐기는 커뮤니티'를 모토로 기존의 낙후된 공업지역을 활력 넘치는 경제 엔진이 되는 도심권으로 탈바꿈시키는 것을 목적으로 한다(보도자료 인용)."

※ 이미지 제공: RTKL.com/David Whitcomb

그림 6.17 SANAA의 런던 서펜타인 갤러리(Serpentine Gallery) 임시 파빌리온 모습(2009).

※ 이미지 제공: Detlef Schobert

에 적합하다(그림 6.5, 6.6, 6.17). 이렇게 활발한 애니메이션과 거리가 먼 건물은 지금의 환경에서 점점 가장 뒤의 배경을 차지하게 되면서 전반적 분위기에 일조하지만 건축적 주장은 묵음이 된다(그림 6.8).

건축이 사람들의 감성에 효과적으로 접근하기 위한 방법으로 사람들이 반응을 보일 특정 부분을 활용하는 것일 수 있다. 건축가 불레의 기념비(centoaph) 프로젝트에서 보듯이 어둡고 초월적인 분위기를 선택하여 나타냄으로써 '죽음'이라는 주제가 생생히 전달되는 효과를 준다. 하지만 대부분의 실제 설계 작업에서는 어떤 선택이 최선인지 정하기 어렵다. 이를테면 초등학교 설계에서 교육의 신중함, 아이들이 찾는 즐거운 환경, 학교에 대한 존경심, 지식에 대한 갈망 등 떠오르는 생각 중에서 과연 쉬운 선택이 가능할까? 아마도 정답은 '앞에 열거한 모든 것'이 될 것이다. 정답을 찾았다고 해도 잘 실현될지는 두고 봐야 할 것이고 달리 보면 일반적으로 이미 알고 있는 조건들에 의해 애초의 아이디어를 수행해가는 것이다.

기술의 거듭되는 발전으로 공간 경험에서 새로운 장을 펼쳐 보이고 있다. 인경험자와 상호 반응하고 변화되는 인터엑티브 어뎁티브 환경(그림 6.5, 6.6)은 인간과 축조 환경 간에 해롭고 흥미로운 관계를 창출하고 있고, 아직은 시작에 불과한 단계다. 지금까지는 설치할 수 있는 범위 등이 제약 조건이었고 실험적 성격에 불과했지만, 이것 자체가 완전한 건축으로써 등장하는 날도 머지않아 보인다.

시뮬레이션의 문제를 드러내는 일

건축의 문제를 시뮬레이션을 도구로 다루는 데 고려해야 하는 원초적인 문제들이 있다. 그중 하나는 '경험'과 '디자인'의 영역들 간에 점차 융합적인 성격으로 발전해가고 있는 점이다. 경험적 측면에서 보면, 전자기기를 통해 경험되는 것은 우리에게 익숙해져서 점차 건축가들이 공간 경험을 디자인할 때 자연스럽게 활용하게 될 것이다(그림 6.7). 예를 들어, 건축가가 앞으로는 구글글래스(Google Glass)에 제공되어야 할 정보와 데이터를 설계함으로써 온전한 건축 경험이 가능해지는 경우다. 이미 우리 일상에 깊이 침투한 GPS나 스마트폰 앱의 구글지도 등에 의해 눈에 띄는 임의의 장소가 랜드마크화되는 등 전통적으로 우리가 갖고 있었던 케빈린치(Kevin Lynch)의 도시공간구조에 의한 랜드마크로 여기던 도시의 이미지를 이미 대체하고 있다.[13] 또한 증강현실 기술이 디자인을 시각화하는 유용한 도구로 탐구되고 있는데,[14] 이러한 새로운 도전은 이전에는 존재하지 않았던 새로운 기회와 활동 영역을 건축가들에게 부여하고 있다.

　　　디자인 측면에서는 지금 이 순간에도 복잡하면서도 다양하게 활용 가능하며 어느 정도 지능을 지닌 컴퓨터를 매개로 건축가의 건축적 사고가 영향받아 변하고 있다. 여기서 영향받는 건축적 사고 내용과 성격을 볼 때 이것은 단순히 인간 능력이 도구인 컴퓨터의 도움을 받는 정도가 아니라, 이전에 경험해보지 못한 인간과 컴퓨터의 융합된 새로운 능력으로 보는 것이 맞다고 본다.[15] 전산화 설계 기법을 통해 인간의 인지능력과 컴퓨터의 능력이 융합되어 새로운 종의 형태를 생성하는데, 이것은 사람의 인식 체계를 기준으로 볼 때 생소한 것들이다. 다른 한편으로는 이를 통해 인간의 인지능력과 과정을 다른 관점에서 들여다보고 새롭게 이해하는 계기가 되고 있기도 하며, 이것은 건축적 가능성으로 볼 때 놀라운 발견이 될 수 있다.

　　　알고리즘 설계와 생성되는 형태를 통해 생각해볼 다른 문제도 있다. 이것들은 실제 건축 형태에 대한 새로운 가능성의 기반이 되어 주지만, 물리적으로 존재하는 조건들에 의해서만 가능할 뿐 암시되어 있거나 사전에 존재했던 인식들이나 단서들은 역할을 하지 못한다. 마치 자연 생태계의 어떤 생물이 주변 환경과 조건에만 맞춰져 진화된 결과와 유사하다. 즉, 건축에서는 단순 물리적 성질만이 능사가 아닌, '의미'가 존재한다는 것과 그것이 과거에는 형태로 나타나고 반영되면 충분했지만 현 시대에서는 '관계성'과 '프로세스'를 중요시한다는 것이다. 따라서 앞으로 건축가들이 적극적으로 이런 방식의 사고의 방법에 대해서 탐구해가야 할 것이다. 이를 위해서는 컴퓨터에 대한 제대로 된 이해가 바탕에 있어야 한다. 그뿐 아니라 일반 대중들은 언제쯤 그리고 어떻게 이런 방식으로 생성된 건축에 대해 이해하게 될 것인지 지금 예측하기는 힘들다. 앞으로 건축가가 이러한 새로운 방식을 익혀가더라도 생물학적 진화와 알고리즘 설계의 프로세스가 서로 비유될 수는 있을지라도 같다고 보면 곤란하다. 진화론에 의한 종의 선택 프로세스는 철저히 매우 단순한 조건을 충족하기 위함이다. 바로 생존과 번식이라는 점이다. 건축에서의 문제는 이보다 훨씬 복합적인 요구 사항을 다룬다. 알고리즘 설계를 통해 생성, 선택되는 프로세스 이면에는 항상 사회적·문화적 문제와 조건들이 있기 마련이고 단순 기능만을 위한 존재로 치부되어서는 안 될 것이다.

시뮬레이션을 활용하면서 고려해야 하는 또 다른 문제는 인간의 인식 프로세스와 컴퓨터상의 기하학 간에 발생하는 차이일 것이다. '제4 기하학'이라고 일컬었던 이것은 인간의 경험적 사고가 아닌 컴퓨터 프로그램상에서 기하학적 내용을 처리하기 위한 로직이다. 이 기하학 생성의 원리에 대해 인간이 이해하는 논리로 풀어 설명하여 우리가 이해할 수 있다면 이것이야말로 새로운 발견이고 유용한 원리가 될 것이다. 또한 이전에 인간이 경험해본 것과 연관 없는 새로운 형태를 맞이하는 기회가 될 것이다. 이 과정에서 우리가 인지하고 있는 공간적 질서를 다시 되짚어보게 될 것이고 이 부분에서 건축의 세계를 확장시키는 기회가 된다.

시뮬레이션 시대에 이 밖의 다른 접근으로 '건축'에 대해 다시 생각해보는 것도 물론 가능하다. 지나치게 '성능성'만을 추구하여 건축의 그 밖의 가치들을 잃어가는 방향으로만 가야 할 길이라고 제한하지만 않으면 된다. 만약 그렇게만 추구된다면 건축은 바로 멸종으로 직결될 것이다. 실제로 우리의 삶에는 '성능'만이 아닌 다른 많은 것들이 있다. '기능과 동작' 이외에 '의미' 속에는 더 많은 것들이 있기 때문이다.

1 실제 이렇게 될 날이 결코 멀지 않은 것으로 보인다.

2 Carpo(2011).

3 Hollan, Hutchins & Kirsh(2002).

4 Arias, Eden, Fischer, Gorman & Charff(2002).

5 Myers, Hudson & Pausch(2002).

6 Cf. Harries(1997).

7 Cf. Heidegger(1977, 1993), Merleau-Pnty(1962) 그리고 Harries(1997).

8 Evans(1995, p. xxxi).

9 Husserl(1970, p.26).

10 Heidegger(1977; 1993).

11 건축가 불레(Boullée)는 아름다움의 규칙은 자연에서 온다고 주장한 그의 이론인 '신체의 법칙'에 따르면, 환경에 놓여 있는 물체들은 '인간의 감각을 깨우는 힘'을 갖고 있다고 했다(Perouse de Montclos, 1974, p.38).

12 르꼬르뷔제에 따르면, 경제의 법칙과 수학적 계산에 지배되는 엔지니어에 의해 세상의 원리는 삶에 적용되고 조화를 이루게 한다. 건축가에 의해 배치되는 형태들에 의해 하나의 질서를 실현시키는데, 이것은 순수한 정신세계로써 여기에서 다루어지는 형태와 모양들은 우리의 감각에 직접 호소하는 조형적 감성들이다. 건축가는 이것들 서로 간의 관계를 만들어낼 수 있고 이를 통해 느껴지는 질서와 감성을 세상과 함께 공유하게 되며 우리가 갖게 되는 다채로운 감동과 새로운 발견을 경험하게 한다. 그 후 우리는 아름다움이 무엇인지 알게 된다(르꼬르뷔제, Le Corbusier, 1986, p.11).

13 Lynch(1960).

14 Fonseca, Marti, Navarro, Redondo & Sanchez(2012).

15 여기서 컴퓨터의 역할은 단순히 계산을 빨리 해내고 사람들의 인지능력을 빠르게 돕는 정도가 아니고 이전에 없던 새로운 인지 능력을 제공함을 의미한다. 하지만 여기서 컴퓨터가 이미 독립적인 지능을 지닌 상태로 보는 것은 아니지만 인간이 이전에는 접근할 수 없었던 인지 과정의 존재를 새로 발견하게 하거나 또는 새로운 인지 과정을 처리하여 적용할 수 있게 한다는 것이다. 인지 과정은 언제나 사람의 두뇌가 기준이 되는데, 먼저 프로세스를 인식하고 그 결과를 이해하는 과정이라고 볼 수 있다. 이 과정의 물리적 도구가 되는 것이 컴퓨터다.

책의 후기

건축주들이 대체로 요구하는 확실한 결과와 현실감 있는 계획안의
기능적 만족감을 준비하면서 건축가들은 평소 설계 실무에서 '시뮬
레이션'의 위력을 잘 알고 있다. 요즘 건축물에 대한 여러 측면에서
수치화된 성능 기준은 다양하게 발전되었고 그것을 가능하게 하는
각종 전산기술에 의해서 이전에는 상상 못했던 계획물의 각종 성능
들을 예측하게 한다. 건축주가 우선 기대하는 시공도면의 정확성, 공
사비의 정확한 예측과 공사 기간 등에 대해서 기술이 발전할수록 업
무 환경은 점점 더 정확한 값을 기대하고 있다. 근사한 현실감을 안
겨주는 새로운 도구에 의해 건축에서 항상 추구해왔던 완벽한 디자
인을 위한 노력에 새로운 동기부여가 되고 있는 것도 사실이다. 날이
갈수록 기술적으로 더 진보된 도구가 나오고, 더 많은 기능과 더 좋
은 결과들이 가능해지면서 건축주와 산업계 전반이 갖는 기대치는
더욱 끌어 오르는 순환 과정을 겪고 있다. 현재 미국의 많은 건축가
들은 설계 '성능'이 부쩍 중요하게 다루어지기 시작하면서 그것에 적
응하기 위한 노력을 하는 것 같다. 물론 이전부터 프로그램 요구 사

항, 공사 일정, 공사비 등에 대해 전혀 신경을 안 썼던 것은 아니다. 또한 과거에도 실질적인 성과를 중요시하고 그 밖의 건축적 가치에 대해 무뎌보였던 건축주들이 없었던 것도 아니다. 이런 상황에서도 꾸준히 건축의 또 다른 가치인 사회적 의미나 문화적 성과 등의 해석에 의한 중요성을 중요하게 다룰 수 있었고 전통적인 비투르비우스 건축관에 의한 '즐거움'이라는 건축의 고귀한 가치도 잊지 않고 있었다. 이러한 태도는 인간의 경험에 대한 가치와 사회성, 개인주의 등을 바탕으로 감성에 호소하면서 때로는 역사와 문화에 영향을 받은 우리가 항구적으로 추구하는 충분히 인문주의적인 가치 판단에서 온 것이다.

지금 시대의 많은 건축가들이 시뮬레이션의 등장과 그 파급 효과에 대해서 이것이 내포하고 있는 반－인문주의적, 물질 만능주의적 가치추구에 대해 적지 않은 충격과 위협을 느낀 것이 사실이다. 시뮬레이션은 '성능'에서 시작하여 그것으로 끝을 맺기 때문이다. '의미'에 대한 여운 대신 기능만이 존재한다. 개인주의나 표현주의, 독특한 가치 추구 등은 설 땅이 없는 세계다. '경험'은 밀폐되어 존재하고 자신을 중심으로 한 철저한 고립이기도 하다. 시뮬레이션으로의 적응은 아직도 진행 중이지만, 한 가지 확실해 보이는 것은 평균적인 건축가들은 이로 인한 적지 않은 위협을 느끼고 있다. 건축가들이 BIM에 의한 설계에 참여하면서 프로젝트팀 내에서 설계 주도자가 아닌 동등한 입장의 팀원이 되어 공동의 목표인 '성능'을 추구하게 된 것 또한 BIM 등장 덕분이다. 건축에서의 '표현' 세계는 성능주의 목표에 밀릴 수밖에 없게 되었고 이것은 성능이 강조될 필요가 없는 부분으로 제한되는 분위기다. 전산화 설계 기법에서는 성능 달성만을 위해 쓰이지 않을 경우 건축가의 '의도'를 가려 건축에 대

한 인문주의적 가치로 해석되기 힘들게 하고 있다.[1]

시뮬레이션은 우리의 구체적인 사회·문화적 발전에서 온 하나의 현상임이 틀림없다. 사람들에게 보이는 것들이 현실이 되도록 유혹하려는 대중 매체들에 의해 가장 직접적으로 시뮬레이션이 시작되었다고 볼 수 있고, 이 과정에서 제공되는 경험에는 관련 정보나 맥락은 축소되어 그 외의 것들은 생각할 필요가 없게 하는 특성을 지닌다. 특히 매체는 파급 효과가 크며 동시 다발적으로 다수에게 같은 경험과 정보를 주입시킬 수 있다. 이제는 우리 사회와 문화에서 뗄 수 없는 존재로 자리매김하고 있으며 도저히 그 누구도 눈을 현혹하는 손쉬운 유혹에서 벗어난다는 것은 불가능하다. 건축의 세계와 건축가들에게 시뮬레이션이 불편한 진실로 느껴지는 근본적인 이유는 세상 사람들 모두가 시뮬레이션 세계가 손쉽게 지배한 환경과 세상에 순응하고 있기 때문일 것이다.

기술적 발전으로 건물의 문제가 복잡해지고 건축가의 역할도 더 기대되고 있지만 가장 근본적인 건축가의 임무는 그대로이다. 바로 설계와 시공에 의해 결정되는 '모든' 결과에 대해서 충분히 생각할 수 있어야 한다는 것이다. 우리 건축가들은 이 땅에 지어진 것들에 의해서 어떻게 우리의 삶이 영향받고 우리뿐 아닌 세상의 모든 생명체들이 영향받는지에 대해 알고 있다. 우리는 이 문제의 중심이 기술적 문제가 아닌 사회 윤리적 문제임을 안다. 때로는 결정의 단계에서 '성능'을 달성하는 것이 윤리적으로도 동등한 결과일 것이라고 큰 고민 없이 막연히 믿었던 적도 있었을 것이다. 하지만 이 문제에서 평소와 같이 그냥 넘긴다는 것은 너무 순진한 발상이었음을 이제 알아야 한다. 건축에서의 '가치'들이 다시 보호되어야 하고 '성능성 추구'와 시뮬레이션에 대해 새로운 각도로 조명해봐야 한다. 만약 건축가가 이 문제에 대해 나서지 않는다면, 건축 산업계 전체 구성원 중에 그 누구도 나서지 않을 것이다.

요즘 건축 산업의 프로젝트 진행에서 더 중요한 의사결정을 한다고 보이는 건설 관리자나 시공자 또는 발주처 등의 그늘 아래에서 건축가의 지위와 대중적 인지도가 예전과 같지 않은 것은 사실이다. 실제 이것은 많은 건축가들의 자존심을 위협하고 있다. 이를 극복하기 위한 가장 흔한 주장이 바로 우리 건축가들이 건축주들을 훨씬 앞서서 설득시키기 위해 '성능 기반' 정보를 더욱 능숙하게 제공해야 한다는 것이다. 건축가들은 물론 이를 위해 보다 적극적으로 가능한 도구들을 적극 활용해야겠으나 이 문제의 근본 해결을 위해 시공자들이 제공하는 성능 기반의 정보를 앞서 제공할 수는 없을 것이다. 이보다 실제 위협은 아마도 평균적인 지금의 건축가들의 건축적 사고가 여전히 시뮬레이션의 모드에서 멀리 있다는 사실일 것이다. 즉, 우리는 우리 스스로 우리 설계 행위에 대한 새로운 작업 방식 또는 작업 모드를 정의 내려야 하는 것이다. 특히 설계의 문제에 다음 두 관점에 대해 깊이 있게 봐야 한다. 하나는 지금 이 시대에 건축물이 갖는 '의미'가 무엇인지에 대한 것이다. 그리고 두 번째는 우리가 어떻게 사람들뿐만 아닌 전체 생태계에 도움이 되는 축조 환경을 지어나갈 것인가에 대한 고민이다. 지금껏 문명사회에서 건축가의 역할이 그랬듯이 앞으로도 우리는 사람들에게 지속적으로 질문을 던져야 하고 시뮬레이션과 공존하면서 이것이 어떻게 건축의 문제에 도움을 줄 수 있는지에 대해, 그리고 이것이 품고 있는 문제에 대해 과감한 문제 제기를 이어나가야 한다. 이 과정에서 건축 '도면'의 세계는 강력한 도구가 되어줄 것이다.

지금은 건축가로서 살아가기에 가장 도전적인 시대라고

판단한다. 우리 건축가들은 직면한 도전을 극복해야 하고 눈앞에 새롭게 펼쳐지고 있는 세계를 충분히 이해하고 있어야 하며, 새로운 아이디어를 창출하고 실질적인 해법들을 제시할 수 있는 위치에서 역할을 다하여, 모두가 함께 살 만한 세상을 구축해나가야 한다. 그 어느 시대보다도 지금의 세계야말로 '건축'과 '건축가'를 더 필요로 하고 있다.

미주 ————————————————————————————————

1   일부 사회학자들과 아이젠만(Eisenman)과 같은 건축이론가들은 이러한
     현상을 포스트-휴머니즘(post-humanism. cf. Eisenman, 1998)이라고 부른
     다. 하지만 해당 건축이론가도 건축가를 '형태 부여자'의 위치에 있다고
     주장한다.

참고문헌

1. Abouelkheir, A., Shahi, B., Lee, J.-A., & Wong, P. (2012). "Terriform." ACADIA 2012 Synthetic Digital Landscapes. San Francisco: 35Degree.

2. Alberti, L. B. (1966). *On Painting*. New Haven, CT: Yale University Press.

3. Alberti, L. B. (1988). *On the Art of Building in Ten Books*. (J. Rykwert, N. Leach, & R. Tavernor, trans.) Cambridge, MA: The MIT Press.

4. Alexander, C. (1964). *Notes on the Synthesis of Form*. Cambridge, MA: Harvard University Press.

5. Alexander, C. (2011). "Systems Generating Systems." In A. Menges, & S. Ahlquist, *Computational Design Thinking* (pp. 58-67). Chichester: John Wiley & Sons.

6. American Institute of Architects, AIA California Council. (2007). *Integrated Project Delivery: A Guide*. Washington, DC: American Institute of Architects.

7. Arias, E., Eden, H., Fischer, G., Gorman, A., & Scharff, E. (2002). "Transcending the Individual Human Mind: Creating Shared Understanding through Collaborative Design." In J. M. Carroll (Ed.), *Human-Computer Interaction in the New Millenium*. New York: Addison-Wesley.

8. Arthur, B. (2009). *The Nature of Technology: What It Does and How It Evolves*. New York: Free Press.

9. Banham, R. (1969). *The Architecture of the Well-Tempered Environment*. London: The Architectural Press/Chicago: University of Chicago Press.

10. Barthes, R., Lavers, A., & Smith, C. (1999). *Elements of Semiology* (21st printing ed.). New York: Hill and Wang.

11. Baudrillard, J. (1994). *Simulacra and Simulation*. Ann Arbor: The University of Michigan Press.

12. Bhooshan, S. (2013, June 25). "Learning from Candela." (D. R. Scheer, Interviewer).

13. Bovelet, J. (2010). "Drawing as Epistemic Practice in Architectural Design." *Footprint, 4*(7), 75-84.

14. Building Design and Construction. (2010, August 11). *BD+C Weekly Newsletter*. Available at: http://www.bdcnetwork.com/bim-adoption-tops-80-among-nations-largest-aec-firms-according-bdcs-giants-300-survey (accessed November 7, 2012).

15. Carpo, M. (2011). *The Alphabet and the Algorithm*. Cambridge, MA: The MIT Press.

16. Construction Users Roundtable. (2004). *Collaboration, Integrated Information and the Project Lifecycle in Building Design, Construction and Operation*.

17. Cincinnati: The Construction Users Roundtable.

18. Cuff, D. (1991). *Architecture: The Story of Practice*. Cambridge, MA: The MIT Press.

19. Danto, A. C. (1986). *The Philosophical Disenfranchisement of Art*. New York: Columbia University Press.

20. deLanda, M. (2002). "Deleuze and the Use of the Genetic Algorithm in Architecture." In N. Leach, *Designing for a Digital World*. London: John Wiley & Sons.

21. deLanda, M. (2011). *Philosophy and Simulation: The Emergence of Synthetic Reason*. New York: Continuum International Publishing Group.

22. Derrida, J. (1981). *Positions*. Chicago: University of Chicago Press.

23. Deutsch, R. (2011). *BIM and Integrated Design:Strategies for Architectural Practice*. Hoboken, NJ: Wiley.

24. Eastman, C., Teicholz, P., Sacks, R., & Liston, K. (2011). *BIM Handbook* (2nd ed.). Hoboken: John Wiley & Sons, Inc.

25. Eisenman, P. (1976). "Post-Functionalism." *Oppositions* (6).

26. Eisenman, P. (1998). "The End of the Classical: The End of the Beginning, the End of the End." In K. M. Hays, *Architecture Theory Since 1968*. Cambridge, MA: MIT Press.

27. Eklund, P., & Haemmerle, O. e. (2008). "Conceptual Structures: Knowledge Visualization and Reasoning." In *International Conference on Conceptual Structures*. Berlin; Springer.

28. Ellul, J. (1964). *The Technological Society*. New York: Alfred A. Knopf, Inc.

29. Environmental Design Research Association. (n.d.). *EDRA*. Available at: www.edra.org (accessed May 16, 2013).

30. Euclid. (1956). *The Thirteen Books of the Elements* (2 ed., Vol. 1). (S. T. Heath, Ed.) New York: Dover Publications, Inc.

31. Evans, R. (1995). *The Projective Cast: Architecture and Its Three Geometries*. Cambridge, MA: The MIT Press.

32. Evans, R. (1997). "Translations from Drawings to Buildings." In R. Evans, *Translations from Drawings to Buildings and Other Essays*. London: Architectural Association Publications.

33. Finau, E., & Lee, Y. C. (n.d.). "BIM Enabled Lean Construction: Faster, Easier, Better and Less Expensive Project Delivery." Online, Georgia Tech. Available at: dbl.gatech.edu: http://www.dbl.gatech.edu/sites/www.dbl.gatech.edu/files/Lee-Finau.pdf (accessed July 25, 2013).

34. Fischer, O. W. (2012). "Architecture, Capitalism and Criticality." In C. G. Crysler, S. Cairns, & H. Heynen (Eds.), *The SAGE Handbook of Architectural Theory*. London: SAGE Publications, Ltd.

35. Fitzsimons, J. K. (2010). "The Body Drawn between Knowledge and Desire." *Footprint*, *4*(7), 9-28.

36. Fonseca, D., Marti, N., Navarro, I., Redondo, E., & Sanchez, A. (2012). "Using Augmented

Reality and Education Platform in Architectural Visualization:

37. Evaluation of Usability and Student's Level of Satisfaction." In *2012 International Symposium on Computers in Education (SIIE)*. Andorra la Vella: IEEE.

38. Foucault, M. (1973). *The Order of Things*. New York: Random House, Inc.

39. Foucault, M. (1979). *Discipline and Punish*. New York: Knopf Doubleday Publishing Group.

40. Frascari, M. (2007). "Introduction: Models and Drawings: The Invisible Nature of Architecture." In J. H. Marco Frascari (Ed.), *From Models to Drawing*. London: Routledge.

41. Frazer, J. (2011). "A Natural Model for Architecture." In A. Menges, & S. Ahlquist, *Computational Design Thinking*. Chichester: John Wiley & Sons. Gallaher, M. P., Dettbarn, J. L., & Gilday, L. T. (2004). *Cost Analysis of Inadequate Interoperability in the U.S. Capital Facilities Industry*. Gaithersburg: National Institute of Standards and Technology.

42. Giedion, S. (1978). *Space, Time and Architecture*. Cambridge, MA: Harvard University Press.

43. Gleick, J. (1987). *Chaos: Making a New Science*. New York: The Penguin Group. Haptic & Embedded Mechatronics Laboratory. (n.d.). *Haptic Shear Feedback*. Available at: http://heml.eng.utah.edu/index.php/Haptics/ShearFeedback (accessed June 27, 2013).

44. Harries, K. (1997). *The Ethical Function of Architecture*. Cambridge, MA: The MIT Press.

45. Heidegger, M. (1962). *Being and Time*. (J. Macquarrie, & E. Robinson, Trans.) San Francisco: Harper & Row.

46. Heidegger, M. ([1977a,] 1993). "Building, Dwelling, Thinking." In D. F. Krell (Ed.), *Martin Heidegger: Basic Writings*. San Francisco: HarperSanFrancisco.

47. Heidegger, M. ([1977b] 1993). "The Question Concerning Technology." In D. F. Krell (Ed.), *Martin Heidegger: Basic Writings*. San Francisco: HarperSanFrancisco.

48. Heumann, A. (2012). "Michael Graves: Digital Visionary: What Digital Design Practice Can Learn from Drawing." Available at: http://acadia.org/#features/H76XXP (accessed February 12, 2013).

49. Hollan, J., Hutchins, E., & Kirsch, D. (2002). "Distributed Cognition: Toward a New Foundation for Human-Computer Interaction Research." In J. M. Carroll (Ed.), *Human-Computer Interaction in the New Millenium*. New York: Addison-Wesley.

50. Hsiao, C.-P., Davis, N., & Do, E. Y.-L. (2012). "Dancing on the Desktop: Gesture Modeling System to Augment Design Cognition." In *Synthetic Digital Ecologies: Proceedings of the 32nd Annual Conference of the Association for Computer-Aided Design in Architecture (ACADIA)*. San Francisco: Association for Computer-Aided Design in Architecture (ACADIA).

51. Husserl, E. (1970). *The Crisis of European Sciences and Transcendental Phenomenology*. (D.

Carr, Trans.) Evanston, IL: Northwestern University Press.

52. Ibbitson, T. (2013, July 28). *BIM: Defining Value*. Available at: FreeArchitecture.org.UK/: http://freearchitecture.org.uk/bim-defining-value/ (accessed August 8, 2013).

53. Iwamoto, T., Tatezono, M., Hoshi, T., & Shinoda, H. (2008). "Touchable Holography." Available at: http://www.alab.t.u-tokyo.ac.jp/~siggraph/09/TouchableHolography/SIGGRAPH09-TH.html (accessed June 27, 2013).

54. Kahn, L. I. (1991). *Writings, Lectures, Interviews*. New York: Rizzoli International Publications, Inc.

55. Kant, I. (1929). *Critique of Pure Reason*. (N. K. Smith, Trans.). New York: The Humanities Press.

56. Kaufmann, E. (1952). "Three Revolutionary Architects: Boullee, Ledoux and Lequeu." *Transactions of the American Philosophical Society, New Series, 42*(3), 431-564.

57. Kieran, S., & Timberlake, J. (2004). *Refabricating Architecture*. New York: McGraw-Hill.

58. Kimmelman, M. (2012, October 31). "Barclays Center Arena and Atlantic Yards Project in Brooklyn." NYTimes.com. Available at: http://www.nytimes.com/2012/11/01/arts/design/barclays-center-arena-and-atlantic-yards-project-inbrooklyn.html?pagewanted=all&_r=0 (accessed May 21, 2013).

59. Kolarevic, B. (2005). "Towards the Performative in Architecture." In B. Kolarevic & A. M. Malkawi, *Performative Architecture: Beyond Instrumentality*. New York: Spon Press.

60. Kuorikoski, J. (2012). "Simulation and the Sense of Understanding." In P. A. Humphreys, *Models, Simulations, and Representations*. New York: Routledge.

61. Leatherbarrow, D. (2005). "Architecture's Unscripted Performance." In B. Kolarevic, & A. M. Malkawi, *Performative Architecture: Beyond Instrumentality*. New York: Spon Press.

62. Le Corbusier, P. J. (1986). *Towards a New Architecture*. New York: Dover Publications, Inc.

63. Levin, D. M. (1993). "Introduction." In D. M. Levin (Ed.), *Modernity and the Hegemony of Vision*. Berkeley: The University of California Press.

64. Loughborough University; Foster + Partners; Buro Happold. (2010, May 29). "Future of Construction Process: 3D Concrete Printing." Available at: http://www.youtube.com/watch?v=EfbhdZKPHro (accessed July 30, 2013).

65. Lynch, K. (1960). *The Image of the City*. Cambridge, MA: Technology Press.

66. Lyotard, J.-F. (1984). *The Postmodern Condition: A Report on Knowledge*. Minneapolis: The University of Minnesota Press.

67. Marin, P. (2001). *On Representation*. Stanford, CA: Stanford University Press.

68. McCullough, M. (1998). *Abstracting Craft*. Cambridge, MA: The MIT Press.

69. McGraw-Hill Construction. (2009). *The Business Value of BIM*. New York: McGraw-Hill.

70. Mendelsohn, D. (2012). *Waiting for the Barbarians: Essays from the Classics to Pop Culture*. New York: New York Review of Books.

71.   Menges, A. (2011). "Integral Formation and Materialization." In A. Menges, & S. Ahlquist, *Computational Design Thinking*. Chichester: John Wiley & Sons.

72.   Menges, A., & Ahlquist, S. (2011a). *Computational Design Thinking*. Chichester: John Wiley & Sons.

73.   Menges, A., & Ahlquist, S. (2011b). "Introduction: Computational Design Thinking." In A. Menges, & S. Ahlquist, *Computational Design Thinking*. Chichester: John Wiley & Sons.

74.   Merleau-Ponty, M. (1962). *The Phenomenology of Perception*. London: Routledge & Kegan Paul Ltd.

75.   Miller, N. (2012a). Interview with D. Scheer, October 19, 2012.

76.   Miller, N. (2012b). "Algorithms Are Thoughts: Design Thinking in an Automated World." Available at: YouTube: https://www.youtube.com/watch?v=OE1imoHkS-8 (accessed December 10, 2013).

77.   Myers, B., Hudson, S. E., & Pausch, R. (2002). Past, Present and Future of Interface Software Tools. In J. M. Carroll (Ed.), *Human-Computer Interaction in the New Millenium*. New York: Addison-Wesley.

78.   Naylor, B. (2008, February 22). "Introduction to Computational Representations of Geometry." Available at: 13th monkey.org: http://www. 13thmonkey.org/documentation/ CAD/ (accessed December 17, 2012).

79.   Negro, F. (2012). "Unprecedented Value." Available at: https://higherlogicdownload.s3. amazonaws.com/AIA/5%20-%20Unprecedented%20Value%20-%20NEGRO1.pdf?A WSAccessKeyId=AKIAJH5D4I4FWRALBOUA&Expires=1375994405&Signature=Xz mdN%2BfH0iWDlmQuOeqzRsMiuwQ%3D (accessed May 12, 2013).

80.   Negroponte, N. (1969, September). "Towards a Humanism through Machines." *Architectural Design*, 511-512.

81.   Nicolis, G., & Prigogine, I. (1989). *Exploring Complexity: An Introduction*. New York: W. H. Freeman & Company.

82.   Pallasmaa, J. (2009). *The Thinking Hand*. Chichester: John Wiley & Sons, Ltd.

83.   Pauly, D. (1997). *Le Corbusier: The Chapel at Ronchamp*. Basel: Verlag für Architektur.

84.   Perez-Gomez, A. (1983). *Architecture and the Crisis of Modern Science*. Cambridge, MA: The MIT Press.

85.   Perez-Gomez, A., & Pelletier, L. (1997). *Architectural Representation and the Perspective Hinge*. Cambridge, MA: The MIT Press.

86.   Perouse de Montclos, J.-M. (1974). *Etienne-Louis Boullee: Theoretician of Revolutionary Architecture*. New York: George Braziller.

87.   Pinker, S. (1994). *The Language Instinct*. New York: HarperCollins.

88.   Plato (1965). *Timaeus and Critias*. London: Penguin Books.

89. Provancher, W. (2013, June 17). "Reactive Grip Tactile Feedback for Precision Manipulation." Available at: http://www.youtube.com/watch?v=oKIPr5eEJtQ&feature=youtube (accessed June 29, 2013).

90. Ramsey, D. (2008, September 17). "3D Virtual Reality Environment Developed at UC San Diego Helps Scientists Innovate." Available at: *UC San Diego News*: http://ucsdnews.ucsd.edu/newsrel/general/09-083DVirtualReality.asp (accessed December 31, 2012).

91. Rosenau, H. (Ed.). (1953). *Boullée's Treatise on Architecture, a Complete Presentation of the "Architecture: Essai sur l'art," which Forms a Part of the Boullée Papers (MS 9153) in the Bibliothèque Nationale, Paris*. London: Alex Tiranti.

92. Saussure, F. de (1966). *Course in General Linguistics*. New York: Philosophical Library.

93. Scheer, D. (1992, Spring). "Critical Differences: Notes on a Comparative Study of French and U.S. Practice." *Practices*, 1(1), 31-40.

94. Sennett, R. (2008). *The Craftsman*. New Haven, CT: Yale University Press.

95. Shinoda Lab, University of Tokyo. (2009, July 16). "Touchable Holography." Available at: http://www.youtube.com/watch?v=Y-P1zZAcPuw (accessed June 29, 2013).

96. Singer, D. J., Doerry, N., & Buckley, M. E. (2009). "What is Set-Based design?" *Naval Engineers Journal*, 121(4), 31-43.

97. Terzides, K. (2006). *Algorithmic Architecture*. Amsterdam: Elsevier Architectural Press.

98. Terzides, K. (2011). "Algorithmic Form." In A. Menges, & S. Ahlquist, *Computational Design Thinking* (pp. 94-101). Chichester: John Wiley & Sons.

99. Tombesi, P. (2001). "A True South for Design? The New International Division of Labour in Architecture." *Architectural Research Quarterly*, 5(2), 171-180.

100. Tufte, E. R. (1983). *The Visual Display of Quantitative Information*. Cheshire, CT: Graphics Press.

101. Turkle, S. (2009). *Simulation and Its Discontents*. Cambridge, MA: The MIT Press.

102. Venturi, R. (1966). *Complexity and Contradiction in Architecture*. New York: Museum of Modern Art.

103. Venturi, R., Izenour, S., Scott-Brown, D. (1977) *Learning from Las Vegas: The Forgotten Symbolism of Architectural Form. Revised Edition*. Cambridge: MIT Press.

104. Vonnegut, K. (1963). *Cat's Cradle*. New York: Holt, Rinehart and Winston.

105. Wittgenstein, L. (1922). *Tractatus Logico-Philosophicus*. New York: Harcourt-Brace & Company, Inc.

106. Wittkower, R. (1971). *Architectural Principles in the Age of Humanism*. New York: Norton Library.

107. Woodbury, R. (2010). *Elements of Parametric Design*. New York: Routledge.

찾아보기

저/역자 소개

저자 데이비드 로스 쉬어(David Ross Scheer)

미국의 여러 건축대학에서 건축의 설계, 역사 그리고 건축이론을 가르쳐왔으며 건축 시뮬레이션 기술에 대한 많은 저술 활동을 했다. 미국 건축사협회(AIA)의 '건축 기술과 실무, 지식 공동체(Technology in Architectural Practice Knowledge Community)'의 고문으로 활동하고 있으며 2012년에는 공동체의 회장을 역임했다.

역자 이준석

현재 명지대학교 건축대학 교수로 재직 중이며 건축설계와 건축시각표현을 강의하고 있다. 오하이오 주립대학교(The Ohio State University)의 B.S. in Arch. Cum Laude 학위와 펜실베이니아 디자인대학원(University of Pennsylvania)의 건축학 석사(M.Arch)를 졸업했다. 역자는 미국 뉴욕주 건축사이며 2000년부터 2002년까지 미국 캔사스 주립대학(The University of Kansas) 건축학과의 설계교수를 역임하였고, 뉴욕 KPF(Kohn Pedersen Fox Associates) 건축사사무소와 The Hillier Group, Sabatini & Associates 등에서 건축설계 실무를 하였다. 저역서로는 『건축과의 대화』(공저, 2020), 『현대건축가 111인』(2014), 『디자인 도면』(2012) 등이 있고 다수의 건축교육관련 연구 논문(대한건축학회논문집, 2004~2015)들이 있다.

건축 시뮬레이션 시대와
도면의 죽음

초 판 인 쇄 2021년 10월 1일
초 판 발 행 2021년 10월 8일

저　　　자 데이비드 로스 쉬어(David Ross Scheer)
역　　　자 이준석
펴　낸　이 김성배
펴　낸　곳 도서출판 씨아이알

편　집　장 박영지
책 임 편 집 박영지
디　자　인 윤현경, 김민영
제 작 책 임 김문갑

등 록 번 호 제2-3285호
등　록　일 2001년 3월 19일
주　　　소 (04626) 서울특별시 중구 필동로8길 43(예장동 1-151)
전 화 번 호 02-2275-8603(대표)
팩 스 번 호 02-2265-9394
홈 페 이 지 www.circom.co.kr

I S B N 979-11-5610-998-3 (93540)
정　　　가 22,000원